架构师书库

# 分布式系统模式

## Patterns of Distributed Systems

[美] 乌梅什·乔希（Unmesh Joshi）◎著
[美] 陈斌 沈剑 ◎译

机械工业出版社
CHINA MACHINE PRESS

**图书在版编目（CIP）数据**

分布式系统模式 /（美）乌梅什・乔希
(Unmesh Joshi) 著 ;（美）陈斌，沈剑译 . -- 北京 :
机械工业出版社，2025. 3. --（架构师书库）. -- ISBN
978-7-111-77260-6

Ⅰ. TP316.4

中国国家版本馆 CIP 数据核字第 2025VA4208 号

机械工业出版社（北京市百万庄大街 22 号　邮政编码 100037）

策划编辑：张　莹　　责任编辑：张　莹　王华庆

责任校对：孙明慧　杨　霞　景　飞　　责任印制：任维东

河北鹏盛贤印刷有限公司印刷

2025 年 3 月第 1 版第 1 次印刷

186mm × 240mm・21.75 印张・526 千字

标准书号：ISBN 978-7-111-77260-6

定价：99.00 元

| 电话服务 | 网络服务 |
|---|---|
| 客服电话：010-88361066 | 机　工　官　网：www.cmpbook.com |
| 010-88379833 | 机　工　官　博：weibo.com/cmp1952 |
| 010-68326294 | 金　　书　　网：www.golden-book.com |
| **封底无防伪标均为盗版** | 机工教育服务网：www.cmpedu.com |

# ·· 译者序 ··

随着当今技术的迅猛发展，分布式系统已广泛用于构建具备高可用性、高可靠性和高度可扩展性的应用程序。Unmesh Joshi 的这本书通过一系列经典的架构模式，揭示了这一复杂领域的核心技术。很荣幸有机会参与本书的翻译工作，将这些宝贵的知识分享给读者。

本书系统地介绍了分布式系统中常见的架构模式。全书分为概述、数据复制模式、数据分区模式、分布式时间的模式、集群管理模式、节点间通信模式六部分，包含预写日志、复制日志、幂等接收器、版本化值、两阶段提交、混合时钟、请求批处理等 32 章，每一章都详细讲解了一种架构模式，从问题的提出、解决方案到示例，层层剖析，并通过丰富的案例和图示，帮助读者深刻理解每个模式的精髓。全书结构清晰，内容翔实，无论是入门者还是有经验的从业者，都能从中获益。

本书原书在业界享有盛誉，被广泛认为是分布式系统架构的必读著作。书中的模式不仅指导了无数项目的实践，还激发了许多技术创新，成为技术人员特别是架构师的重要参考资料。

在翻译过程中，我们遇到了不少挑战。首先，原书中涉及大量专业术语和技术概念，为了确保译文的准确性，我们查阅了大量参考资料，并进行了大量讨论。其次，如何将复杂的技术内容用简明易懂的中文表达出来，也是一个挑战。我们对原文进行了适当的微调，在不改变技术含义的前提下，方便读者更好地理解和应用这些架构模式。

翻译本书不仅是一次挑战，更是一个自我成长的过程。通过翻译本书，我们更加深刻地理解了分布式系统的设计理念和实现细节，同时也拓宽了自己的视野。我深刻体会到，技术图书的翻译不仅是语言的转换，更是知识的传递和思想的碰撞。

读者在阅读本书时，建议结合实际项目中遇到的问题，对照书中的模式进行思考和实践。书中的案例和图示是理解模式的关键，请务必仔细研读。同时，读者可以与团队成员讨论，共同探索最佳解决方案，充分挖掘本书的价值。

最后，感谢 Unmesh Joshi 先生为我们带来了这样一本精彩的著作。感谢我的搭档陈斌老师，翻译过程中与他的交流和探讨让我收获颇丰。感谢机械工业出版社各位编辑给予的宝贵意见，他们的鼓励和指导使得本书的翻译工作得以顺利完成。最后我要感谢我的妻子与女儿，她们是我不断前进的核心动力。

沈剑

# 推荐序

工程师常常被分布式系统的容错性和可扩展性等优点所吸引，同时也为能创造出巧妙的系统而获得的声望所鼓舞。然而，分布式系统设计之难，不言而喻。众多边界情况、微妙的交互作用，以及极高的复杂性，使得每个设计决策都可能带来难以预料的副作用。这就像在满是蒿草的沼泽地中行走，每一步都可能踩坑，直到走出这片区域或是踩完所有的坑。(即便你离开了这片区域，也一定会继续踩坑。)

那么，我们如何才能避免踩坑或减少踩坑的次数呢？传统的做法是，正视分布式系统理论与实践都颇具挑战性的事实，努力钻研那些难以理解的论文，学习大量公式证明，开拓出一小片相对安全的领域来构建系统。对于那些坚持下来的人而言，这种方法是有效的。这些专家似乎天生就能在问题萌芽时发现它，并具备强大的技术能力去追踪、解决问题，从而降低踩坑的可能性。

然而，在软件工程的其他领域，我们并不总是这样学习的。我们不是一开始就被扔进深水区，而是通过逐步掌握抽象概念来学习更多细节，这些抽象从高层到底层，与软件的设计和构建方式相得益彰。抽象让我们能够在不深陷实现复杂性的同时进行推理。在复杂度较高的分布式系统中，一些抽象可能非常有用。

设计模式是软件工程中常见的一种抽象手段。它为软件设计中反复出现的问题提供了标准化的解决方案。模式为实践者提供了一种语言，用众所周知的方式推理和讨论问题。例如，有人问："这是如何工作的？"你可能会听到"这是一个访问者模式"的回答。基于对常见问题解决模式的共识，这样的对话既简洁又包含了丰富的信息。

将复杂事物抽象成模式的思想，对本书来说既是核心也是基础。本书将模式方法应用于现代分布式系统的基础组件，对这些组件进行命名，描述它们的行为及相互作用方式。通过这种方式，本书提供了一种模式语言，以便将分布式系统视为一组可组合的构件。

如今，你可以不用深入数据结构和共识算法的细节，就能讨论"依赖带有法定人数提交的复制日志的系统"。更重要的是，这种方式最小化了因概念理解偏差而带来的交流风险，因为在分布式系统中，标准术语如"一致性"往往根据上下文有多重含义。这给实践者带来了解放，他们现在拥有了一套表达能力强大的共同词汇，有助于加速和规范交流。同样，这对学习者也是一种解放，他们能够以结构化、广度优先的方法深入分布式系统的基础知识，一次掌握一个模式，并理解这些模式是如何相互作用或相互依赖的。在必要时，他们也可以深入探索实现层面——本书同样不回避这些实现细节。

我希望本书中的模式能帮助你更有效地学习和理解分布式系统，并确信它能帮助你在沼泽地中少踩一些坑。

——Jim Webber，Neo4j 首席科学家

# ·· 前　言 ··

## 本书写作缘由

在 2017 年，我参与了一个名为“Thirty Meter Telescope”（TMT）的大型光学望远镜软件系统的开发项目。我们的任务是构建供各个子系统使用的核心框架和服务。这些子系统组件必须能够相互发现与检测组件故障，并能够存储有关各组件的元数据。负责这些信息存储的服务必须是容错的。考虑到望远镜生态系统的特殊性，我们不能采用现成的产品和框架，只能从零开始，打造适用于不同软件子系统的核心框架和服务，从本质上说，我们要建立的是一个分布式系统。

我曾设计并构建过依赖于 Kafka、Cassandra 和 MongoDB 等产品的企业系统，它们使用 AWS 或 GCP 等云服务。这些产品和服务都是分布式的，解决了一系列相似的问题。对于 TMT 系统，我们必须自行开发解决方案。为了验证和比较这些成熟的产品，我们需要更深入地理解它们的内部机制。了解这些云服务和产品的构建方式及其背后的原因是必要的，它们的官方文档往往太过产品化，不利于达成我们的目标。

关于构建分布式系统的信息分散在各种研究论文中。然而，这些学术资源也有局限，它们往往只关注特定领域而忽略了相关主题。以“Consensus: Bridging Theory and Practice”（Ongaro，2014）这篇精彩的论文为例，它详细解释了实现 Raft 共识算法的过程。但你不会从中了解到像 etcd 这样的产品如何使用 Raft 来追踪集群成员资格和其他产品的相关元数据，如 Kubernetes。Leslie Lamport 的著名论文“Time, Clocks, and the Ordering of Events in a Distributed System”（Lamport，1978）中讨论了逻辑时钟的使用，但它并未解释像 MongoDB 这样的产品如何使用逻辑时钟作为版本号来控制数据的版本。

我相信编写代码是验证理解正确与否的最佳方式。正如 Martin Fowler 所说：“代码就像数学，我们必须消除其中的歧义。”因此，为了深刻理解分布式系统的基础模块，我决定自己动手构建这些产品的简化版本。我从打造一个玩具版的 Kafka 开始，一旦有了合理的版本，我就用它来探讨分布式系统的一些基本概念。这种方法被证明非常有效。为了验证通过代码来阐释概念的效果，我在 Thoughtworks 开展了一系列内部研讨会，这些研讨会对我帮助极大。因此，我将这种方法扩展到了 Cassandra、Kubernetes、Akka、Hazelcast、MongoDB、YugabyteDB、CockroachDB、TiKV 和 Docker Swarm 等产品。我提取了代码片段来理解这些产品的构建模块。果不其然，这些模块之间存在许多相似之处。几年前，我偶然与 Martin Fowler 讨论过这个话题，他建议我将其整理成模式。本书便是我与 Martin Fowler 合作，将分布式系统中的共通的构建模块整理成模式的成果。

## 本书读者

在当今软件架构和开发的选择丰富多样的背景下，面对众多分布式产品和云服务，架构师和开发者面临着复杂的设计抉择。这些产品和服务的设计折中可能难以直观理解。单凭阅读文档是远远不够的。比如，当我们考虑“ AWS MemoryDB 通过复制的事务日志确保了数据的持久性”“Apache Kafka 现能独立于 ZooKeeper 运作”或者“Google Spanner 通过同步的全球时间来维护外部一致性”这样的句子时，该如何理解这些技术性描述？

为了深入了解，专业人士往往依赖于产品供应商的认证培训。然而，这些认证大多局限于特定产品，关注的是表层特性，而非背后的技术原理。专业开发者需要对这些技术细节有直观的把握，既能具体到在源代码层面描述，又能通用到适应不同场景。这正是模式的价值所在。本书介绍的模式旨在帮助从业者深入理解各种产品和服务的内在机制，以便做出明智且有效的决策。

本书的主要读者将是这些专业人士。除了那些需要与现有的分布式系统打交道的人员，还有一部分读者可能需要构建自己的分布式系统。我期望本书中的模式能够为这些读者提供一些有价值的参考，并帮助他们领先一步。书中引用了许多不同产品的设计方案，这些信息对读者来说同样有益。

## 关于代码示例的说明

本书中大多数模式都提供了代码示例。这些代码示例建立在我研究这些模式时，对各种产品所做的微型实现基础之上。选择编程语言的依据是它的普及度和可读性——Java 便是一个优秀的选择。示例中只用到了 Java 最基本的语言特性，即方法和类，这在大多数编程语言中都是通用的。即便是只熟悉其他编程语言的读者，也应该能够轻松地理解这些代码示例。不过，需要明确的是，本书并非专为某个具体的软件平台编写。一旦掌握了这些代码示例，你会发现无论是 C++、Rust、Go、Scala 还是 Zig，其代码库中都有这些模式的影子。我期望的是，通过熟悉这些代码示例和模式，你将能更加轻松地阅读和理解各种开源产品的源代码。

## 阅读指南

本书共分为六部分。首先是两章叙述性章节，这些章节构成了第一部分，它们涵盖了分布式系统设计的基本主题，介绍了分布式系统设计中的挑战及其解决策略，但并未深入讨论这些策略的细节。

第二部分至第六部分提供了按模式结构化的详尽解决方案。这些模式被划分为四个核心类别：复制、分区、集群管理和网络通信。每一类都是构建分布式系统的关键要素。

请将这些模式当作一种参考手册，不需要逐字逐句地阅读。你可以先浏览叙述性章节，以获得对本书内容的整体理解，再根据个人兴趣和实际需求，深入研究各个模式。

我希望这些模式能够协助同行软件专业人员在工作中做出明智的决策。

# 致　谢

本书之所以能成书，首先我要感谢 Martin Fowler 先生的悉心指导和鼓励，是他引导我学会以模式的视角思考问题，并在我构思精彩案例及撰写那些颇具挑战性的章节时提供了巨大帮助。

还要特别感谢 TMT 团队，与他们的合作是本书大部分成果的催化剂。我与负责 TMT 项目的 Mushtaq Ahmed 先生进行了许多富有成效的讨论与交流。

Sarthak Makhija 在构建分布式键值存储系统的过程中，验证了许多模式的有效性。

我曾在 martinfowler.com 上定期发布关于这些模式的文章。在深入研究这些模式期间，我将草稿分享至 Thoughtworks 开发者邮件列表，征集同人的反馈。在此，我要特别感谢 Rebecca Parsons、Dave Elliman、Samir Seth、Prasanna Pendse、Santosh Mahale、James Lewis、Chris Ford、Kumar Sankara Iyer、Evan Bottcher、Ian Cartwright 和 Priyanka Kotwal 等在邮件列表中提供反馈的同事。同时，我也要感谢 Jojo Swords、Gareth Morgan 和 Richard Gall 等 Thoughtworks 的同人在文案编辑方面给予的帮助。

在探索这些模式的过程中，我与众多专家进行了交流。感谢 Indranil Gupta 教授就 Gossip 传播模式提供的反馈，Dahlia Malkhi 在 Google Spanner 的问题上给予的协助，以及 Yugabyte 团队的 Mikhail Bautin、Karthik Ranganathan 和 Piyush Jain 解答了我在 YugabyteDB 实现细节上的疑问。CockroachDB 团队在解答设计选择问题时非常迅速。Bela Ban、Patrik Nordwall 和 Lalith Suresh 对应急主节点模式提供了极具价值的反馈。

Salim Virji 和 Jim Webber 细致审阅了早期手稿并提出了宝贵意见。Richard Sites 就第 1 章提出的建议也让我受益匪浅。我还要衷心感谢 Jim Webber 为本书撰写了精彩的推荐序。

在 Thoughtworks 工作的巨大优势之一是，团队支持我投大量时间于本书的编撰。感谢 Thoughtworks 工程研究（E4R）团队的支持。同样，我也要感谢 Thoughtworks（印度）的总经理 Sameer Soman，他始终给予我鼓励。

在 Pearson（培生教育出版集团），我还要感谢我的策划编辑 Greg Doench 在出版过程中为我解答众多疑惑。能与我的制作编辑 Julie Nahil 合作，我感到非常高兴。与 Dmitry Kirsanov 在文案编辑上的合作，以及与 Alina Kirsanova 在排版和索引制作上的合作，都是极其愉快的经历。

我的家人一直是我坚强的后盾。我的母亲对本书的完成充满期待。我的妻子 Ashwini 也是一位杰出的软件开发者，她与我进行了富有洞见的讨论，并对早期草稿给予了珍贵的评价。女儿 Rujuta 和儿子 Advait 则是我不竭的动力之源。

## ·· 目　　录 ··

## 第四部分　分布式时间的模式



## 第五部分　集群管理模式

## 第六部分 节点间通信模式

第一部分 *Part 1*

# 概　述

- 第 1 章　分布式系统
- 第 2 章　模式概述

# 第1章

# 分布式系统

## 1.1　单服务器的限制

分布式系统指的是什么？为何需要分布式系统？让我们从头开始说起。

在当今的数字时代，我们极其依赖网络服务。无论是点餐还是管理个人财务，这些服务都是在云端服务器上运行的，比如 Amazon Web Services（AWS）、Google Cloud Platform（GCP）或 Microsoft Azure。这些服务器由各自的云供应商所管理，它们负责存储数据、处理用户请求，并且使用 CPU、内存、网络和磁盘这四种基本的硬件资源来执行计算，这些是任何计算都不可或缺的。

在线零售应用是常见的网络服务场景。在此场景，用户可以向购物车中添加商品、下订单并支付、查看订单和查询历史订单等。但单服务器处理用户请求的能力终究会受到四个关键资源的限制，即网络带宽、磁盘、CPU 和内存（图 1.1）。

网络带宽决定了在任何给定时间内网络上的数据传输容量的上限。例如，若带宽为 1 Gbit/s（即 125 MB/s），单个记录为 1 KB 大小，则网络理论上的最高处理速率为每秒 125,000 条写入或读取请求。若记录大小扩大至 5 KB，每秒能够处理的最大请求数量便会降至 25,000 条。

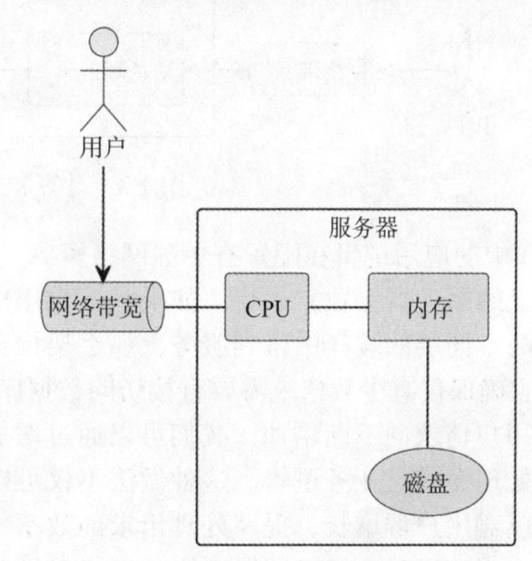

图 1.1　四大资源限制

磁盘性能受多种因素影响，包括读写操作类型及磁盘缓存使用效率。机械硬盘的表现还取决于转速和寻道时间等硬件性能，顺序读写通常优于随机读写。同时，磁盘性能也会受到并行读写操作的影响，以及软件层面事务处理机制的制约。这些因素均可能对单服务器的整体吞吐量和响应时间产生显著影响。

同理，CPU 或内存资源达到瓶颈时，就必须排队等待处理请求。一旦这些物理资源饱和，就会出现排队现象。随着请求不断累积，等待时间随之增长，这会进一步降低服务器处理请求的效率。

当系统用户数量增加时，由于硬件资源的限制，系统的整体吞吐量会逐渐降低（图 1.2）。这给最终用户带来了问题。由于该

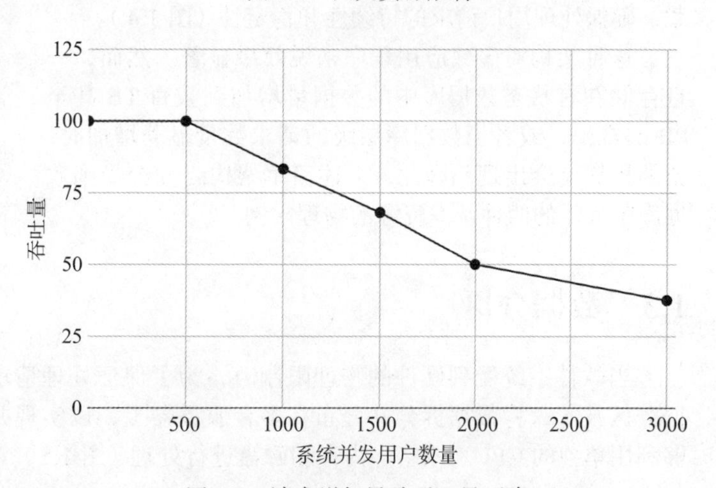

图 1.2　请求增加导致吞吐量下降

系统有望容纳不断增长的用户群，其性能实际上会下降。为了保证能够有效处理请求，引入多台服务器是必要的，可以通过这种方式将请求分散，进行并行处理。每台服务器都拥有单独的CPU、网络、内存和磁盘资源，以并行方式处理用户请求。在之前的例子中，工作负载应当被分配到多台服务器上，使每台服务器能够处理大约 500 条用户的请求。

## 1.2 业务逻辑和数据层分离

在常见的架构设计中，系统通常分为两部分。第一部分是无状态组件，它主要负责向最终用户展示系统的功能，这部分往往体现为一个 Web 应用程序或者更为常见的为用户界面提供服务的 Web API。第二部分是有状态组件，通过数据库来管理（图 1.3）。

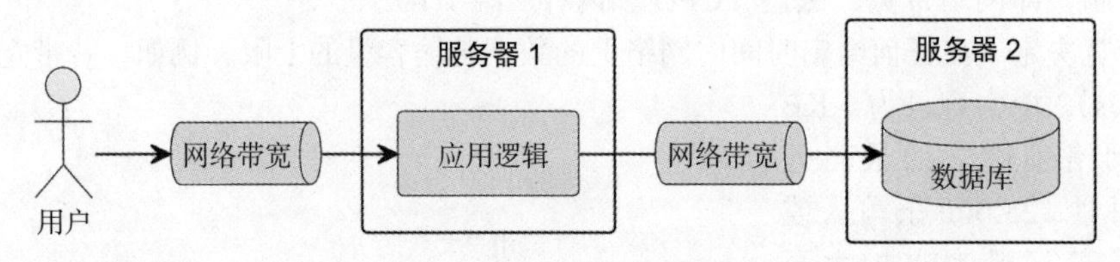


图 1.3 计算和数据分离

图 1.3 中的应用逻辑在配置有单独网络资源、CPU、内存和磁盘的服务器上独立运行。如果大多数用户都可以从架构的不同层的缓存中得到服务，那么架构会运行得很好。它确保仅有少数请求需要直接访问数据库。

随着用户请求的不断增加，我们可以通过增加服务器数量来处理无状态业务逻辑。这种做法不仅可以确保系统轻松应对用户群增长，提高处理请求的效率，还能在服务器出现故障时，迅速部署新服务器来接管工作负载，确保处理用户请求的持续性和稳定性（图 1.4）。

这种架构对多数应用程序来说效果显著。然而，一旦存储在有状态数据库中的数据量增加到数百 TB 甚至 PB 的规模，或者当数据库层级的请求数量显著增加时，新的挑战就会出现。因此，上述简单架构终究会受到数据库服务器的四种基本资源的物理限制。

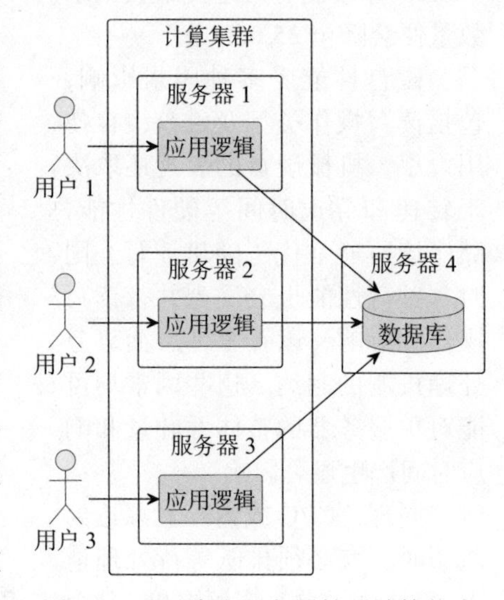


图 1.4 通过多个服务器扩展计算能力

## 1.3 数据分区

当软件系统受到硬件的物理限制时，为了保证处理请求的能力，一种最佳做法是采用数据分区技术，将数据拆分并分布在多台服务器上，以实现并行处理。这样，每个数据分区能够利用单独的 CPU、网络、内存和磁盘进行处理（图 1.5）。

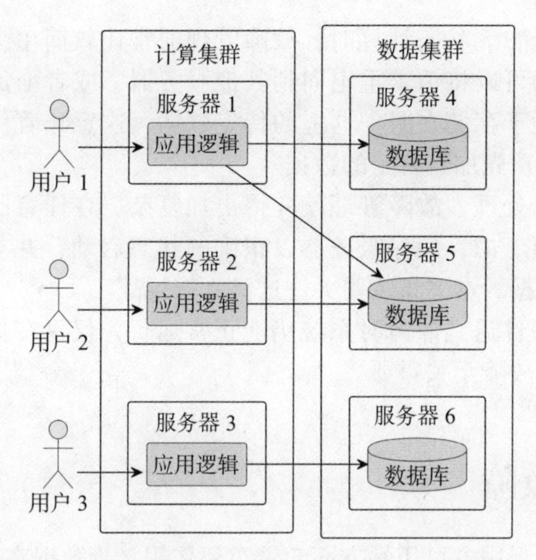


图 1.5　通过数据分区在多台服务器上扩展数据

## 1.4　故障观察

在多机系统中，每台服务器运行自身的硬盘、CPU、内存和网络带宽，这也提高了整个系统发生故障的概率。以硬盘故障为例，如果一块硬盘的故障率为每 1000 天 1 次，那么它在任何一天出现故障的概率是 1/1000，这个概率本身似乎不高。然而，当系统中有 1000 块硬盘时，理论上每天至少有一块硬盘出故障的概率几乎是 100%。当存储了数据分区的硬盘发生故障时，在硬盘恢复之前，该数据分区将不可访问。

为了深入了解可能发生的故障类型，可参考杰夫·迪恩（Jeff Dean）在 2009 年关于 Google 数据中心的演讲（Dean，2009）中的故障统计数据（表 1.1）。即便这些数据来自 2009 年，它们仍然具有重要的参考价值。

表 1.1　来自 Jeff Dean 2009 年演讲中的数据中心集群每年发生的故障事件

| 故障事件类型 | 详情 |
| --- | --- |
| 机器过热 | 5min 内关闭机器（1 ～ 2d 恢复） |
| 电源故障 | 500 ～ 1000 台机器掉电（大约需要 6h 恢复） |
| 机架迁移 | 提前预警，500 ～ 1000 台机器关闭（大约需要 6h 恢复） |
| 网络重新布线 | 2d 内滚动关闭大约 5% 的机器 |
| 机架故障 | 40 ～ 80 台机器瞬间掉电（需要 1 ～ 6h 恢复） |
| 机架异常 | 40 ～ 80 台机器出现 50% 丢包 |
| 网络维护 | 前后 4 次导致约 30min 的随机连接中断 |
| 路由器重启 | DNS 和外部虚 IP 失效几分钟 |
| 路由器故障 | 流量中止约 1h |
| 小范围 DNS 故障 | 几十次 30s DNS 故障 |
| 单台机器故障 | 大约 1000 次单机故障 |
| 硬盘故障 | 数千次硬盘故障 |

注：来源：（Dean，2009）。

当在多台服务器上分布无状态计算时，故障管理通常比较简单。如果某个处理用户请求的服务器发生故障，我们可以将请求重定向到其他服务器，或者增加新的服务器来接管工作负载。无状态计算不依赖于存储在服务器上的特定数据，这意味着任何服务器都能处理来自任何用户的请求，而无须预先加载特定的数据。

然而，一旦涉及数据处理，故障管理就变得更加复杂。在任意服务器上创建一个单独的实例并不简单，必须谨慎考虑，确保服务器以正确的状态启动，并与其他节点进行协调，以避免提供错误或过时的数据。本书将主要关注这类系统挑战。

为了确保即使某些组件遇到故障时系统仍能正常运行，仅仅在集群节点之间分布数据通常是不够的，有效地屏蔽故障至关重要。

## 1.5 复制：屏蔽故障

复制在屏蔽故障和确保服务可用性方面起着重要作用。当数据在多台机器上有副本时，即便某处发生了故障，客户端仍能够通过连接至其他有数据副本的服务器来继续访问所需信息。

然而，复制并不像听起来那么简单。屏蔽故障的责任归属于处理用户请求的软件系统，它必须具备检测故障的能力，并保证任何数据不一致性对用户不可见。对软件系统可能出现的错误类型有一个深刻的理解，对于有效地屏蔽这些故障至关重要。

以下是软件系统可能会遇到的一些常见问题。

### 1.5.1 进程终止甚至崩溃

软件进程可能因多种原因意外终止甚至崩溃，这些原因包括硬件故障或代码中未处理的异常。在容器化或云环境下，监控软件能够自动重新启动它检测到的出现故障的进程。然而，若用户在服务器上存储了数据并获得了成功的响应，软件就必须保证在进程重新启动后，数据仍然能够保持完整性与可用性。因此需要采取适当的措施来处理进程终止甚至崩溃。

### 1.5.2 网络延迟

TCP/IP 网络协议是以异步方式运行的，这意味着它并不保证传输的最大延迟。对于通过 TCP/IP 进行通信的软件进程而言，这是一个挑战。软件进程必须确定等待其他进程响应的最长时间，并且如果在规定时间内没有收到响应，它们需要决定重试还是认为其他进程失败。这项决策对于保持进程间通信的可靠性和效率至关重要。

### 1.5.3 进程暂停

在进程执行期间，它可以在任何给定的时刻暂停。例如，在使用垃圾回收机制的编程语言（如 Java）中，进程的执行可能会因为垃圾回收而暂停。在极端情况下暂停可能持续数十秒。因此，其他进程需要确定暂停的进程是否已经失效。当暂停的进程恢复并开始向其他进程发送消息时，问题就进一步复杂化了，其他进程面临一个两难境地：它们是应该忽略这些消息，还是应该对它们进行处理，尤其是它们已经将之前暂停的进程标记为失效。这种情况下，究竟该如何处理？

### 1.5.4　时钟不同步

服务器的时钟通常使用本地时间，并以石英晶体振荡器作为时钟发生器。但是，石英晶体的振荡频率可能会受到温度变化或振动等因素的影响，从而使得不同服务器之间的时钟出现不同步的情况。一般而言，服务器需要依靠类似于NTP[㊀]这样的服务，通过网络不断地校准本地时钟，与时间源同步。但是，在网络出现故障的情况下，时钟同步就会被打断，致使服务器的时钟不同步[㊁]。因此，在需要对消息进行排序或者确定数据存储顺序的时候，进程不能仅仅依赖系统的本地时间戳，因为服务器之间的时钟并非总是保持一致。

## 1.6　定义分布式系统

本书将主要讨论应对上述故障的常用解决方案。但在我们深入探讨之前，让我们根据迄今为止的信息，来定义一下分布式系统。

分布式系统是一种由众多互连节点或服务器构成的软件架构，它们相互协同，以实现共同的目标。这些节点通过网络相互通信，协作完成任务，形成了一个统一且可扩展的计算环境。

在分布式系统中，工作负载分布在多个服务器上，允许并行处理，使得性能得到提高。这种架构设计特别适合需要处理大量数据和支撑高并发用户访问的业务系统。最关键的是，它通过在多节点间复制数据和服务来提高容错性和弹性，确保系统即使在遭遇故障或网络中断时，依然能够继续运行。

## 1.7　模式方法

寻求实用建议的专业人士需要对这些系统有更深入的理解，而不仅仅是理论层面。他们需要详细而具体的解释，帮助他们理解实际代码，使代码同时适用于各种系统。模式方法就是满足这些要求的优秀工具。

模式的概念最早是由建筑师克里斯托弗·亚历山大在他的著作 *A Pattern Language*（Alexander，1977）中提出的。这种模式方法之所以在软件行业变得流行，得益于一本广为人知的书籍，即《设计模式：可复用面向对象软件的基础》。

模式作为一种方法论，描述了在软件系统中遇到的特定问题，以及如何通过实际的代码解决这些问题的具体方案。模式的关键优势之一在于，它们具有描述性的名称，以及它们提供的能够直接应用于代码的详尽细节。

根据定义，模式是在特定环境下针对某问题的“可重复的解决方案”。因此，一个解决方案只有在不同实现中多次成功解决某一类问题之后，才能称作模式。这通常需要遵循“三次规则”，即在一个方案被正式认定为模式之前，它应在至少三个不同的系统中被验证为有效。

---

㊀ NTP，Network Time Protocol，即网络时间协议。

㊁ 即使是谷歌使用GPS时钟构建的TrueTime时钟机制也存在时钟偏差。然而，这种时钟偏差有一个保证的上限。

本书采用的模式方法基于对各种开源项目实际代码库的研究，例如 Apache Kafka、Apache Cassandra、MongoDB、Apache Pulsar、etcd、Apache ZooKeeper、CockroachDB、YugabyteDB、Akka、JGroups 等。通过研究这些代码库，我们可以应用这些模式来应对软件开发中常见的挑战。

这些模式源于实践案例，可以应用于不同的软件系统。

模式的另一个重要方面是，它们不是单独使用的，而是与其他模式一起使用的。理解模式之间的关联性有助于更全面地掌握系统的整体架构。

下一章将介绍大部分的模式，并展示它们是如何连接在一起的。

# 第2章

# 模式概述

正如我们在上一章所探讨的，数据分布至少意味着分区与复制这两个操作之一。作为本书对模式探索之旅的开篇，我们将首先关注复制。例如，有一份非常简单的数据记录，它记录了在四个不同城市所存放物品的数量（图 2.1）。

| 波士顿 | 50 |
| --- | --- |
| 费城 | 38 |
| 伦敦 | 20 |
| 普纳 | 75 |

图 2.1 数据记录示例

现在，我们将这份数据复制至木星、土星和海王星三个节点上（图 2.2）。

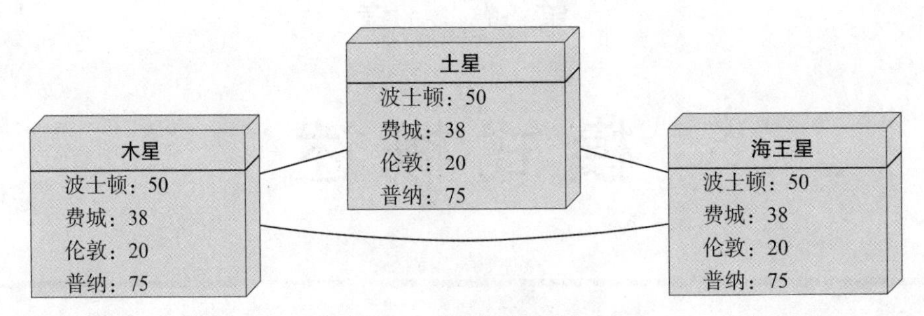


图 2.2 复制数据记录

## 2.1 在单服务器上保持数据的弹性

首个可能出现不一致的场景是在尚未将数据进行分布式存储的情况下。假设波士顿、伦敦和普纳三个城市的数据分别存储在不同的文件中。在此情境下，若需转移波士顿的 40 件物品至普纳，则必须修改 bos.json 文件，将波士顿的物品数量减至 10，同时更新 pnq.json 文件，使普纳的物品数量增至 115。若在修改完 bos.json 文件后且修改 pnq.json 文件前，海王星崩溃，会怎么样呢？这时，我们将面临数据不一致的问题，即记录中的 40 件物品不翼而飞（图 2.3）。

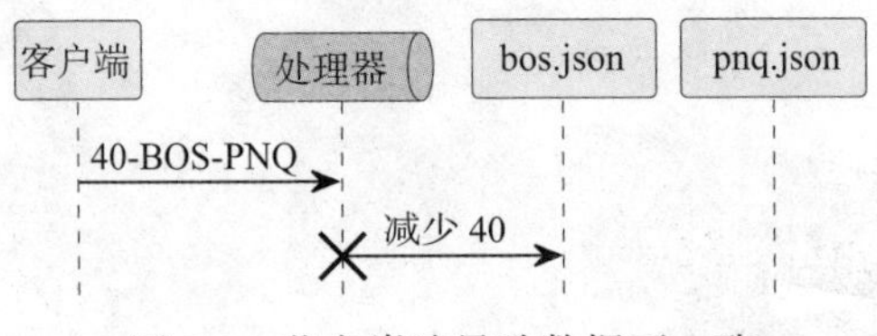


图 2.3 节点崩溃导致数据不一致

要有效解决这一问题，可采用预写日志（Write-Ahead Log，WAL）方法（图 2.4）。这样，消息处理器可以先将待更新的数据写入日志文件。由于该操作仅涉及写入动作，因此可以轻易确保操作的原子性。写入完成后，处理器便可向调用者确认请求已处理。接着，处理器或其他组件可以读取日志数据并更新底层文件。

如果海王星在更新波士顿数据后（普纳数据未更新）崩溃，由于日志已包含所需数据，则在海王星重启时，可据此将数据恢复至一致状态（图 2.5）。在此情况下，在对数据进行任何更新前，已将更新前的数据存入日志中。

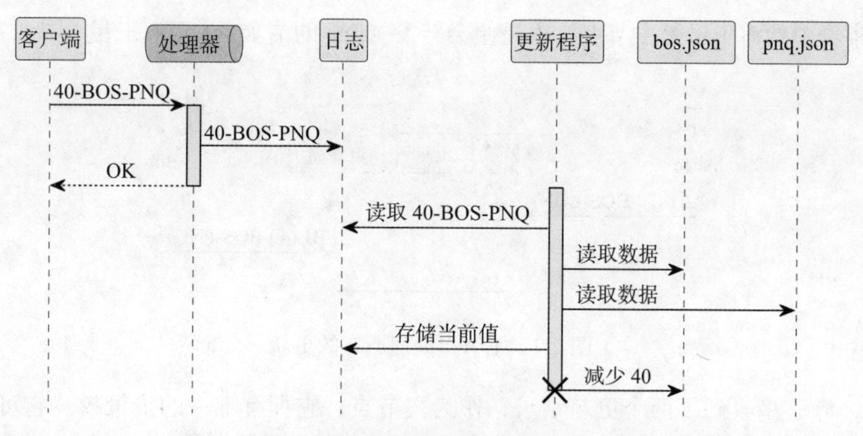


图 2.4　预写日志方法

日志提供了弹性，因为对于一个已知的前态，线性的变更序列决定了日志执行后的状态。这一特性对于单节点场景的弹性至关重要，而且，正如我们后续将看到的，对于复制同样至关重要。如果多个节点从相同状态出发，并执行相同的日志操作，那么它们最终将达到一致的状态。数据库就是采用上述预写日志方法来实现事务处理的。

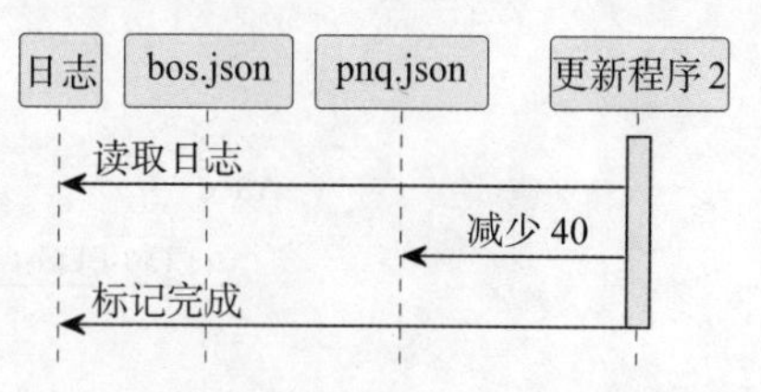


图 2.5　用预写日志方法恢复数据

## 2.2　竞争性更新

Alice 和 Bob 是两位不同的用户，他们分别连接至集群的两个不同节点，并分别执行各自的请求。Alice 希望将 30 件物品从波士顿转移到伦敦，而 Bob 则打算将 40 件物品从波士顿移至普纳（图 2.6）。

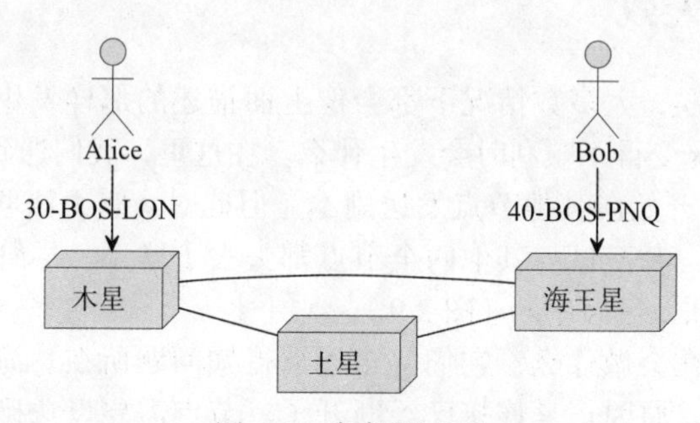


图 2.6　竞争性更新

面对此问题，集群应如何解决？可以肯定的是，不允许任意节点进行更新，否则集群将很快陷入不一致的境地，最终导致我们不得不费尽心思去弄清楚如何在波士顿存储那些本不存在的物品。解决此问题的一个直接方法是采用主从模式，指定一个节点作为主节点，其他节点则作为从节点。在这种情况下，主节点负责处理所有更新，然后将更新信息广播至从节点。假设集群中的海王星是主节点，木星便会转发 Alice 的请求 A1 至海王星（图 2.7）。

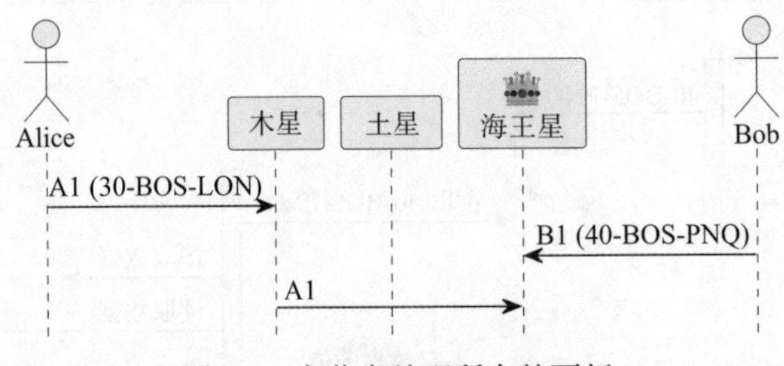


图 2.7 主节点处理所有的更新

现在，海王星收到了两个更新请求，作为主节点，它拥有唯一的决策权。它可能会处理先到的 Bob 的请求 B1，并拒绝 Alice 的请求 A1，因为存货不足（图 2.8）。

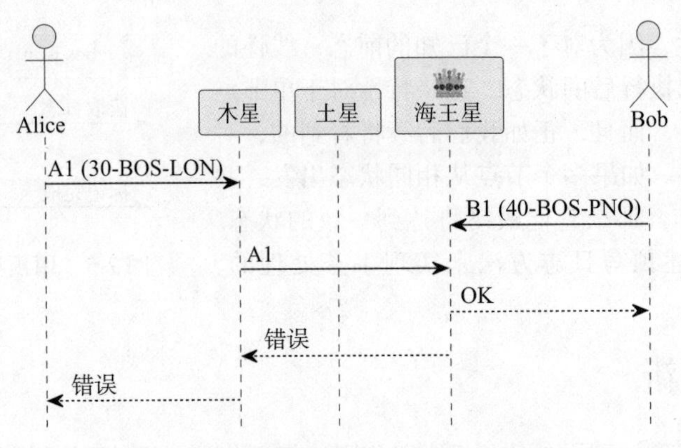


图 2.8 主节点因存货不足而拒绝请求

## 2.3 处理主节点失效

当一切都顺利的时候，大多数情况下都会像上面描述的那样发生。但是分布式系统发挥作用的关键在于，当情况变得不顺利时会发生什么。在这里，我们遇到了一个不同的场景：海王星收到了请求 B1，并开始向其他节点发送副本。但此时，它无法联系上土星，只能将副本发送给木星。突然之间，海王星与其他两个节点都失去了联系。尽管木星和土星仍能互相通信，但它们与主节点的联系已经中断（图 2.9）。

那么，这些节点现在会做什么？它们甚至无从得知问题所在。海王星无法向木星和土星发送消息告知连接中断，原因正是连接已经断开了。节点需要设法确定与其他节点的连接是何时断开的。这可以通过心跳机制来实现，更确切地说，是通过缺失的心跳来判断的。

心跳是节点之间定期发送的消息，其目的仅仅是证明节点仍然运行且正在通信。心跳不必是独特的消息类型。当集群节点处于通信状态时，例如复制数据时，既有消息就能充当心跳的角色。如果土星在一段时间内未收到来自海王星的心跳，则土星会将海王星视作已崩溃。由于海王星是集群的主节点，因此土星会在此时启动选举，以选择新的主节点（图 2.10）。

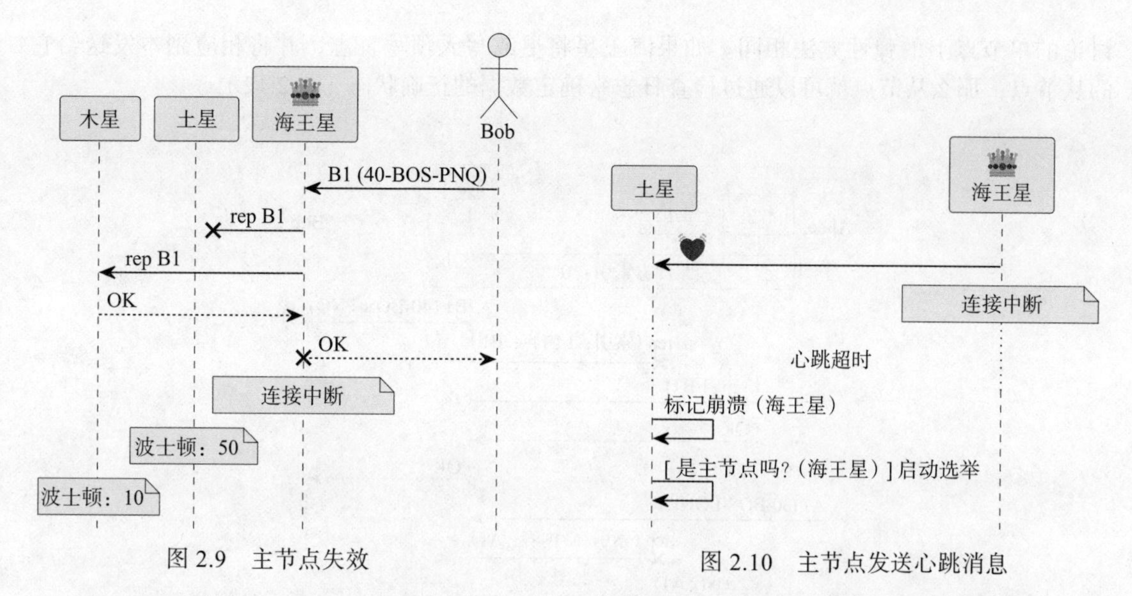


图 2.9 主节点失效　　　　图 2.10 主节点发送心跳消息

通过心跳机制可判断海王星是否已断开连接，因此可以安心地继续处理 Bob 的请求。我们需要确保，一旦海王星确认完成了对 Bob 请求的处理，即便海王星崩溃了，其他从节点也能选出新的主节点，并将请求 B1 应用于新的主节点。但我们也需要处理更复杂的情况，因为海王星可能收到多条消息。

考虑这样一种情况，即海王星在处理来自 Alice（A1）和 Bob（B1）的消息时崩溃。它成功将副本发送给了木星，但在崩溃前未能联系上土星（图 2.11）。

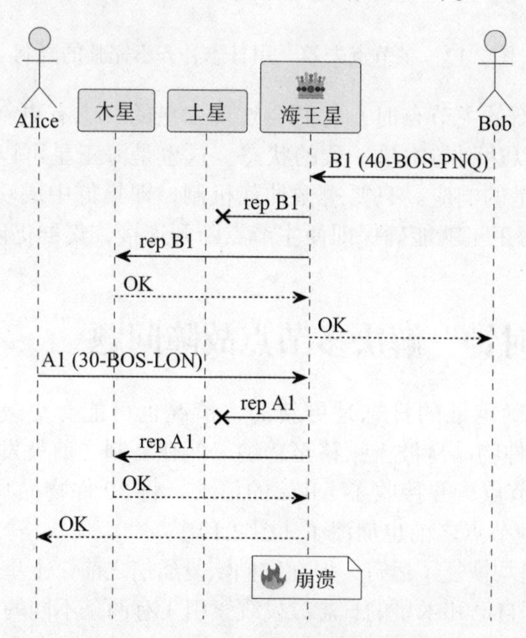


图 2.11 主节点失效导致复制不完整

在此情形下，木星和土星应如何处理它们所处的不同状态呢？事实上，答案与我们前面讨论的单节点上的弹性方法相同。如果海王星将更改写入预写日志，并将相应副本发送给它的从节点，那么从节点就可以通过检查日志来确定数据的正确状态（图 2.12）。

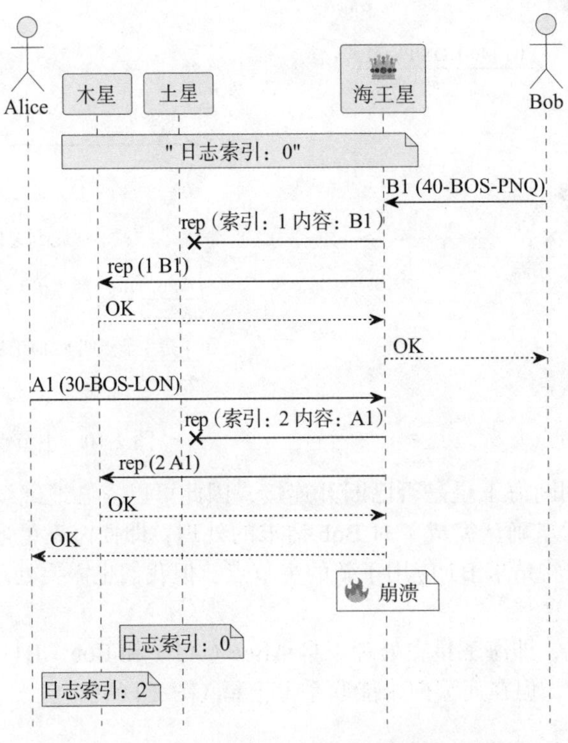


图 2.12 主节点失效，用日志补齐不完整的复制

当木星和土星选出新的主节点时，它们会发现木星的日志有更新的索引记录，土星可以借此更新自身的数据，以达到与木星一致的状态。这也是海王星可以向 Bob 确认收到更新的原因，即使还未收到土星的响应。只要遵循仲裁机制，即集群中成功复制日志消息的节点数超过多数法定节点数，海王星就能确保即便主节点断开连接，集群仍能保持数据的一致性。

## 2.4 依托“世代时钟”解决多节点故障问题

假设木星和土星能确定谁的日志是更新的，情况也可能会更复杂。假设海王星收到了 Bob 的请求，要求将 40 件物品从波士顿移至普纳，但在复制之前就发生了故障（图 2.13）。

木星被选为新的主节点，并接收了 Alice 的请求，将 30 件物品从波士顿转移到伦敦。但木星在复制该请求到其他节点之前也崩溃了（图 2.14）。

稍后，海王星和木星均恢复了运行，但在它们恢复通信之前，土星崩溃了。海王星再次被选为主节点。海王星查看了自己和木星的日志，发现索引 1 有两条不同的请求，一条是它自己接收的 Bob 的请求，另一条是木星接收的 Alice 的请求。海王星无法确定应该选择哪一条（图 2.15）。

我们使用“世代时钟”来解决这个问题。“世代”是一个随主节点选举递增的数字（标志节点所处的“世代”)，也是主从模式的关键要求。回顾前面的场景，海王星作为世代 1 的主节点，它在日志中添加了 Bob 的记录，并标注了“世代 1”(图 2.16)。

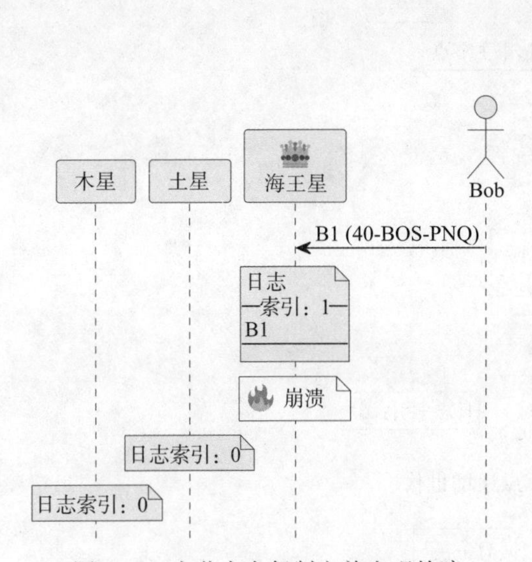


图 2.13 主节点在复制之前出现故障

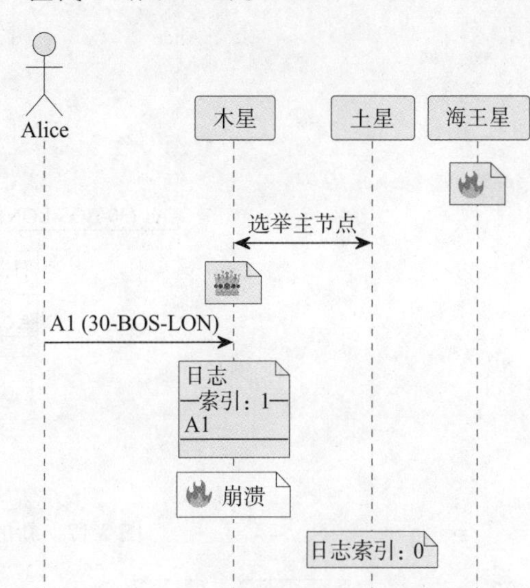


图 2.14 新的主节点在复制之前发生故障

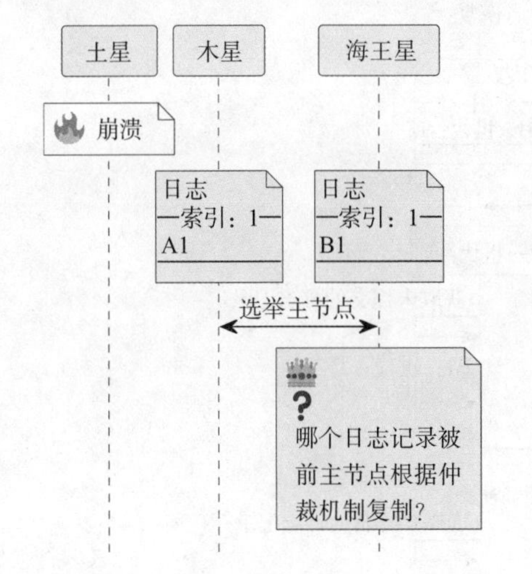


图 2.15 主节点需要处理既有日志记录

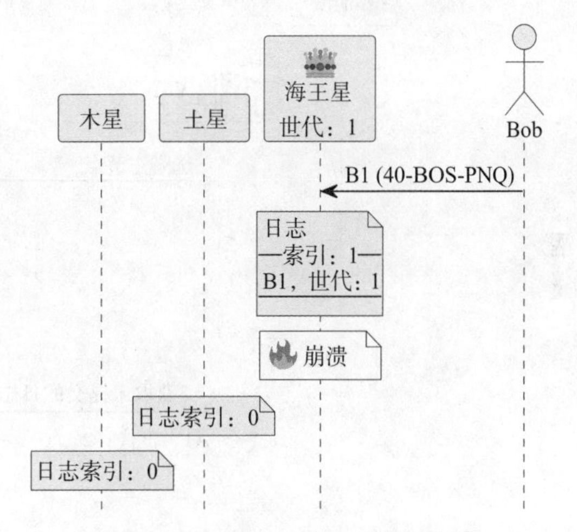


图 2.16 主节点在日志中添加世代

当木星被选为主节点时，世代递增至 2。因此，木星将 Alice 的请求添加至日志时，会将其标注为“世代 2”(图 2.17)。

当海王星再被选为主节点时，世代将递增至 3。在处理客户端请求前，它会检查所有可用节点的日志，寻找那些复制次数尚未达到多数法定节点数的记录。这些记录的状态被视为“未提交”，因为这些更新尚未实施到数据上。我们不久将看到每个节点是如何确定哪些记录被不完全复制。一旦主节点确定了这些记录，它便会完成对它们的复制。若有冲突，它会安全地选择世代较高的记录（图 2.18）。

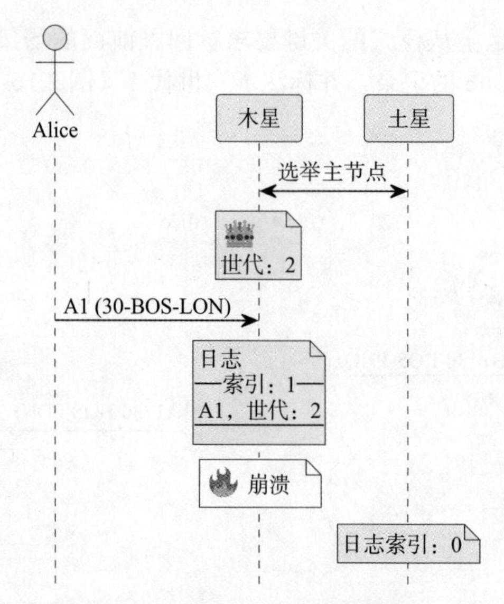


图 2.17 新的主节点递增世代

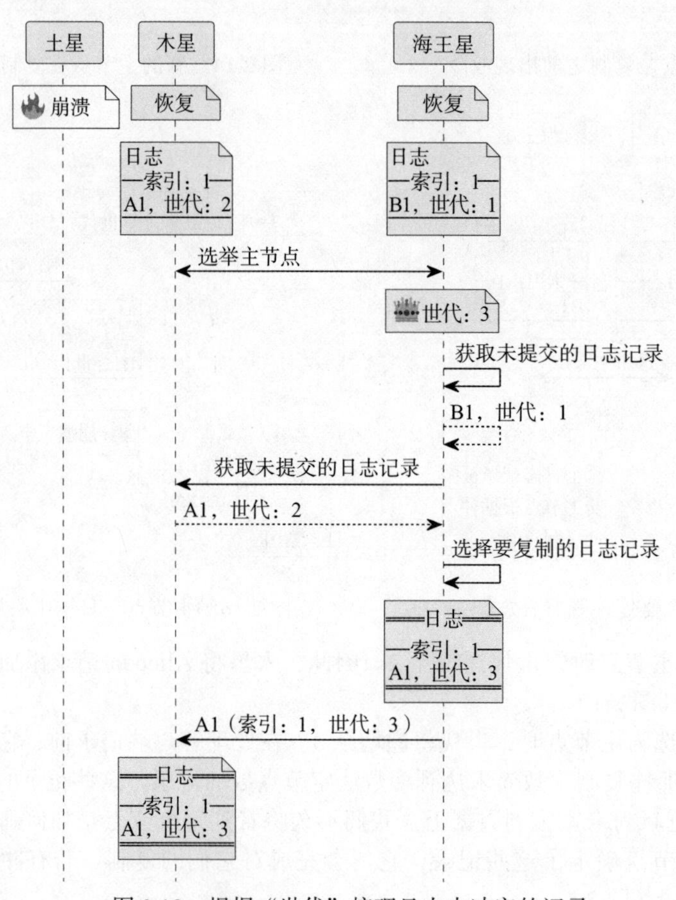


图 2.18 根据“世代”梳理日志中冲突的记录

在选择了最新世代的记录后，海王星会用当前世代覆盖自己日志中的未提交记录，并将副本发送给木星。

每个节点都会跟踪自己所知的最新世代主节点。这对可能发生的另一问题很有帮助（图2.19），当木星成为主节点时，前主节点海王星可能并未崩溃，而仅是暂时断开连接。它可能会重新上线，并向木星和土星发送请求。如果木星和土星已经选出了新主节点，并接收了Alice的请求，突然又收到来自海王星的请求，该如何是好？在这种情况下，世代时钟也极为重要。每个请求都会携带世代时钟一同发送至集群节点。因此，每个节点都会优先选择世代较高的请求，并拒绝世代较低的请求。

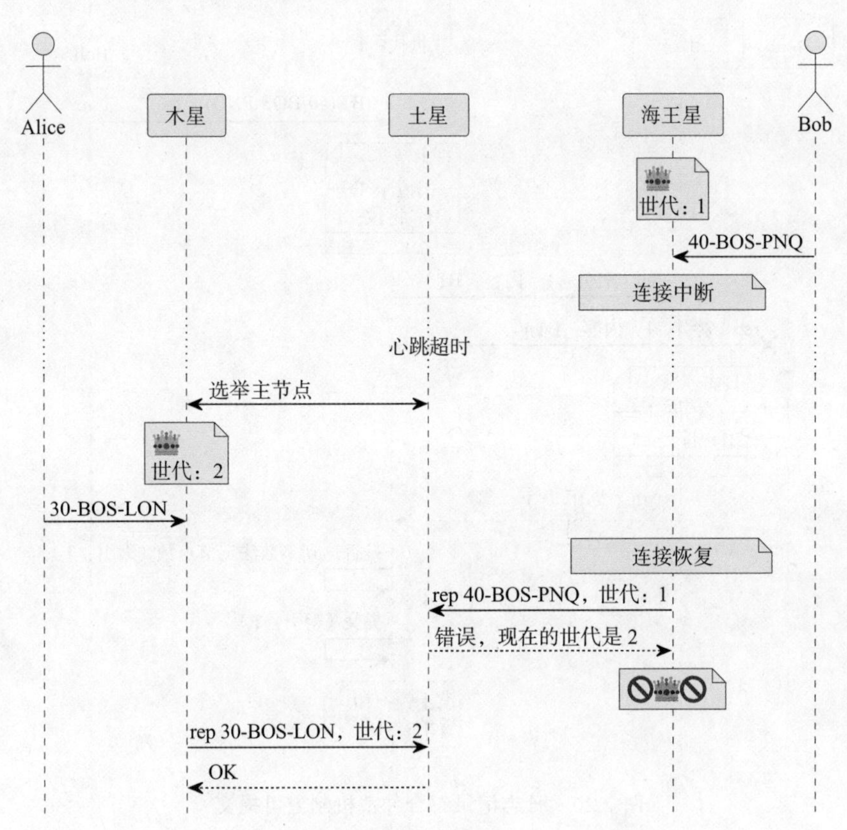


图 2.19 用世代检测迟滞在旧主节点中的请求

## 2.5 符合仲裁机制方可提交日志记录

正如前文所述，对于B1这类记录，若成功复制到的节点数未达到多数法定节点数，就存在被覆盖的可能性。因此，主节点在将这类记录追加到自己的日志之后，不能将请求应用到数据存储，必须等待先从其他节点收到足够的确认。更新添加到本地日志时，状态是“未提交”的，只有在主节点收到其他节点足够的确认回复后，状态才会变为“已提交”。

在上述示例中，海王星至少需要等到一个节点确认接收到消息后，才能提交B1请求，此时加上海王星本身，三个节点中已有两个节点完成确认，形成了多数，满足了多数法定节点数的要求。

当主节点海王星直接从 Bob 或其从节点接收到用户 Bob 的更新请求后，它会将此未提交的更新添加到日志中，然后向其他节点发送副本。一旦土星节点回复确认，就意味着海王星和土星两个节点收到了更新，达到了三个节点中的多数，满足了多数法定节点数的要求。此时海王星能够提交更新（图 2.20）。

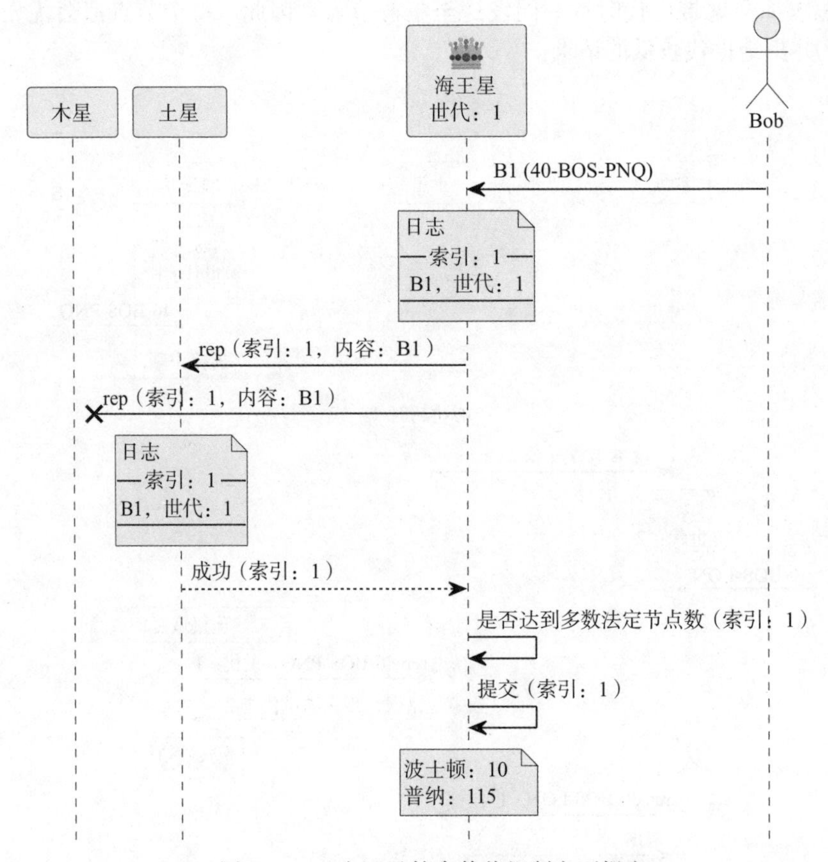


图 2.20 日志记录符合仲裁机制方可提交

多数法定节点数的重要性在于，它适用于集群决策。若节点出现故障，任何主节点的选举都必须符合仲裁机制。任何已提交的更新也都会被发送至多数节点，这确保了在选举期间，已提交的更新是可见的。

海王星在收到 Bob 的更新 B1 后向其他节点发送副本。假设海王星在收到土星的确认消息后崩溃，此时土星仍然保有 B1 的副本。如果随后木星被选为新的主节点，在接收新的更新请求之前，木星必须对“未提交”的日志记录进行处理，完成 B1 的更新（图 2.21）。

当日志的规模很大时，选举新主节点时在节点间传输日志的成本可能较高。Raft（Ongaro，2014）是一种流行的“复制日志”算法，通过选举具有最新日志的节点作为主节点来优化这一过程。在上述例子中，土星将被选为主节点。

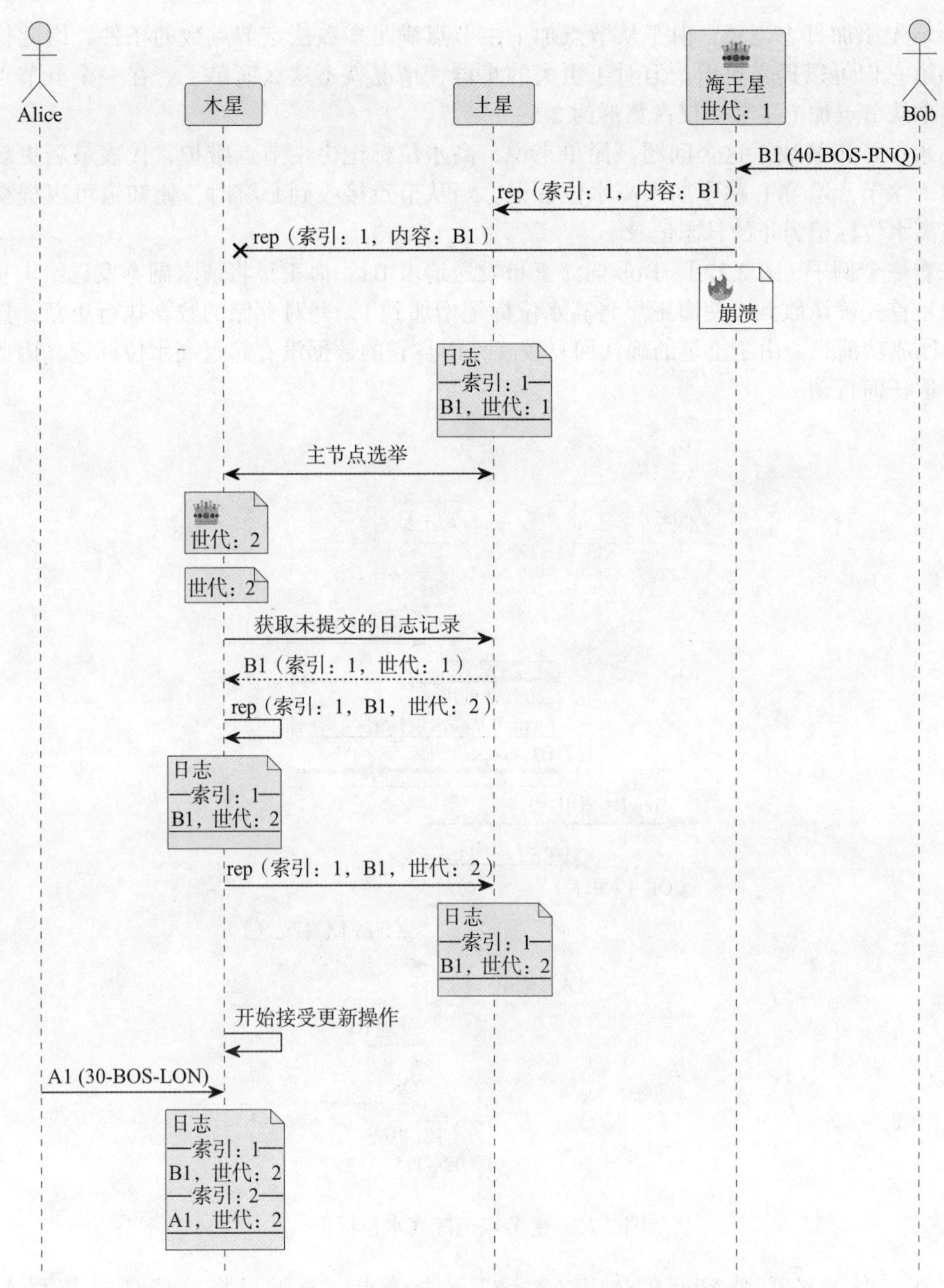


图 2.21 新主节点提交了“未提交”的日志记录

## 2.6 从节点基于高水位标记提交

如我们所知，主节点只有在得到多数节点的确认后才会提交更新，但从节点应该在何时提交它们的日志记录呢？在前面提到的三节点示例中，这是显而易见的。主节点在发送副本之前必须先添加日志记录，由于从节点加上主节点满足多数法定节点数的条件，因此任何节点都知道它们可以提交更新。但对于更大的集群，情况就不这么简单了。在一个五节点集群中，单个从节点加上主节点仅占集群的2/5。

高水位标记解决了这个问题。简单来说，高水位标记由主节点维护，代表最新更新的日志索引。主节点会在心跳中加入高水位标记。当从节点接收到心跳时，便知道可以提交所有直到该高水位标记为止的日志记录。

来看一个例子（图2.22）。Bob向海王星发送请求B1。海王星将请求副本发送给木星和土星。木星首先确认收到，使海王星将高水位标记增加到1，并对存储的数据执行更新，然后向Bob返回成功消息。由于土星的确认回复较晚，而且它的数据没有超过高水位标记，因此海王星不采取任何行动。

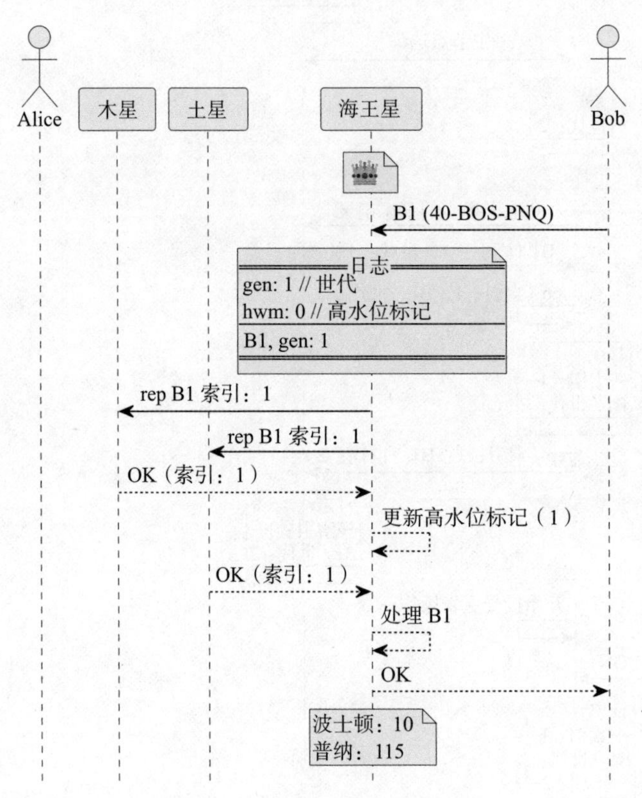


图2.22 主节点追踪高水位标记

现在，海王星接到Alice的A1、A2、A3三个请求。海王星将这些请求都存入日志并开始发送副本。但是，由于海王星与土星之间的连接出现问题，土星没有收到这些消息（图2.23）。

在发送前两条消息后，海王星恰好发出心跳，提示从节点更新高水位标记。木星确认了A1，使海王星可以将高水位标记更新到2，执行更新后通知Alice。但在发送A3副本之前，海王星崩溃了（图2.24）。

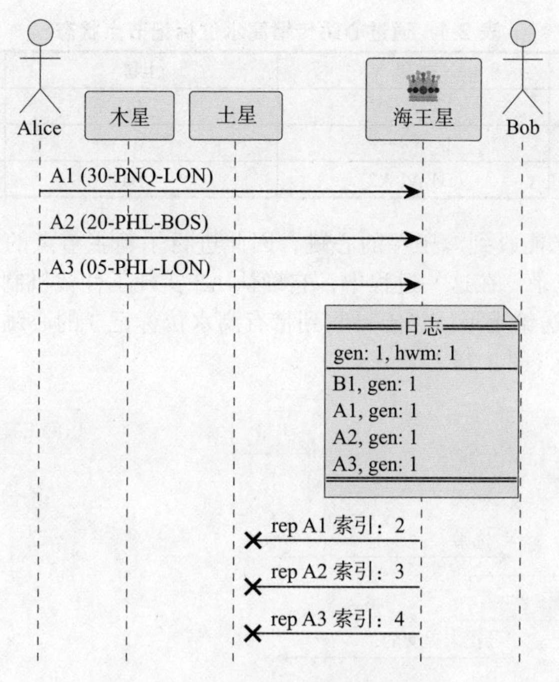


图 2.23　节点丢失日志记录副本

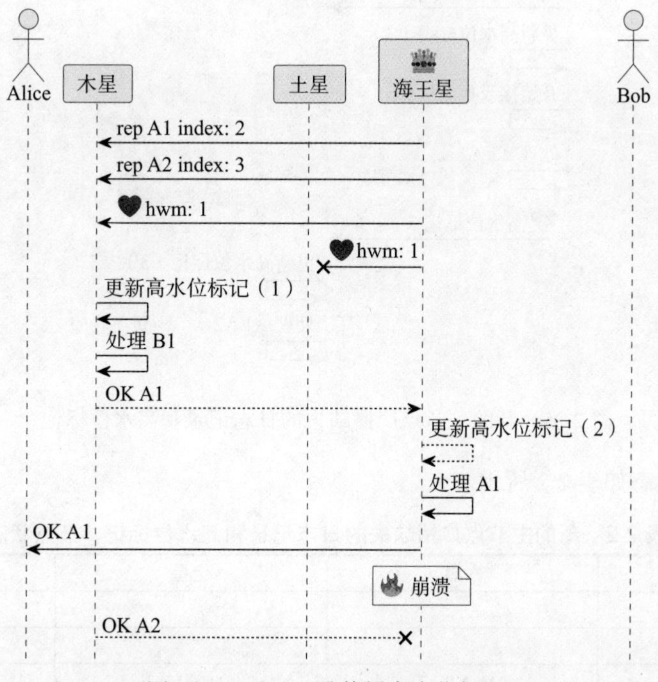


图 2.24　通过心跳传播高水位标记

此时节点的状态如表 2.1 所示。

表 2.1 通过心跳传播高水位标记节点状态

| | 木星 | 土星 | 海王星 |
|---|---|---|---|
| 世代 | 1 | 1 | 1 |
| 高水位标记 | 1 | 0 | 2 |
| 日志 | B1 A1 A2 | B1 | B1 A1 A2 A3 |

木星和土星由于未能收到海王星的心跳，因此进行了新主节点的选举。木星胜出，成为主节点，并整合日志记录。在这一过程中，它确认 A2 实现了仲裁机制，并将高水位标记设为 3。木星将日志副本发送给土星，当土星收到带有高水位标记 3 的心跳时，更新其高水位标记并对其存储区执行更新（图 2.25）。

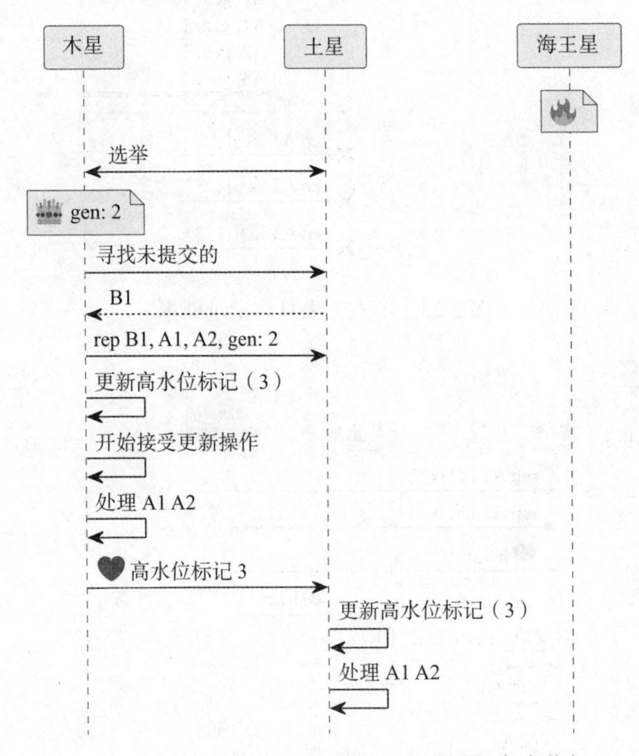


图 2.25 新的主节点广播缺失的日志记录和高水位标记

节点现在的状态如表 2.2 所示。

表 2.2 新的主节点广播缺失的日志记录和高水位标记，节点状态

| | 木星 | 土星 | 海王星 |
|---|---|---|---|
| 世代 | 2 | 2 | 1 |
| 高水位标记 | 3 | 3 | 2 |
| 日志 | B1 A1 A2 | B1 A1 A2 | B1 A1 A2 A3 |

此刻，Alice 的请求 A3 超时，需要重新发送（A3.2），这次直接发送给新的主节点木星。

海王星在此时重启，并试图复制请求 A3，但被告知新世代主节点已更换，因此海王星接受现实，成为木星的从节点，移除其日志记录并降低高水位标记。木星开始发送 A2 和 A3.2 的副本，一旦收到 A3.2 的确认，就能更新高水位标记，执行更新并回复 Alice（图 2.26）。

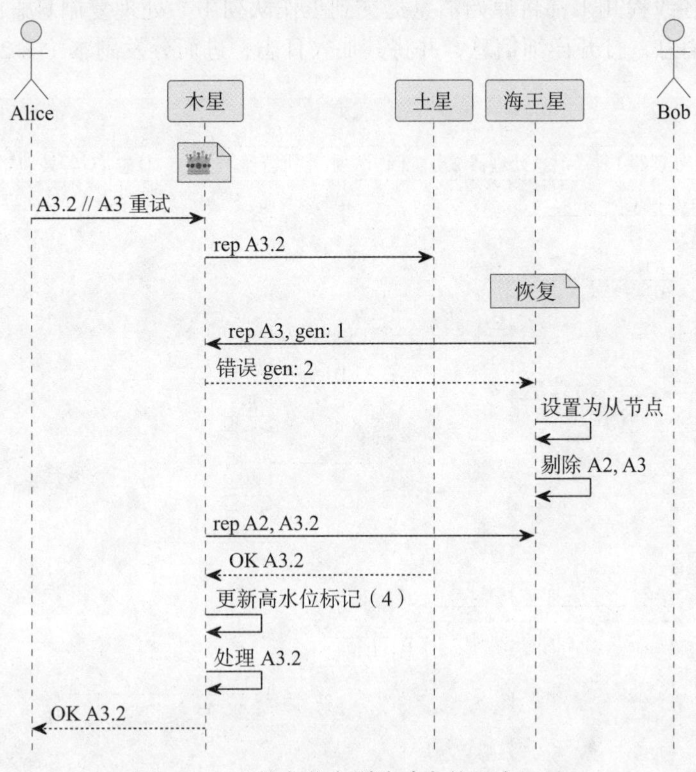


图 2.26　旧的主节点剔除冲突的日志记录

## 2.7　主节点用消息队列来保持对众多客户端的响应

主节点需要处理来自众多客户端的大量请求。每项请求均需经历数个处理阶段。请求需要被解析，这样才能理解请求及其有效负载。更新数据需持久化存储至预写日志，即写入“持久”存储设备中，在此语境下，“持久”通常意味着写入速度较“慢”。请求还可能源自于从节点对请求副本的确认，此时主节点需定位到相应请求，并核查是否满足多数法定节点数的条件，若满足便可以更新高水位标记。

为避免多线程同时更新相同数据时可能引发的问题，需要确保预写日志上的每一条记录都被完整地写入和处理，随后才能进行下一条记录的写入。我们既不希望客户端间因等待而互相阻塞，也不愿见到这些操作阻碍了其他处理阶段。

出于以上原因，我们采用了单一更新队列。当今多数编程语言都提供了某种形式的内存队列对象，用以处理多线程请求。单一更新队列建立在此基础上，允许客户端线程将简单记录写入内存队列。独立的处理线程会从工作队列中获取记录，执行前文讨论的处理。这种方式保证了系统对客户端的响应，同时在一个更加合理的单线程环境中处理请求。像 Go 这样的编程语言，通过通道和协程对此类机制提供了更好的支持。

假设 Alice 和 Bob 同时向海王星发送请求（A1 和 B1），它们会被海王星上不同的消息处理线程所处理。各线程几乎都将原始消息提交到工作队列中。处理复制日志的线程独立运作，从队列头部移出消息，打开详细信息，并将其加入日志，进而分发副本（图 2.27）。

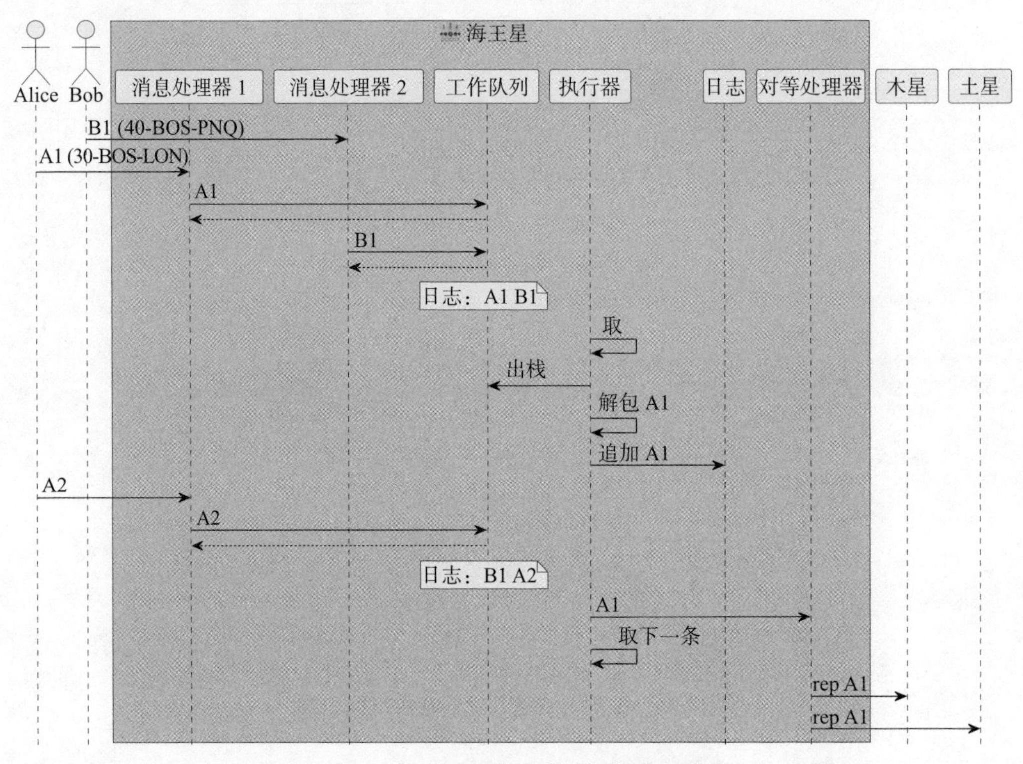


图 2.27 节点利用消息队列解耦处理阶段

当木星确认复制完成时，其响应将由消息处理器接收，它只是将原始消息放回工作队列。处理线程获取到该消息后，确认已满足多数法定节点数的条件，随即将日志记录标记为“已提交”，并更新高水位标记（图 2.28）。

在此类集群中，只有当满足多数法定节点数的条件时，更新才能得到确认。但在执行这些操作时，我们不希望消息处理器处于阻塞状态。在集群发送副本并确认满足多数法定节点数的条件之前，消息处理器可能会处理更多的请求。因此，为避免阻塞，我们使用“请求等待列表”追踪等待的请求，并在每个请求被放入工作队列之前，在客户端的请求实际处理时对其进行响应。

当主节点接收到请求时，它会在“请求等待列表”中添加一个回调函数，该函数包含请求成功或失败时通知 Bob 的具体操作（图 2.29）。

木星确认更新后，执行器将通知请求等待列表，调用回调函数，通知 Bob 请求已成功（图 2.30）。

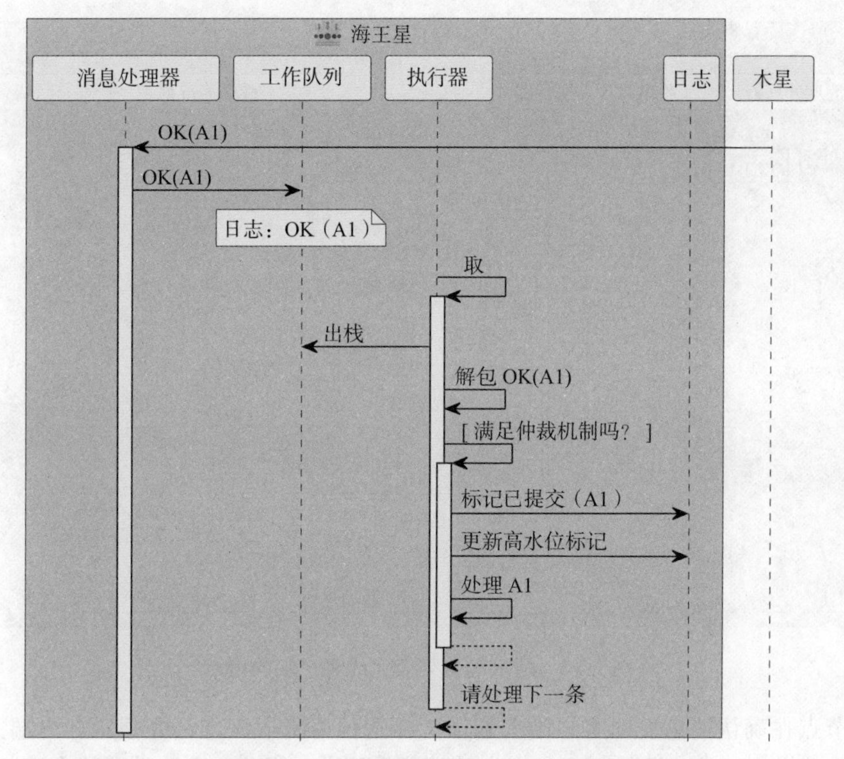


图 2.28 异步处理阶段提交日志记录

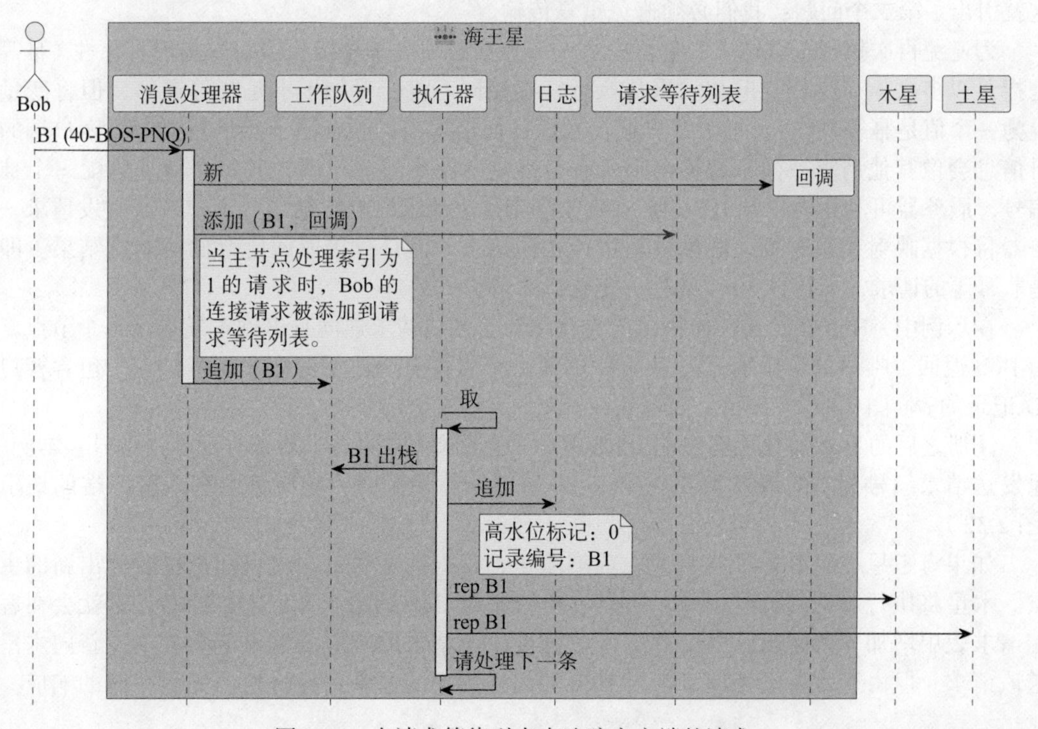


图 2.29 在请求等待列表中追踪客户端的请求

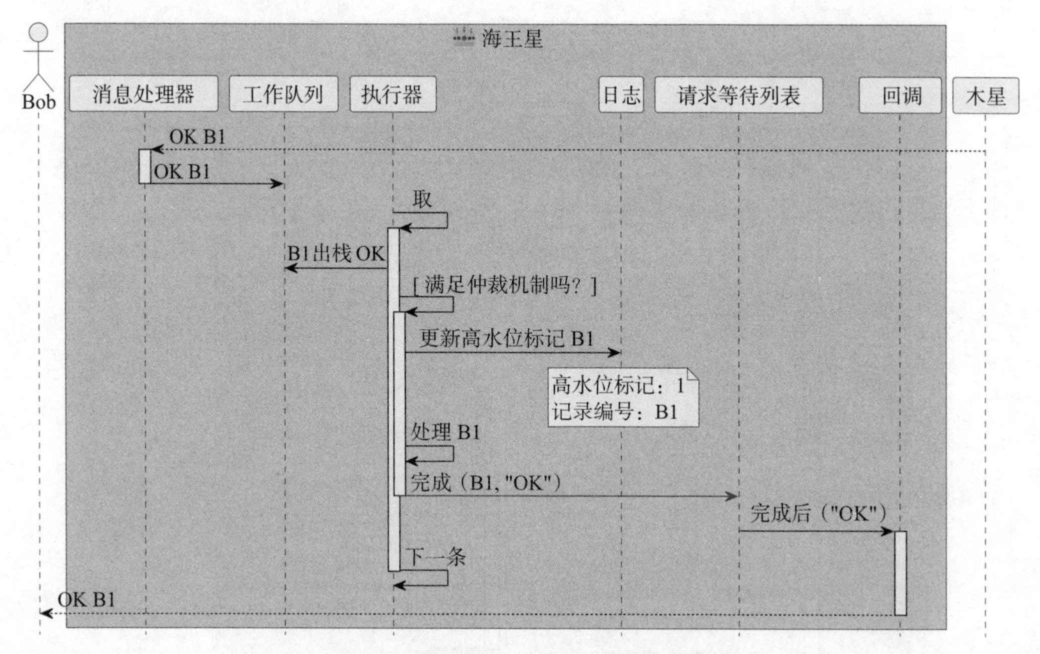


图 2.30 请求等待列表完成客户端的请求

若主节点在确认消息发回客户端前崩溃，在这种情况下该怎么办呢？客户端无从得知集群是否已成功提交请求，还是因主节点失效而遗失请求。因此，客户端可能会重新提交请求。这就引出了第二个问题：我们必须避免重复传输。

为避免再次执行重试请求，集群中每个节点都必须是幂等接收器，以实现幂等性（幂等性是指可以多次执行操作，但其效果与执行一次相同。将变量加 1 不是幂等操作，但将变量设置为一个值是幂等操作）。每个客户端在发送任何请求前，须在主节点进行注册。客户端的注册信息会像其他请求一样，被复制到所有节点。已注册的客户端为其每个请求分配一个唯一编号，服务器可利用客户端 ID 及唯一编号存储每个请求的响应结果。客户端若重发请求，服务器将根据映射关系查找，避免重新执行相同请求，而是直接返回已存储的响应结果。即使是非幂等的请求，如转移 40 个物件，也能以幂等方式处理。

在示例中，Bob 在发送任何请求前先行注册。注册请求连同日志副本发送至每个节点，并为 Bob 返回了唯一的客户端 ID。集群中的每个节点都会为注册的客户端维护一个包含客户端 ID 记录的表（图 2.31）。

注册之后的 Bob 将使用客户端 ID(bob) 发送请求，并为每个请求分配唯一编号。本例中，他发送请求编号为 1 的请求 40-BOS-PNQ。每当执行请求时，响应都会存入客户端的请求表（图 2.32）。

如果海王星在给 Bob 发送响应之前崩溃了，根据前文讨论，木星和土星会选出新的主节点。木星将执行等待的日志记录。一旦它执行来自 Bob 的请求 40-BOS-PNQ，它就会在客户端请求表中增加一条记录。由于 Bob 未收到前一个请求的响应，他可能会尝试重新向木星发送该请求。但由于木星已处理了来自 Bob 的编号为 1 的请求，它将返回先前存储的响应。如此，就不再执行来自 Bob 的重试请求（图 2.33）。

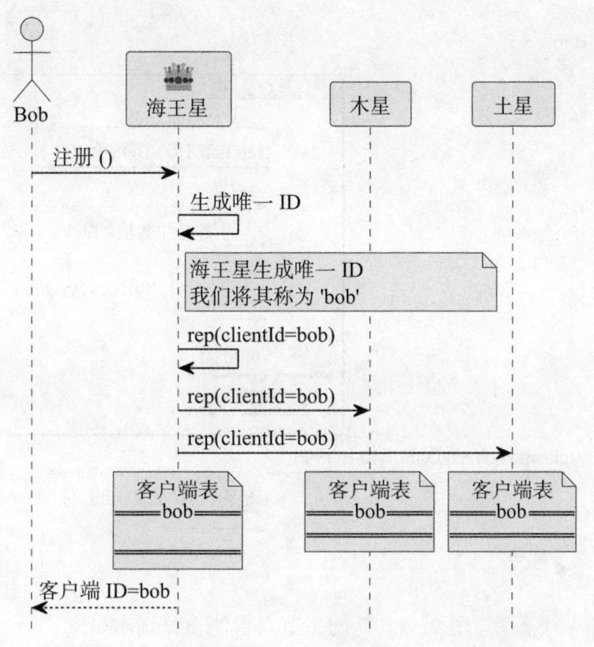


图 2.31　节点为注册客户端维护客户端请求表

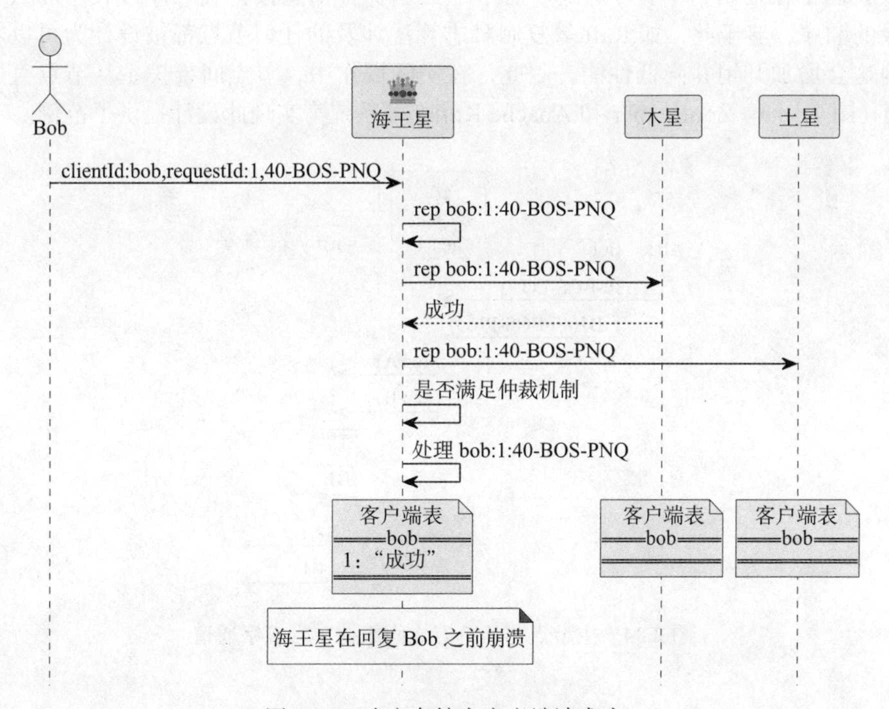


图 2.32　响应存储在客户端请求表

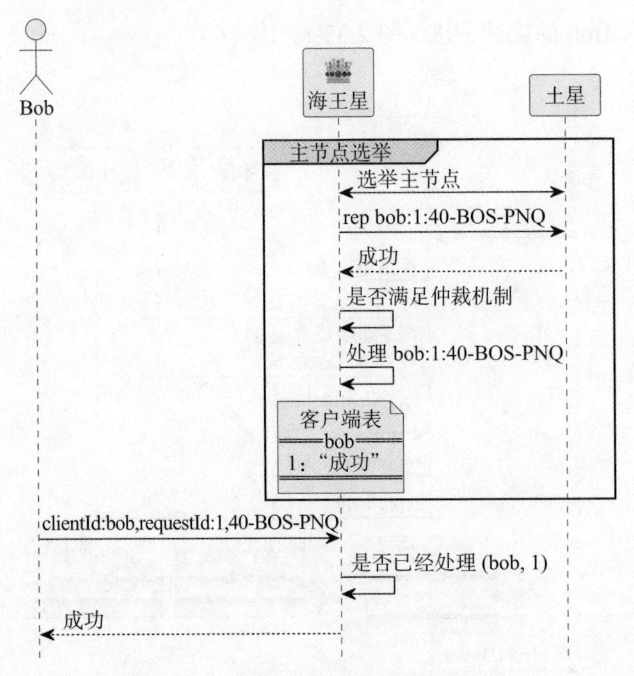


图 2.33 新的主节点检测重试请求

假设我们正在复制一个有序日志，若节点无法保证消息按正确顺序接收，那么它们必须保持记录的顺序。鉴于此，如 Raft 等复制日志算法涉及的任何节点都被设计为可以容忍无序消息，但这会增加开销并降低性能。因此，在实际操作中，节点间维护主从节点直连的单套接字通道（图 2.34）。ZooKeeper 和 Apache Kafka 等系统为实现此设计提供了范例。

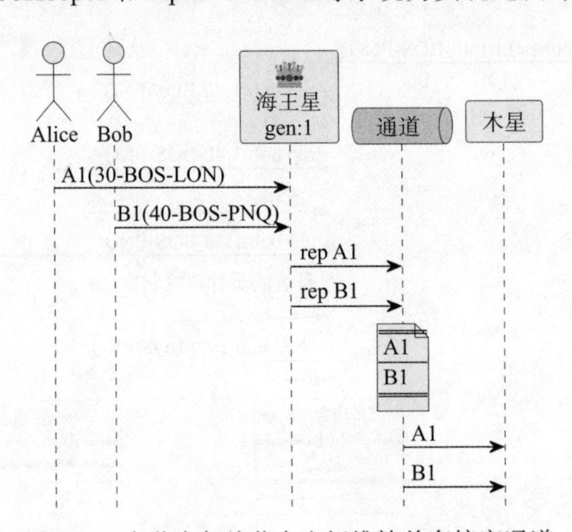


图 2.34 主节点与从节点之间维持单套接字通道

## 2.8 由从节点处理读请求以减轻主节点的负担

将更新数据的副本发送至从节点有若干益处：它不仅为主节点提供了热备选项，一旦主节点出现问题，从节点可以迅速介入；而且在集群中，它支持从节点读取操作，即允许从节点处理读请求，这样主节点就能减少负载，更快地处理写请求。然而，这种做法并非没有成本：从节点的状态更新总是稍落后于主节点，这种延迟正是广播日志副本所需的时间。在大多数情况下，这不会造成问题，但在某些情况下，比如Bob更新数据后立刻尝试读取时，就可能出现问题。如果这时读请求发送至土星，而土星上的副本仍未更新，Bob就可能读到的是过时数据（图2.35）。

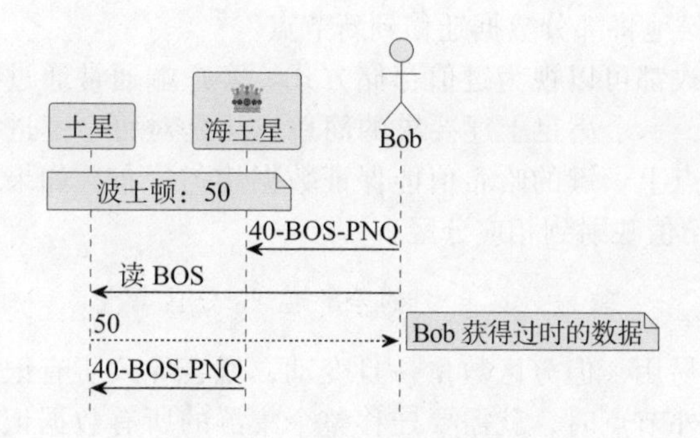


图2.35 从节点可能返回过时的数据

在这种情况下，我们期望保证Bob读取的数据与写入的数据是一致的，这种一致性被称作读写一致性（图2.36）。实现这种一致性的一种方法是使用版本化值，即为每个存储的记录附带一个版本号。当海王星写入Bob的更新数据时，会递增该数据对应的版本号，并将此版本号返回给Bob。当Bob请求读取数据时，可以在请求中附上这个版本号。土星在回应读请求前，可以先检查版本号，如有必要，等待接收到相应版本的数据后再进行读取操作。

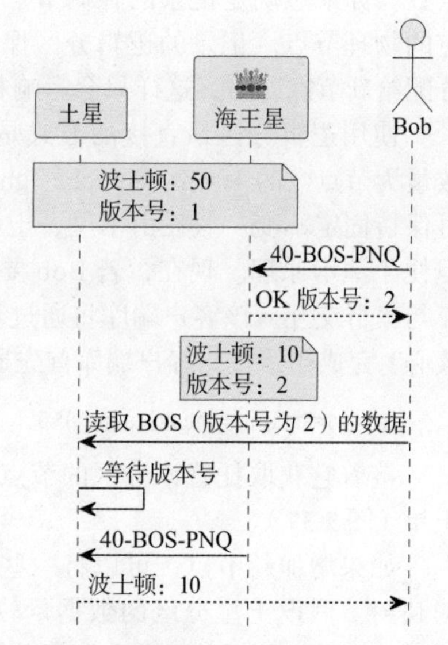


图2.36 追踪版本号以确保读写一致性

MongoDB和CockroachDB等分布式数据库通过混合时钟在版本化值中嵌入时间戳来实现一致性。而其他使用复制日志算法的系统则可以依赖高水位标记。例如，在Raft协议中，从节点在响应请求前需要确保其高水位标记与主节点保持一致。Apache Kafka中的消息是在日志中生成的，这与复制日志算法十分相似。消息一旦生成，其在日志中的索引会在写入时返回给客户端，客户端可在之后的读取操作中使用此索引。如果读取操作由从节点处理，则需要检查日志索引是否已经存在，与前述的版本化值方法类似。

## 2.9 把大量数据分散到多节点分区

正如第 1 章所讨论的，单个节点在数据处理量方面存在物理限制。因此，需要将数据拆分并分散存储到多个节点上。与单一数据库类似，集群中的数据分布在不同节点的多个分区中（也称为碎片）。由于分区主要是为了克服单服务器的物理限制，因此尽可能均衡地分散数据是关键。随着集群负载的不断上升，通常需要向集群中添加更多的节点。下面是分区方案的关键性要求：

（1）数据应该在所有集群节点上均匀分布。

（2）不需要向所有节点发送请求就能确定某条数据记录存储在哪个集群节点上。

（3）应能迅速且轻松地将部分数据迁移到新节点。

大多数数据存储形式都可以视为键值存储方式。客户端通常通过唯一标识符来存取数据记录。对键值存储而言，一个满足上述要求的简单方法是对每个键进行哈希处理，然后根据哈希值将数据映射到节点上。键的哈希值能保证数据均匀分布。如果已知分区数量，则可以通过下述简单公式将哈希值映射到相应分区：

映射分区 = 键的哈希值 % 分区数量

虽然取模运算简单易用，但分区数量一旦变动，就会导致所有记录的分区位置改变。因此，向现有集群添加额外节点时，就需要迁移整个集群的所有数据记录。若数据量巨大，这显然是不可取的。相比之下，更常见的方式是定义逻辑分区，逻辑分区的数量远多于物理节点数。如果想确定记录的存储节点，首先要找到该记录的逻辑分区，然后查找该逻辑分区对应的物理节点。记录的逻辑分区保持不变；若集群中新增节点，则只需重新将一些逻辑分区分配给新节点即可，这样只会影响相关逻辑分区中的记录。

使用逻辑分区最直接的方式是采用固定分区。例如，Akka 建议拥有的逻辑分区（碎片）数量为节点数的 10 倍。Apache Ignite 默认分区数为 1024。这样，从数据记录到分区的映射便可保持固定不变。假设由木星、土星和海王星组成的集群定义了 6 个逻辑分区，虽不太实际，但便于演示原理。现在，若 Bob 要向普纳添加物件，他可通过运行在客户端机器上的客户端库与集群交互。该客户端库将通过获取分区到节点的映射信息（通常来源于稍后介绍的一致性核心）完成初始化。客户端库首先通过简单的取模运算确定普纳键的分区号。

```
int partition = hash("pune")%6
```

接着它获取托管该分区的节点，并将请求转发至相应节点。在此例中，请求将被发送至土星（图 2.37）。

如果增加新节点，可以将一些分区迁移到新节点以平衡负载，而不需要更改从键到分区的映射。假设土星分区的数据量较大，导致负载过重，那么可以增加名为天王星的新节点。此时，可以将土星的一些分区迁移到天王星（图 2.38）。

之所以可以保持像“pune”这样的从键到分区的映射不变，是因为 hash("pune") % 6 的值不会改变。客户端库也只需要更新其分区表，它既可以定期进行，也可以在集群节点返回指定分区不再受其托管的错误信息时进行。

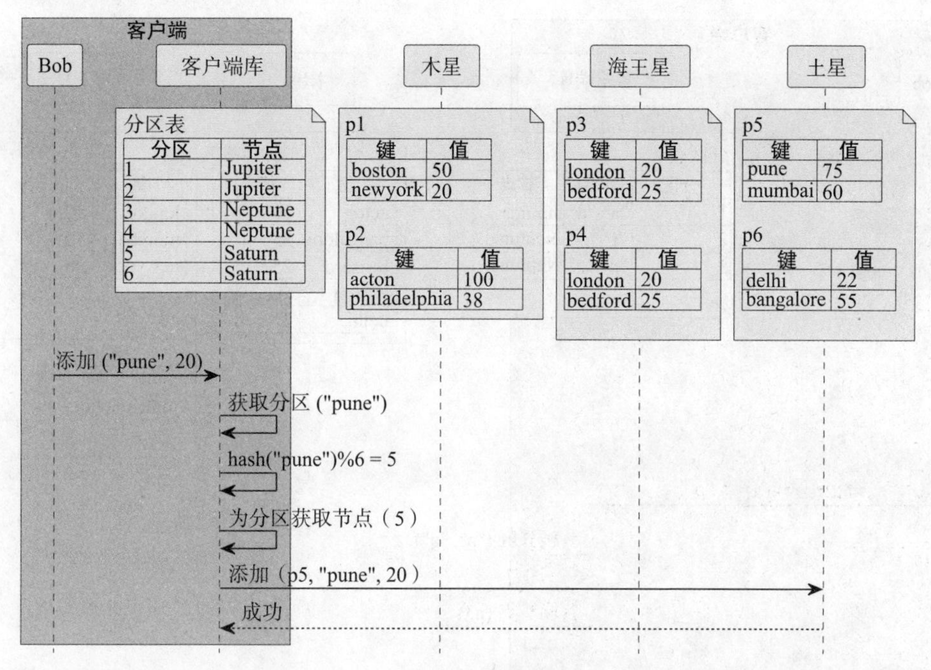


图 2.37 通过取模运算把请求路由到固定分区

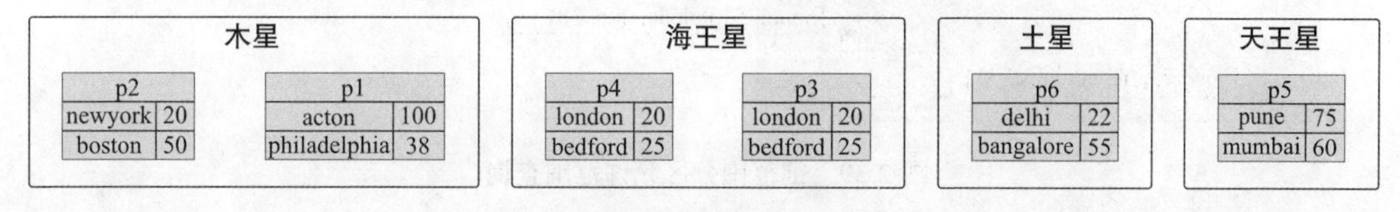


图 2.38 把分区移到新节点以确保分布均衡

尽管生成固定分区的哈希值很简单，但这种方式也有其局限性，因为数据库通常需要支持范围查询，例如查询以“p”到“q”开头的城市列表。若使用键的哈希值来映射分区，范围查询可能需要访问所有分区的记录。如果这类查询较为频繁，键范围分区可能是更好的选择。键范围分区在常见范围内使用键的元素作为分区选择算法的一部分。一个简单甚至有些简陋的例子是，定义 26 个分区，并将键的首字母映射至各个分区。这允许“p”到“q”范围的查询仅访问两个分区。通常这些范围会设置得稍宽泛些，例如从“p”到“z”。

客户端库会保存分区、键范围以及分区所在节点的元数据。利用这些数据，客户端库能确定“p”到“q”范围的全部记录都存储在“p3”分区，并通过向海王星发送请求来查询特定分区（图 2.39）。

键范围分区面临的挑战在于，事先可能无法预知键的范围。因此，多数数据系统初始只设置单一分区，只有当分区达到一定规模时才进行拆分。与固定分区不同，从键到分区的映射会随时间而变化。分区拆分可以以保持两个分区在同一节点上的方式执行。只有当分区最终被迁移到不同节点时，才会发生跨节点的数据移动。HBase 是实现键范围分区的良好范例，YugabyteDB 和 CockroachDB 也支持键范围分区。

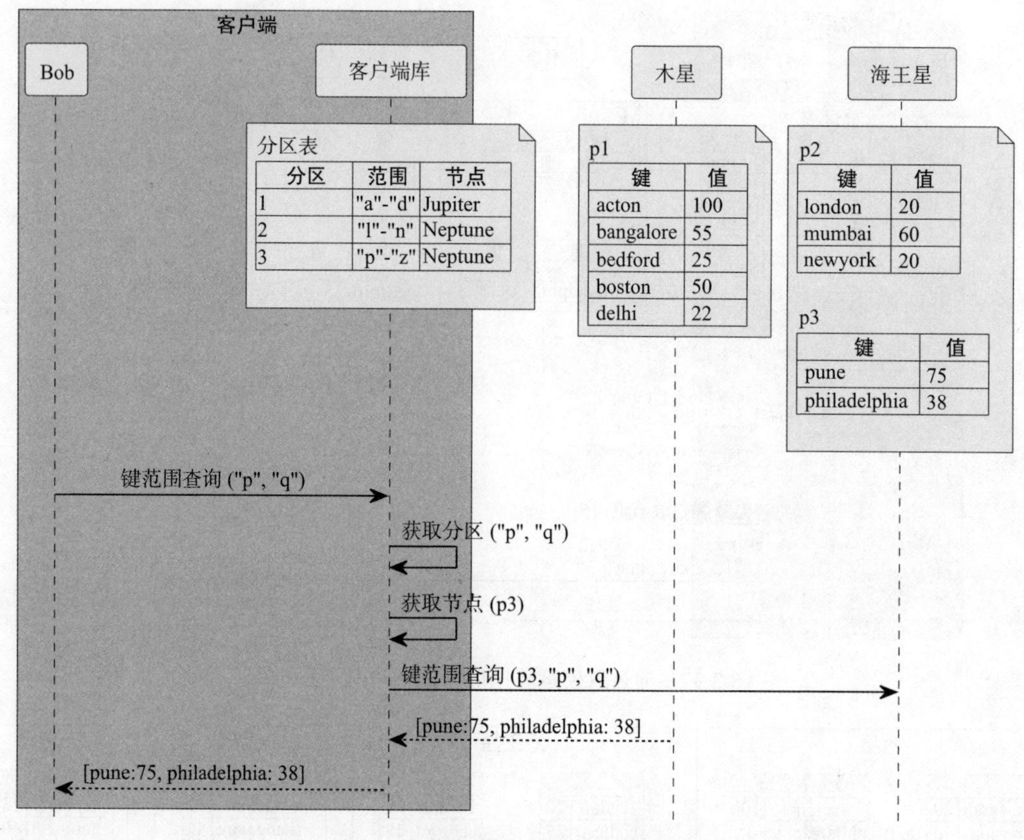


图 2.39 键范围分区允许范围查询

## 2.10 通过复制分区提高集群弹性

尽管分区有助于分散集群负载，但故障引起的问题依然需要解决。如果集群中的某节点出现了故障，则该节点上的所有分区将无法访问。复制分区的方法与复制未分区数据相似，这里采用了之前讨论的以复制日志为中心的相同复制模式（图 2.40）。

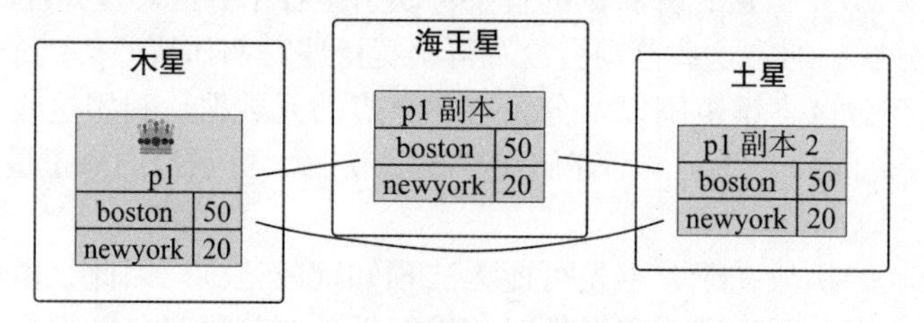


图 2.40 通过复制分区提高集群弹性

一个典型的分区集群可能包含数百甚至数千个逻辑分区。我们不需要数量过多的副本，因为副本越多，要满足仲裁机制的节点数就越多，更新响应速度也就越慢。将副本数定在 3 ～ 5 个，可以在容错能力和性能之间取得良好平衡。

## 2.11　跨分区维持一致性至少需要两个阶段

分区的引入进一步增加了在跨分区操作中维持一致性的复杂度。想象 Alice 希望将 30 个物件从波士顿移至伦敦，若波士顿和伦敦的数据位于不同分区，则不仅需要在同一数据的多个副本间维持一致性，还需在不同分区之间维持一致性。复制日志能妥善处理副本间的一致性问题，但并不能帮助我们维持跨分区的一致性。这是一个在分布式系统中普遍存在的问题。例如，Apache Kafka 在需要原子性地跨多个主题生成消息时会遇到这个问题，MongoDB 在需要原子性更新多个分区时也面临相同的挑战。

跨分区的一致性可通过两阶段提交来解决，需要指定一个节点作为协调者（图 2.41）。通常，跨分区操作的第一个键所对应的分区的节点被指定为协调者。比如，波士顿分区位于木星，伦敦分区位于海王星。由于波士顿分区位于木星，所以该请求被路由至木星，并指定木星为协调者。木星作为协调者，负责全面追踪事务状态，需要将所有信息持久化到磁盘，以确保在故障发生时，木星能知晓所有未完成的事务。因此，它维护了一个专门的预写日志，记录正在处理中的事务信息。

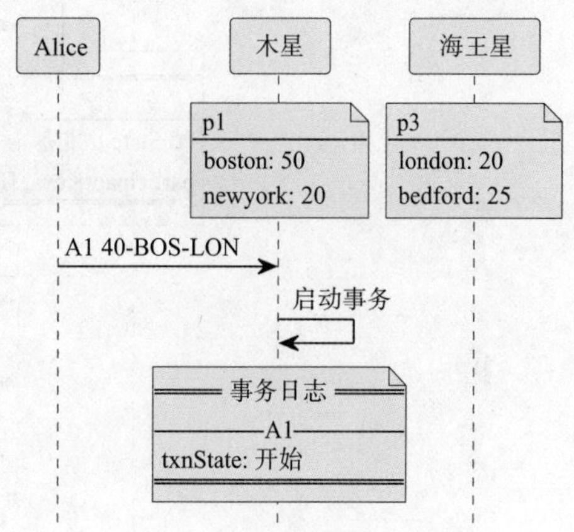

图 2.41　协调者追踪事务状态

木星告知自己要减少波士顿的物件数量，并向海王星发送请求，要求增加伦敦的物件数量（图 2.42）。但此时数据尚未更新。

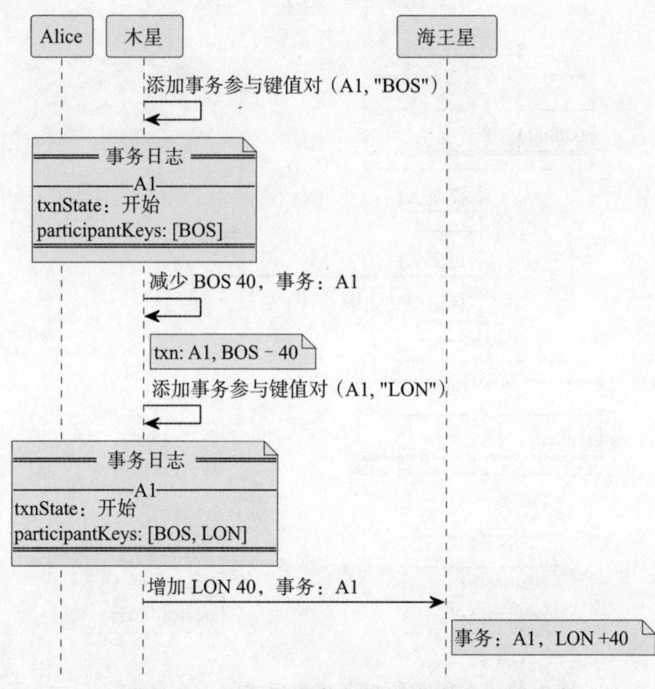

图 2.42　节点追踪事务处理中未完成的请求

木星随后开始协调自己和海王星提交事务。两个数据存储节点都向协调者确认接收到了事务消息。只有在两个节点都收到事务消息后，协调者才会提交事务，并向 Alice 返回确认消息（图 2.43）。

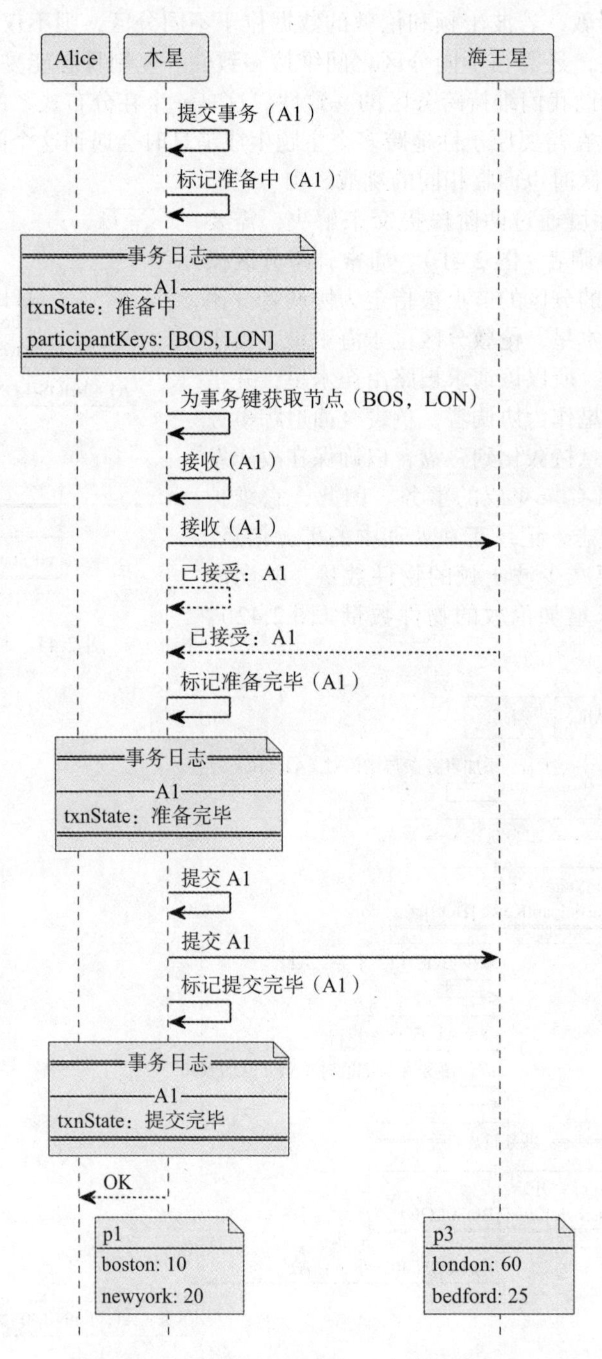


图 2.43 在所有参与者接收后方能提交事务

这个例子展示的是在非复制分区情况下的操作，实际上在复制分区情况下的过程基本相同。不同之处在于，木星和海王星将通过复制日志各自进行更改。

我们之前讨论的关于各种故障的内容在此同样适用。因此，两阶段提交的每个参与节点都独立维护复制日志。协调者和每个分区都会维护日志副本。

## 2.12 分布式系统的顺序不能依赖于系统时间戳

我们之前了解到，为确保客户端读到的值与写入的值一致，需要使用版本化值。为此，必须明确更新的顺序。

在单节点上实现这一点相对简单，只需维护一个单一计数器，每次记录修改时计数器便递增。RocksDB 中使用的序列号即是一个例子。让我们看看单节点是如何操作的（图 2.44）。Alice 向海王星发送请求，要求波士顿减少 40 个物件。因此，为波士顿创建了一个新的版本号，物件数为 10。随后，Alice 请求为伦敦增加 40 个物件，为伦敦创建了版本号为 3 的新记录，物件数为 60。Alice 之后读取版本号为 3 的快照，她期望看到波士顿的物件数为 10，最终也确实如此。

当记录存储在多个节点上时，追踪记录之间的先后顺序变得更为复杂。如何通过增加版本号确保跨节点版本能够追踪先后关系呢？

我们可能会自然而然地想到，系统时间戳可用于版本记录。更新越晚，时间戳越新，从而可以自然地追踪记录更新顺序。然而，在实践中这种方法存在一定问题。尽管有时间同步工具的存在，不同节点之间的时钟依然存在微小差异。按照人类的标准，这些差异可能微乎其微，但对于计算机通信而言，它们却非常显著。我们必须假设系统时间戳并不是单调的，正如在第 26 章“租约”中讨论的情况一样。

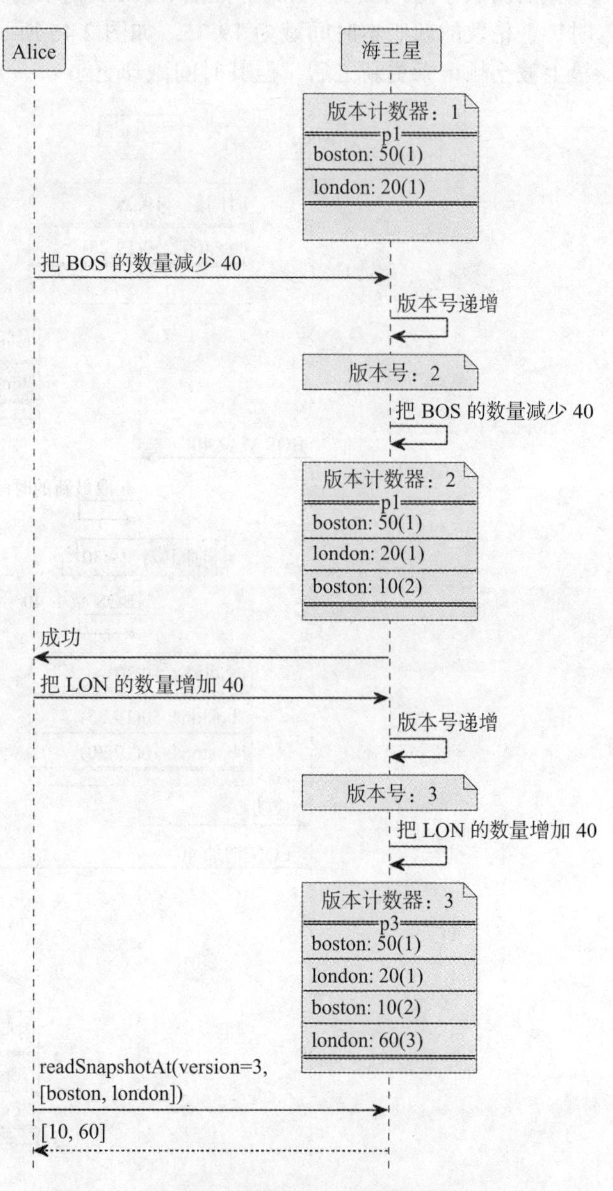


图 2.44 用计数器控制版本号在单节点上读快照

为了更好地理解其问题所在，我们举一个例子，假设波士顿和伦敦的记录分别存储在木星和海王星。木星的时钟显示为 19:25，但海王星的时钟慢了，显示为 19:20。假定根据木星和海王星的时钟，波士顿在 19:25 时有 50 个物件，伦敦在 19:20 时有 20 个物件。（在这个时间戳的例子中，我们只使用了 24h 制，实际的时间戳还会包含日期，并且使用 UTC 避免时区问题。）

Alice 发送请求，希望波士顿减少 40 个物件。假设时钟进展了 5s，根据木星的时钟，波士顿的新版本时间戳为 19:30。然后，Alice 请求海王星为伦敦增加 40 个物件。根据海王星的时钟，伦敦的新版本时间戳为 19:25。如图 2.45 所示，尽管海王星上伦敦的记录更新发生在木星上波士顿记录更新之后，但其时间戳却更小。

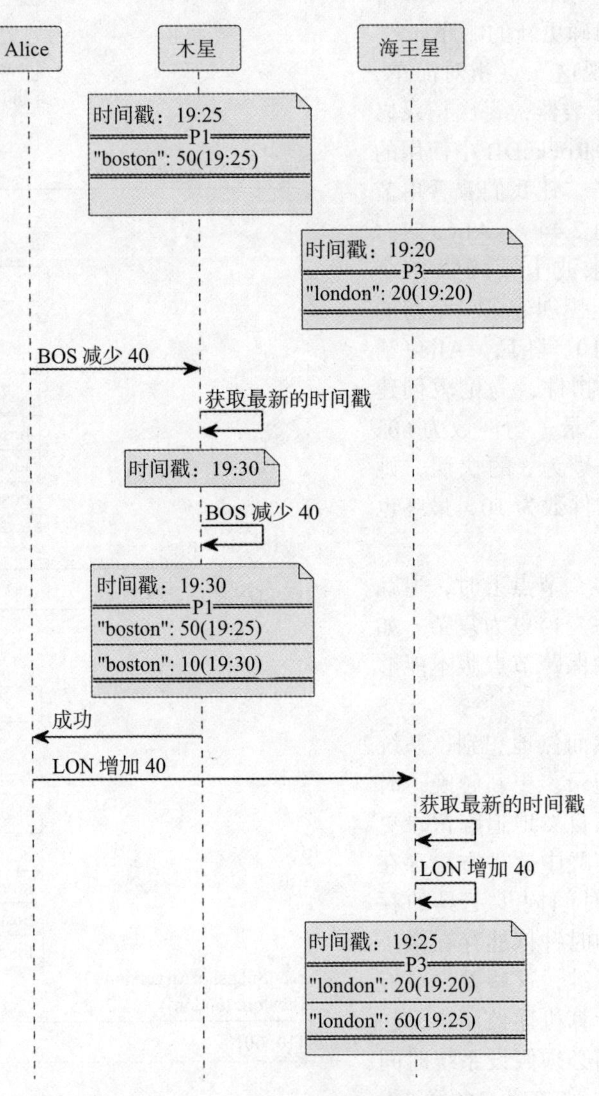


图 2.45 节点写入以系统时间戳为版本号

Alice 现在想要读取波士顿和伦敦的“最新”值。Alice 的请求由土星处理，土星使用自己的时钟来判断什么是“最新”的时间戳。如果土星的时钟与海王星相近，它将向木星和海王星发送读请求，以获取时间戳为 19:25 的值。

Alice 会感到困惑，因为她会看到伦敦的最新值是 60，但从木星获取的波士顿的值却是旧值 50（图 2.46）。

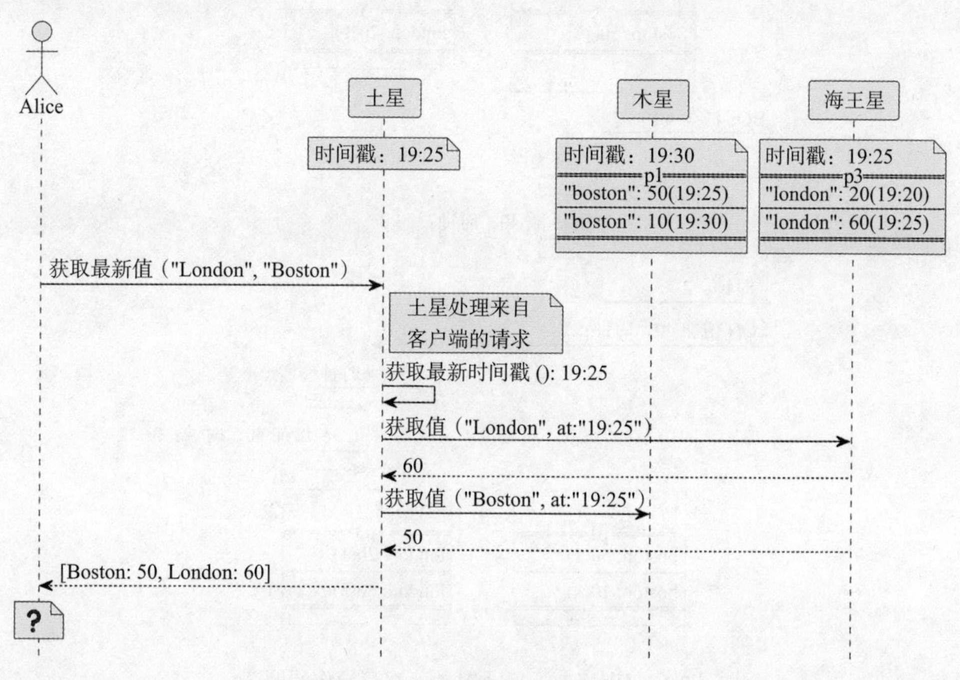


图 2.46 使用系统时间戳读到旧值

我们可以利用 Lamport 时钟来追踪集群节点间请求的顺序，而不依赖于系统时间戳。关键在于，每个节点使用一个简单的整数计数器，随着客户端发送请求和向客户端发送响应时传递。

让我们用同样的例子来说明。从波士顿移走 40 个物件到伦敦。木星和海王星分别维护一个简单的整数计数器。每次记录更新，计数器递增。但计数器也被传递给客户端，客户端再将其传递给另一个节点上的下一个操作。

在此情境下，当波士顿移走 40 个物件时，木星的计数器增至 2，并为波士顿在计数器为 2 时创建了新版本。计数器值 2 被传递给 Alice。当 Alice 向海王星发送请求，希望伦敦增加 40 个物件时，将该计数器值 2 一并传递。关键在于海王星如何递增计数器。海王星检查自己的计数器值与请求中传递的计数器值，选择其中较大值后递增，以更新自己的计数器值。从而确保为伦敦创建的新版本号 3 大于波士顿的版本号（图 2.47）。

基础 Lamport 时钟存在一个问题，即追踪所用的整数版本号与实际时间戳无关。如果客户端请求特定的快照，就需要以某种方式请求对应该快照的 Lamport 时间戳值。另一个更严重问题是，当两个独立服务器上的数据由两个独立客户端修改时，我们无法对这些版本进行排序。例如，在 Alice 向波士顿添加 40 个物件之前 Bob 可能已经给伦敦添加了 20 个物件

（图 2.48）。仅通过查看逻辑版本号，我们无法判断这一点。这就是为什么 Lamport 时钟被认为只解决了部分顺序问题。

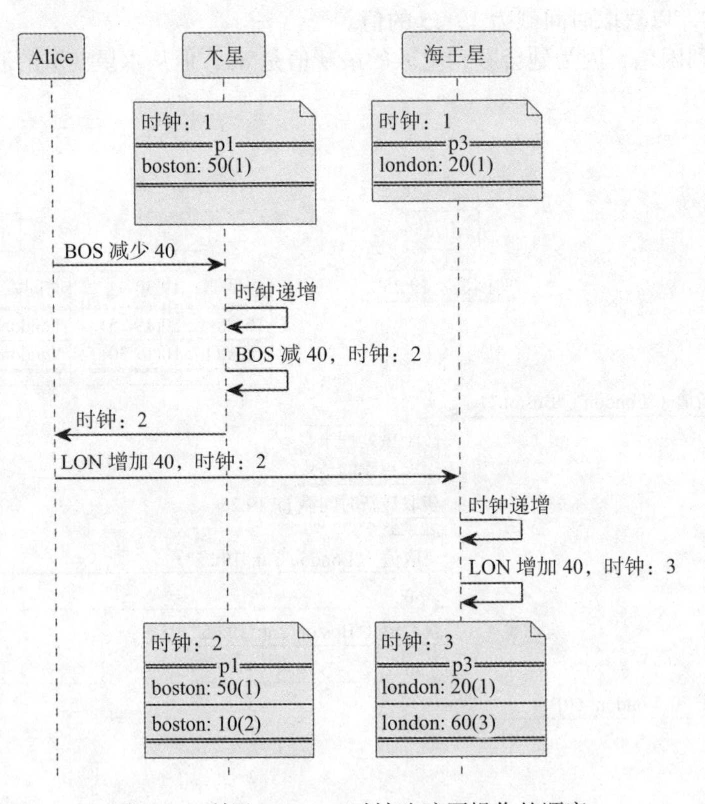


图 2.47 利用 Lamport 时钟追踪写操作的顺序

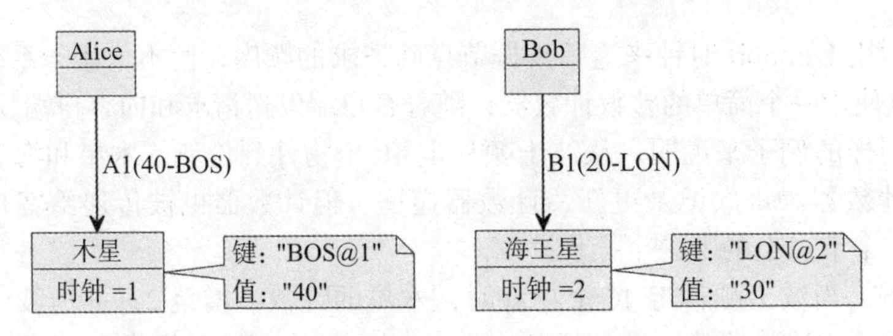


图 2.48 跨服务器的 Lamport 时钟值可能无法确定顺序

因此，大多数数据库需要使用时间戳作为版本，以便用户可以根据处理其请求的节点的实际时间戳查询数据。混合时钟结合了时钟时间和 Lamport 时钟，解决了计算机时钟问题。节点发送消息时，会包含当前服务器时间和 Lamport 计数器综合的混合时钟。当海王星收到一个超前于自己时钟的时间戳消息时，混合时钟中的整数计数器值递增，从而确保其操作排列在接收到消息之后。

使用混合时钟时，Alice 发送消息以减少波士顿的物件数量，木星记录该操作的系统时间戳和计数器（19:30, 0），然后返回给 Alice。Alice 随后将其连同请求一起传递给海王星节点，请求增加伦敦的物件。海王星看到 Alice 报告的时间戳是（19:30, 0），超过了海王星自身的时钟 19:25。因此，海王星递增计数器，产生一个混合时间戳（19:30, 1），用于记录和对 Alice 的确认（图 2.49）。

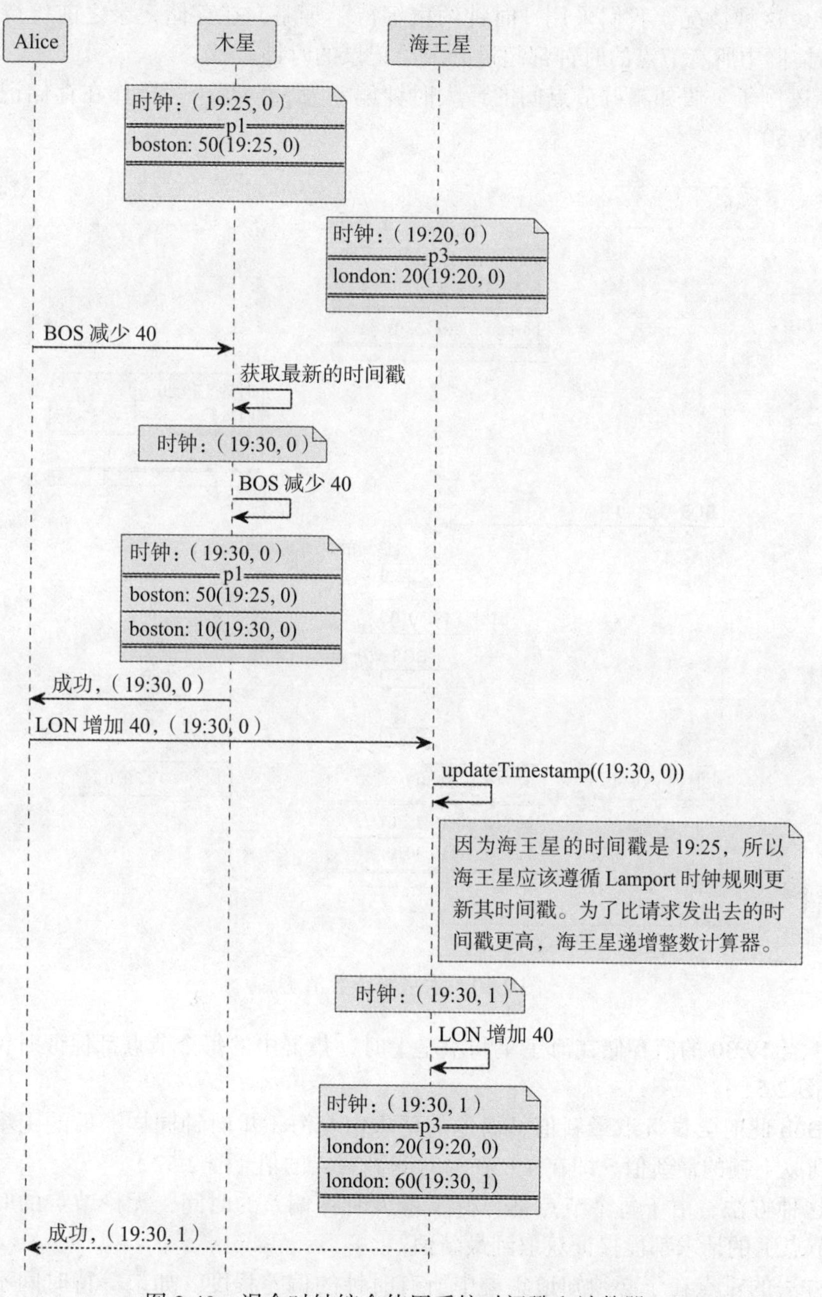


图 2.49 混合时钟综合使用系统时间戳和计数器

这只解决了部分问题。尽管海王星的系统时钟滞后，但在木星之后存储在海王星上的记录的时间戳却比木星上的更高。我们依然面临一部分排序问题。如果另一个客户端 Bob 尝试读取数据，而其请求由与海王星时钟同样滞后的土星处理，他会看到伦敦和波士顿的旧值。如果 Alice 和 Bob 通信，他们会发现彼此看到了同一数据的不同值。

为了避免这种情况，我们采用“时钟约束等待”策略，在存储记录之前等待足够长的时间，以确保集群中所有节点的时钟都超过分配给记录的时钟。

考虑上述例子。假如集群节点间的最大时钟偏差为 5s。每个写操作在存储记录之前可以等待 5s（图 2.50）。

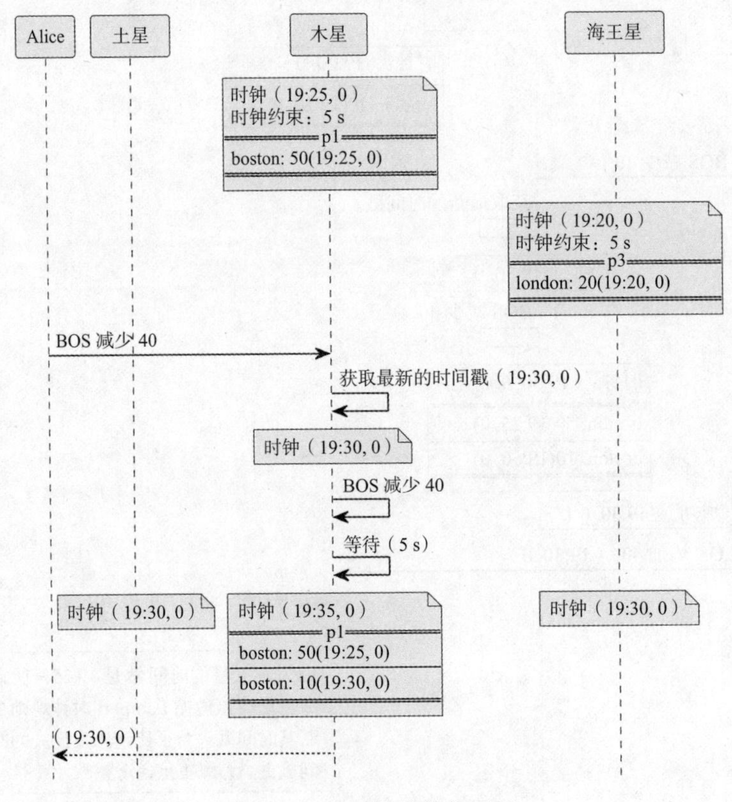


图 2.50 木星等待数值更新

因此，当 19:30 的值存储在海王星和木星上时，集群中的每个节点都保证时钟显示时间晚于 19:30（图 2.51）。

如果 Bob 此时尝试读取最新值，而他的请求由与海王星时钟同样滞后的土星处理，就能保证他得到波士顿的最新值，即在 19:30 的时间戳写入的值（图 2.52）。

采用这种方法，由于每个节点都等待了最大时钟偏差的时间，无论节点的时钟如何，集群中任何节点上的请求都能保证获取到最新值。

这种方法的难点在于必须知道集群中所有时钟的偏差程度。如果等待时间不够长，就无法得到所需的顺序；但如果等待时间过长，则会大幅降低写操作的吞吐量。大多数开源数据库采用了一种称为“读重启”的技术，如在第24章“时钟约束等待”中讨论的那样，以避免写操作的等待。

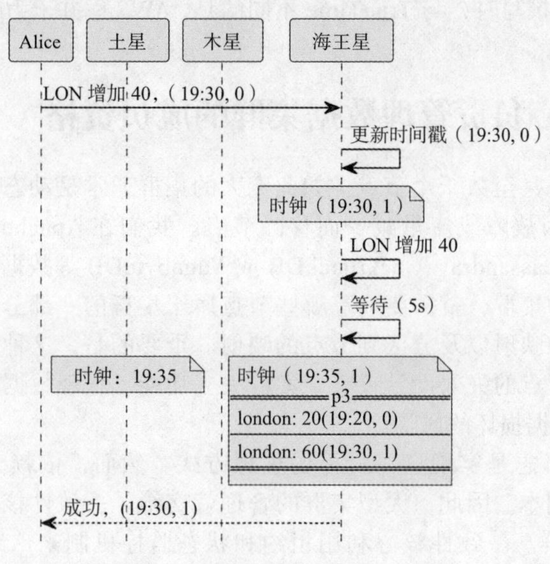


图 2.51 海王星在更新值之前等待

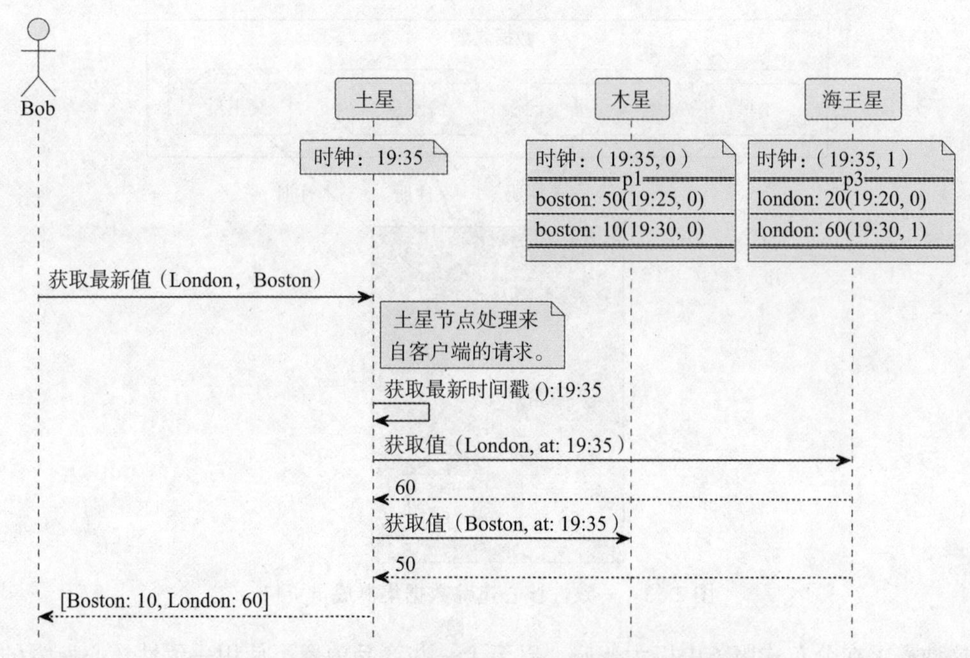


图 2.52 通过“时钟约束等待”进行读操作以获得最新值

MongoDB、YugabyteDB 和 CockroachDB 等数据库使用混合时钟。尽管它们不能依赖时钟机制在集群节点间提供精确的时钟偏差，但可以通过可配置的最大时钟偏差进行“时钟约束等待”。Google 在其数据中心开发了 TrueTime，确保时钟偏差不超过 7ms，Google Spanner 数据库使用 TrueTime 系统。AWS 有一个名为时钟约束的库，提供类似 API 来获取集群节点间的时钟偏差，在本文撰写时，与 TrueTime 不同的是，AWS 库并未为时钟偏差上限提供保证。

## 2.13 一致性核心负责管理数据集群的成员资格

集群可能拥有数百甚至数千个节点。如此庞大的集群通常是动态变化的，可根据负载增加而添加节点，也可因故障或流量减少而移除节点。我们在 Apache Kafka 或 Kubernetes 集群，以及 MongoDB、Cassandra、CockroachDB 或 YugabyteDB 等数据库中经常见到这种大规模集群。要管理这样的集群，就需要追踪哪些节点属于集群的一部分。对于分区数据，还必须追踪键到逻辑分区的映射以及分区到节点的映射。重要的是，这种管理必须以容错的方式进行，不因任何控制节点的失效而导致整个集群失去功能。管理数据同时还需要保持高度一致性，否则可能面临数据损坏的风险。

如前所述，复制日志是实现这一目标的理想方式。然而，依赖于仲裁机制的复制日志并不能扩展到数千个副本。因此，大型集群的管理就交给了一致性核心，即一小部分节点负责管理更大的数据集群。一致性核心利用租约和状态监控机制来追踪数据集群成员的资格（图 2.53）。

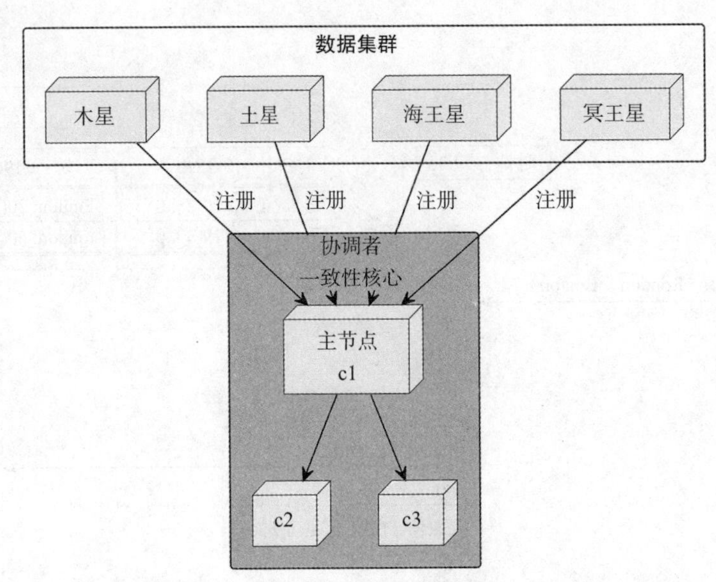


图 2.53 一致性核心追踪数据集群成员资格

这种需求在分布式服务中极为普遍，以至于一些产品内置了使用一致性核心所需的通用功能，包括租约和状态监控等模式。例如 Apache ZooKeeper 和 etcd，它们通常被用作一致性核心的组成部分。

租约可用于集群节点的注册与故障检测。Apache ZooKeeper 中的临时节点或 etcd 中的租约功能便是此类例子。此时，数据集群中的节点（如木星）会在一致性核心上注册其唯一 ID 或名称。节点记录作为租约被追踪，并通过定期发送心跳来更新（图 2.54）。

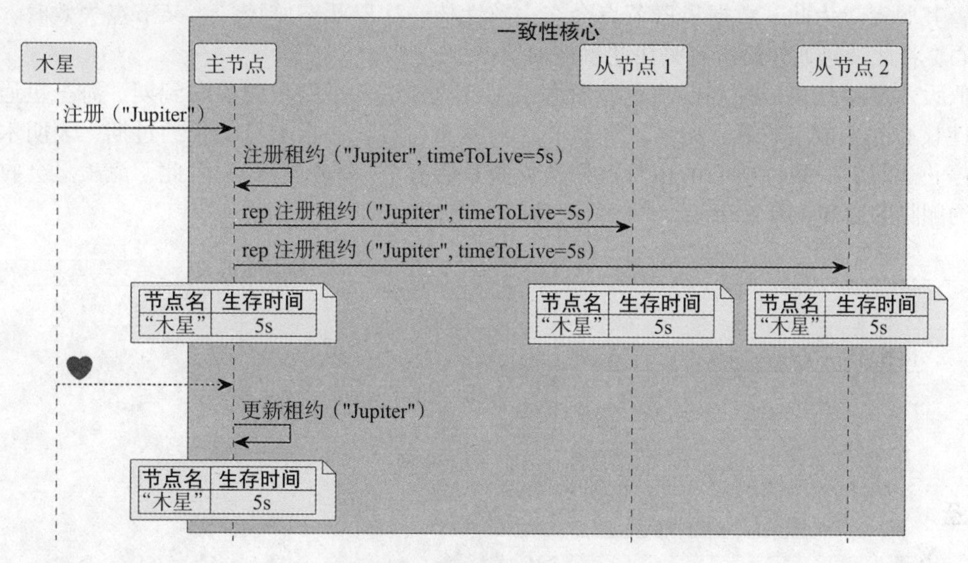


图 2.54 一致性核心追踪租约

一致性核心的主节点会定期检查未更新的租约。如果木星节点崩溃并停止发送心跳，其租约将会被移除（图 2.55）。

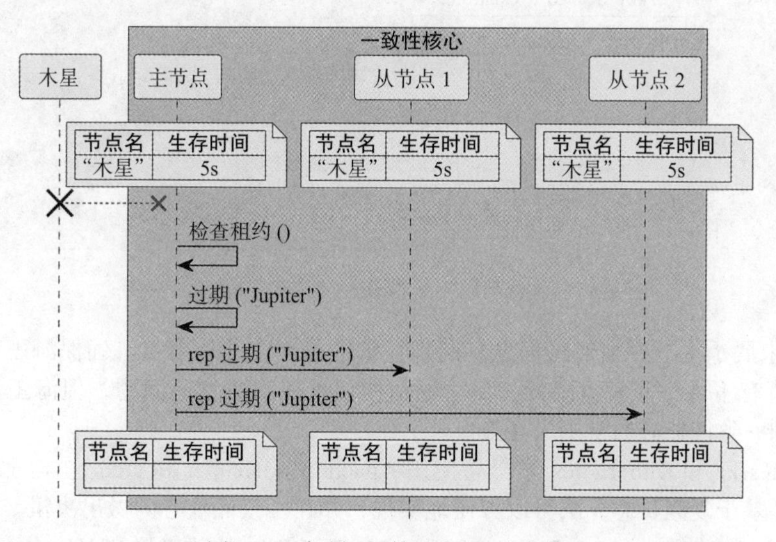


图 2.55 如果不更新那么租约失效

租约有备份，因此即便主节点失效，一致性核心中的新主节点也会开始追踪租约。然后木星需要连接至新主节点，并持续发送心跳。

当使用 Apache ZooKeeper 或 etcd 这样的通用一致性核心时，被称为集群控制器的专用集群节点会用存储在 etcd 或 ZooKeeper 中的信息来代表整个集群做出决策，Apache Kafka 的控制器（Rao，2014）便是此类例子。其他节点需知晓这一控制节点何时失效，以便其他节点能够接管其职责。为此，数据集群节点会在一致性核心注册状态监控。当某节点失效时，一致性核心会将此消息通知给所有关注此事件的节点。

假设木星担任集群控制器角色，而海王星希望知道木星的租约何时到期。海王星通过与一致性核心的主节点联系，向一致性核心注册其关注点。一旦木星的租约过期，表明木星可能已停止运行，一致性核心的主节点便会检查是否有节点需要通知。因此，海王星会收到一条租约删除的通知（图 2.56）。

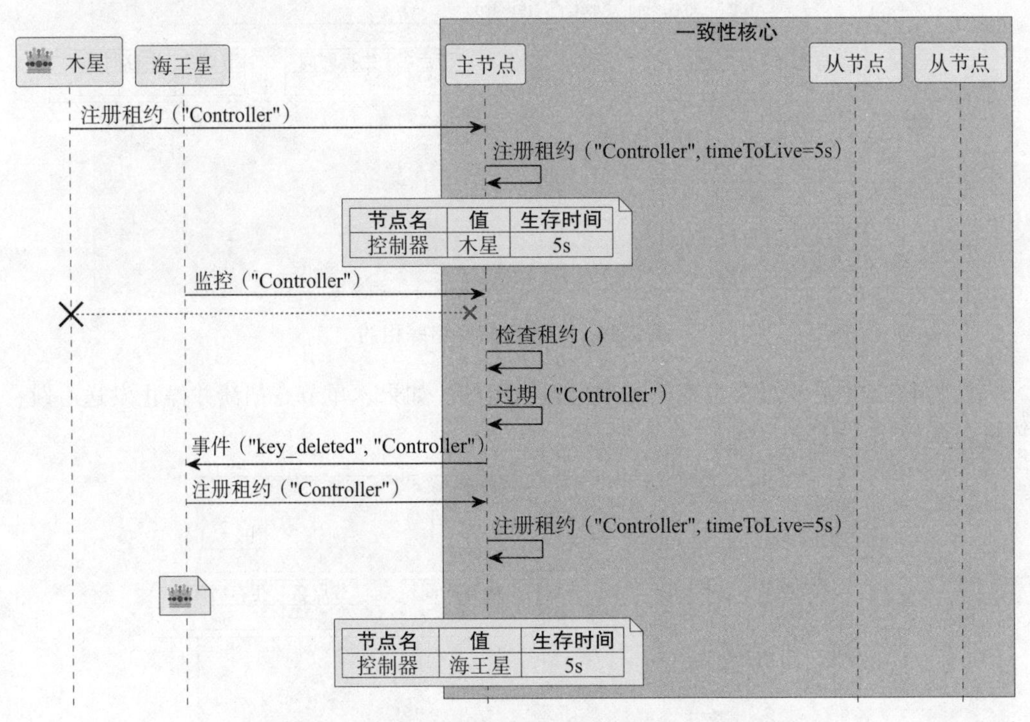


图 2.56　节点利用一致性核心监控集群状态的改变

图 2.56 未展示主节点如何将信息复制到一致性核心中的从节点。确保海王星可以按正确的顺序接收所有事件是非常重要的。尽管通信协议可以解决这些问题，但海王星通过单套接字通道连接到一致性核心通常更为高效。

Apache Kafka 和 Kubernetes 等产品使用 Apache ZooKeeper 和 etcd 这样的通用框架。通常，集群软件基于复制日志算法可以方便地实现，并在一致性核心内做出决策。Apache Kafka 的基于仲裁机制的控制器（McCabe，2021）、MongoDB 的基础集群和 YugabyteDB 的主集群都是此类例子。

一个例子是，一致性核心为集群节点分配固定分区。木星、海王星和土星三个节点向一致性核心注册。注册完成后，一致性核心会将分区均匀地映射到各个集群节点（图 2.57）。

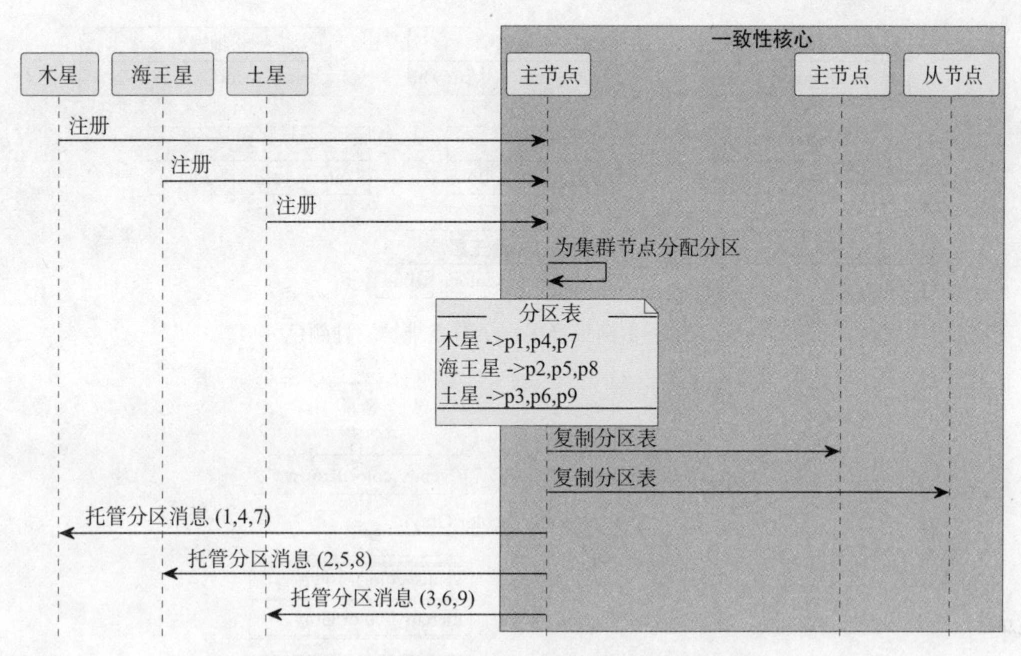


图 2.57 通过一致性核心为集群节点分配分区

## 2.14 使用 Gossip 传播机制来管理分布式集群

像 Cassandra 这样的系统更倾向于最终一致性，不依赖集中式的一致性核心。它们能够容忍集群元数据中的短暂不一致，只要这些不一致能迅速得到解决。节点总数、网络地址和托管的分区等元数据，仍需要以某种方式传播给每个节点。（尽管在撰写本文时，有提议将 Cassandra 迁移到一致性核心。）

正如前文所述，集群可能包含数千个节点。每个节点都持有一些信息，并需要确保这些信息能够到达所有其他节点。如果每个节点都与所有其他节点通信，将产生巨大的通信负担。Gossip 传播是一种很有趣的解决方案。每个节点定期地向随机选定的另一个节点发送关于集群状态的信息。这种通信方式的一个优点是，在有 $n$ 个节点的集群中，信息传达到每个节点所需的时间与 $\log(n)$ 成正比。有趣的是，这类似于流行病在大型社群中的传播方式。流行病学这一数学分支专门研究疾病或谣言如何在社会中传播，即使每个人只与少数其他人随机接触，疾病也能迅速传播，通过极少的交叉感染整个群体。Gossip 传播正是基于这类数学模型。如果节点定期向少数其他节点发送信息，即使是大型集群，信息也能迅速传播。

设想有八台服务器，每台服务器都有一种关于其命名行星颜色的信息（图 2.58）。我们希望所有服务器都能对这些颜色了如指掌。

首先，水星向金星发送一条 Gossip 消息（图 2.59）。

然后金星向海王星发送 Gossip 消息。Gossip 中包含了它所拥有的所有信息（图 2.60）。

与此同时，木星向火星发送 Gossip 消息（图 2.61）。

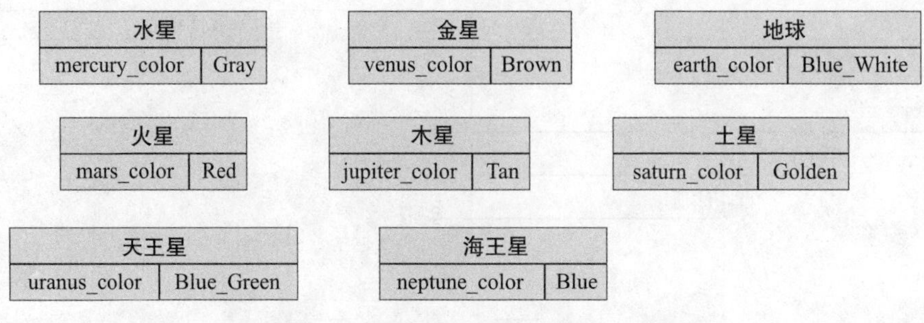


图 2.58 示例集群中每个节点维护一种颜色

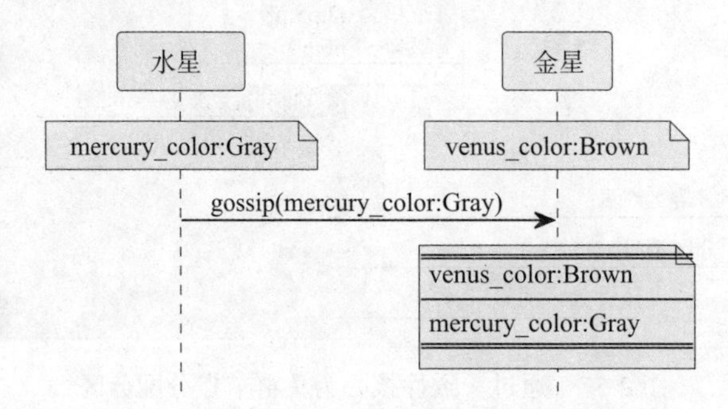


图 2.59 水星向金星发送 Gossip 消息

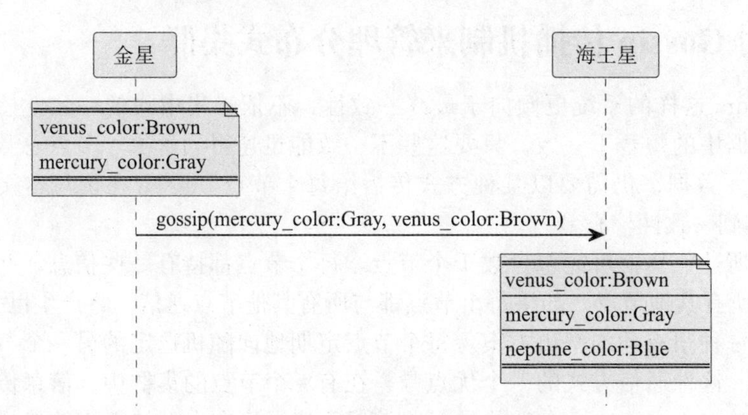


图 2.60 金星向海王星发送 Gossip 消息

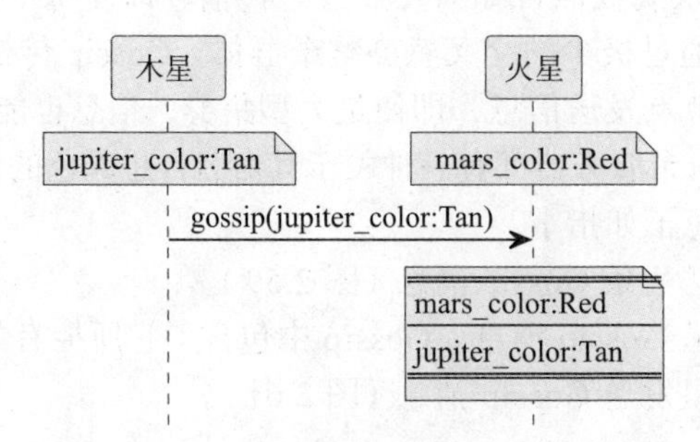


图 2.61 木星向火星发送 Gossip 消息

天王星向地球发送 Gossip 消息（图 2.62）。

地球向火星发送 Gossip 消息（图 2.63）。

当海王星向火星发送 Gossip 消息时，火星将拥有关于水星、金星、海王星、地球、木星和火星的信息（图 2.64）。

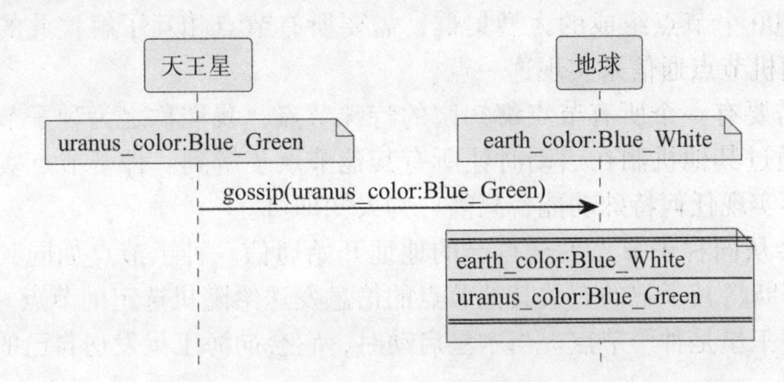


图 2.62 天王星向地球发送 Gossip 消息

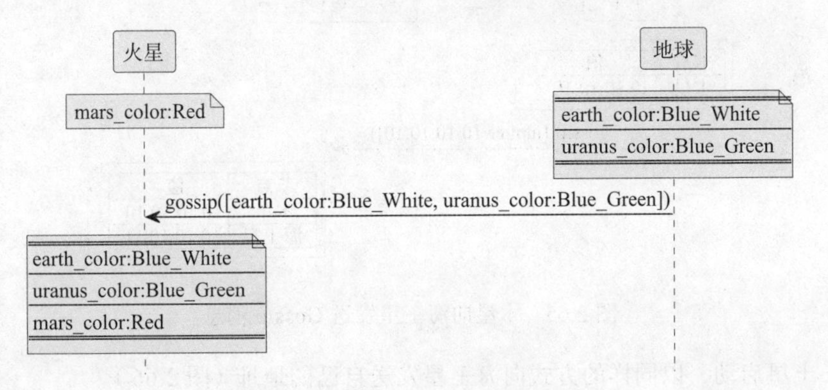


图 2.63 地球向火星发送 Gossip 消息

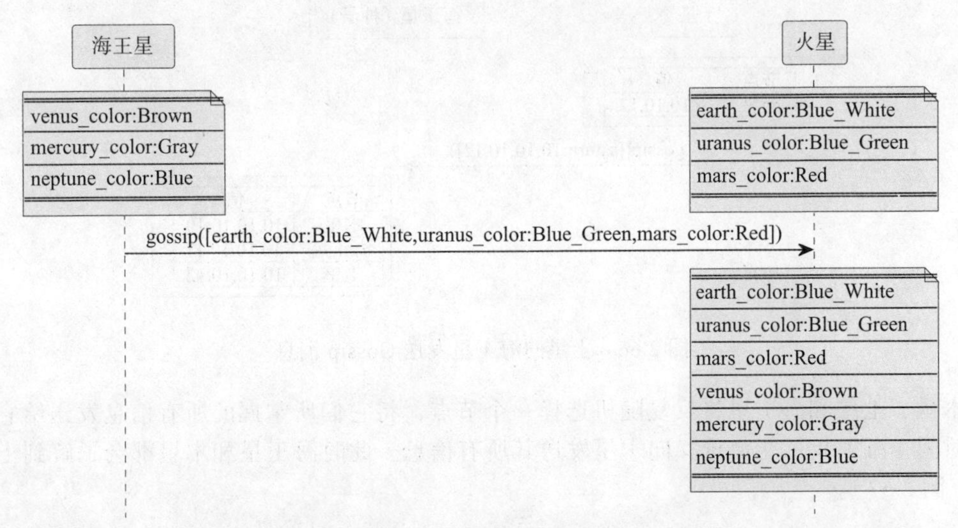


图 2.64 海王星向火星发送 Gossip 消息

这种情况会在每个节点上定期发生。很快，所有节点最终都会获得相同的信息。HashiCorp Consul 提供了一个优秀的收敛模拟器，显示了信息在 Gossip 传播机制下如何快速地收敛。

那么这种技术在现实中如何应用呢？一个常见的用途是在 Cassandra 等产品中管理成员资格。设想一个由 100 个节点组成的大型集群，需要所有节点相互了解彼此的信息。集群节点可以通过反复与随机节点通信来实现这一点。

首先，至少需要有一个所有节点都知晓的特殊节点，我们称之为种子节点。它可以通过配置设定，或者通过其他机制在启动时让所有其他节点了解到。种子节点实际上是集群中的一个普通节点，不实现任何特殊功能，只需广为人知即可。

每个节点都会从向种子节点发送自己的地址开始通信。种子节点如同其他节点一样，有一个定期任务，不断将其了解的有关其他节点的信息发送给随机选定的节点。

例如，假设海王星是种子节点。当木星启动时，它会向海王星发送自己的地址（图 2.65）。

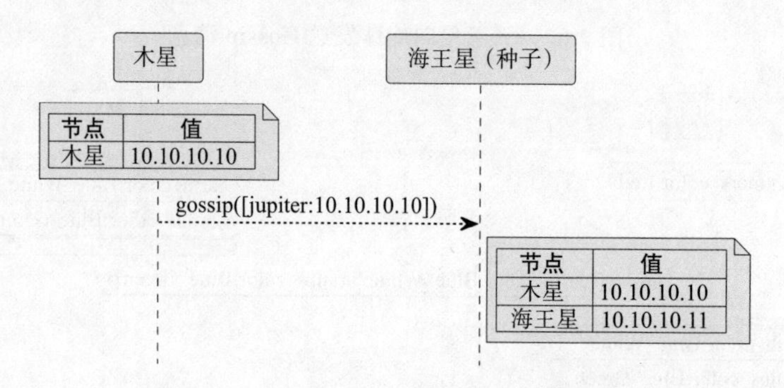


图 2.65 木星向海王星发送 Gossip 消息

然后，土星启动，以同样的方式向海王星发送自己的地址（图 2.66）。

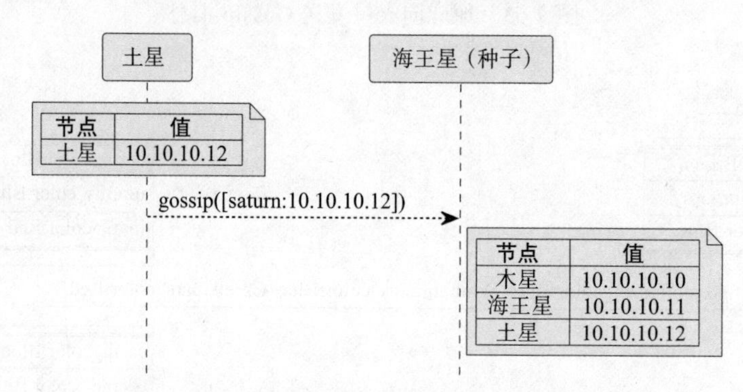


图 2.66 土星向海王星发送 Gossip 消息

木星、土星和海王星将反复随机选择一个节点，将它们所掌握的所有信息发送给它。过一段时间，海王星可能会选择向木星发送其所有信息。此时海王星和木星都会了解到土星的存在（图 2.67）。

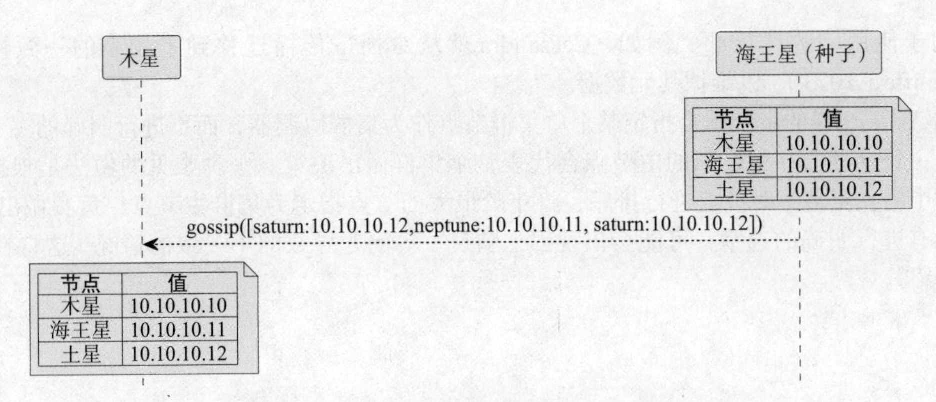


图 2.67 海王星向木星发送 Gossip 消息

在下一个周期，木星或海王星可能会选择向土星发送它们所有的信息。这样土星就会了解到木星的信息（图 2.68），至此，这三个节点都已经相互了解了彼此的信息（图 2.69）。

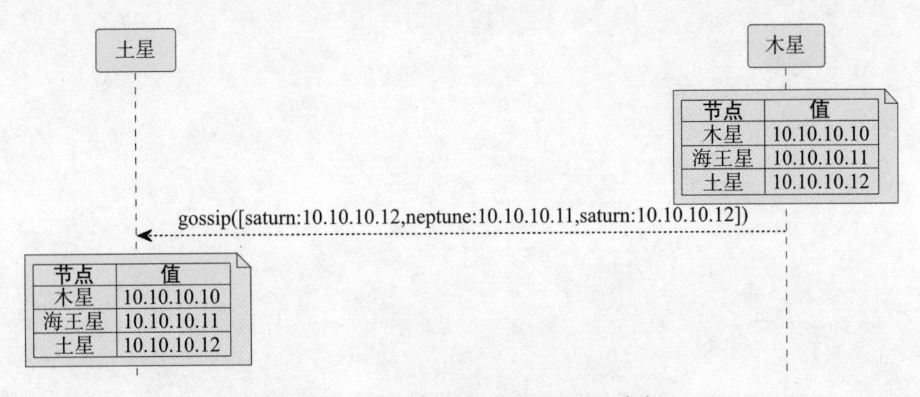


图 2.68 木星向土星发送 Gossip 消息

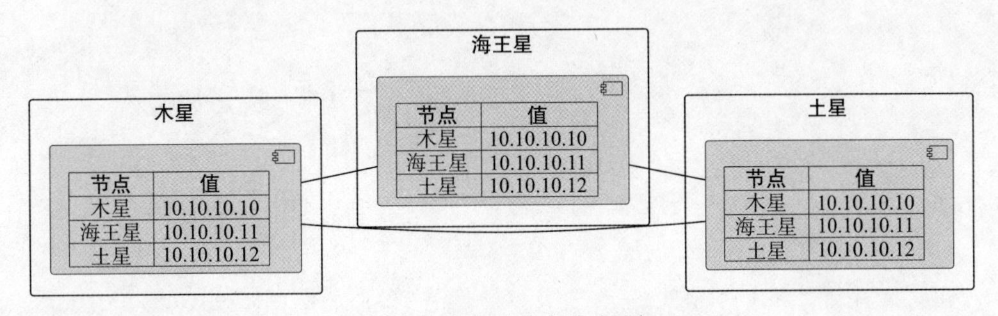


图 2.69 所有的节点彼此了解

Gossip 传播是一种在大型集群中常用的信息传播技术。像 Cassandra、Akka 或 Consul 这样的产品使用它来管理大型集群成员资格。

Gossip 传播的主要局限在于它只能提供最终一致性。当需要更高的一致性时，人们更倾向于使用一致性核心。例如，Cassandra 就从 Gossip 传播迁移到了较小的一致性核心（Tunnicliffe，2023），以维护其元数据。

如 Akka 这样的系统则会指定某个单集群节点作为集群协调器，而不进行明确的主节点选举。与一致性核心相似，新的主节点会代表整个集群做出决策。一种常见的做法是根据节点在集群中的“年龄”对节点进行排序，将年龄最大的节点指定为集群主节点，负责做出决策。由于没有进行明确的选举，可能会出现因“脑裂”等问题导致的不一致的情况（这将在第 29 章中介绍）。

第二部分 Part 2

# 数据复制模式

数据复制对于保障用户服务的持续性至关重要。正如 CAP 定理（Brewer，1999）所指出的，面对故障，在数据一致性和可用性之间做出的选择，取决于设计时的偏好和需求。一方面，有一种被称为状态机复制（Schneider，1990）的技术，在实现容错的同时也能保证强一致性。在状态机复制中，把诸如键值存储这样的存储服务在多个服务器上复制，在每个服务器上以相同的顺序执行用户输入。这里的关键实现技术是在多个服务器上复制预写日志，以拥有日志副本。另一方面，可以采用基本的仲裁机制来实现放松的一致性。

本部分的模式主要聚焦在复制机制上。

# 第3章 预写日志

预写日志是一种数据持久性保障机制，它通过将数据状态的每次变更作为一条记录追加到日志文件中来实现，这样就无须在每次数据变动时都将整个数据结构刷新写入磁盘。这种机制也被称作提交日志。

## 3.1　问题的提出

在必须保障强持久性的系统中，一旦服务器承诺执行某个操作，即使遭遇故障并重启，哪怕所有内存状态都丢失了，该操作的效果仍然需要得到保证。

## 3.2　解决方案

我们可以将每个数据状态的变更作为一条记录，存储到硬盘的文件中（图 3.1）。

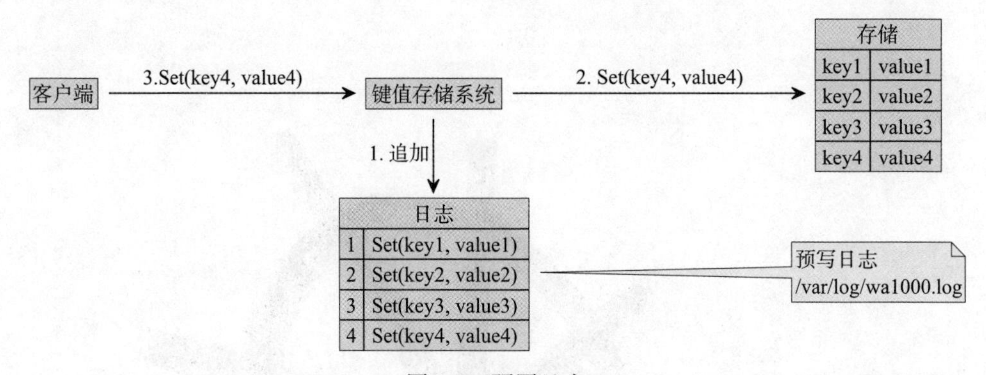


图 3.1　预写日志

每个服务器进程都维护着一个独立的顺序追加的日志。这样的日志结构，不仅能够简化服务器重启时的日志处理工作，而且当新记录继续追加到日志时，后续在线操作也变得更为直接。每条日志记录都会被分配一个唯一的标识符，这有助于执行日志操作，如日志分段和使用低水位标记进行日志清理等。通过单一更新队列，日志的更新变得轻而易举。

以下是典型的日志记录结构：

```
class WALEntry...

  private final Long entryIndex;
  private final byte[] data;
  private final EntryType entryType;
  private final long timeStamp;
```

每当服务器重启时，读取该日志文件，并通过重放所有日志记录来恢复状态。

以一个简单的内存键值存储为例：

```
class KVStore...

  private Map<String, String> kv = new HashMap<>();
```

```
public String get(String key) {
    return kv.get(key);
}

public void put(String key, String value) {
    appendLog(key, value);
    kv.put(key, value);
}

private Long appendLog(String key, String value) {
    return wal.writeEntry(new SetValueCommand(key, value).serialize());
}
```

put 操作表示为命令，该命令在更新内存哈希映射之前，会被序列化并存储到日志中。

```
class SetValueCommand...

  final String key;
  final String value;

  public SetValueCommand(String key, String value) {
      this.key = key;
      this.value = value;
  }

  @Override
  public void serialize(DataOutputStream os) throws IOException {
      os.writeInt(Command.SetValueType);
      os.writeUTF(key);
      os.writeUTF(value);
  }

  public static SetValueCommand deserialize(InputStream is) {
      try {
          var dataInputStream = new DataInputStream(is);
          return new SetValueCommand(dataInputStream.readUTF(),
                  dataInputStream.readUTF());
      } catch (IOException e) {
          throw new RuntimeException(e);
      }
  }
```

上面的代码能够保证，一旦 put 方法成功返回，即使键值存储进程（KVStore）崩溃，其状态也可以在启动后通过读取日志文件恢复。

```
class KVStore...

  public KVStore(Config config) {
      this.config = config;
      this.wal = WriteAheadLog.openWAL(config);
      this.applyLog();
  }

  public void applyLog() {
      List<WALEntry> walEntries = wal.readAll();
      applyEntries(walEntries);
```

```
        applyBatchLogEntries(walEntries);
    }

    private void applyEntries(List<WALEntry> walEntries) {
        for (WALEntry walEntry : walEntries) {
            Command command = deserialize(walEntry);
            if (command instanceof SetValueCommand) {
                SetValueCommand setValueCommand = (SetValueCommand)command;
                kv.put(setValueCommand.key, setValueCommand.value);
            }
        }
    }
```

## 3.2.1 实现考虑

确保日志记录持久化到物理硬盘是至关重要的。在所有编程语言的文件处理库中都存在一种机制，可以强制操作系统把文件的更改立即刷新到物理硬盘。然而，选择何种磁盘刷新策略需要慎重考虑。

刷新每个写入磁盘的记录这种做法虽然能够提供坚实的持久性保障（这正是日志存在的核心理由），但它会显著影响性能，导致磁盘的读写速度成为系统的瓶颈。延迟刷新或异步刷新这类策略能够提升性能，但如果服务器在日志完成刷新前发生故障，可能会导致部分日志记录丢失。大多数策略在实现时会采用批处理方式，以减少日志刷新对性能的影响。

此外，需要考虑的是，在读取日志时如何检测损坏的日志记录。为应对这一挑战，通常在写入日志记录的同时添加 CRC 校验码，并在读取日志时进行验证。CRC 校验会消耗一定的计算成本，如果担心其成本过高，可以采用记录结束标记这样的简单技术。在检测损坏的记录时，若未检测到此标志，则表明相应的日志记录未完整写入，可以在系统恢复时将这部分日志记录丢弃。

单个日志文件可能变得难以管理，会很快消耗所有的存储空间。为了处理这个问题，可以使用分段日志和低水位标记等技术。

预写日志只可追加，这导致在客户端通信失败和重试时，日志中可能会出现重复的记录。因此，在应用日志时，必须确保忽略重复项。如果最终的状态结构类似于 HashMap，其中对同一键的多次更新操作是幂等的，那么就无须额外处理。如果不是，则需要引入某种机制，用唯一的标识符标记每个请求，并检测重复项。

需要注意的是，我们的出发点是假设预写日志被存储在稳定的存储介质上。但实际上，存储介质也可能出现故障，导致预写日志丢失。为防范这种风险，必须采取复制日志模式。

预写日志是一种常用的模式，非常适合当前存储系统的特性。数据在随机存储器（RAM）中被修改，然后通过预写日志实现在磁盘上持久化。然而，在未来，随着英特尔 Optane 等持久性内存产品的推出，对预写日志的需求可能会降低。相反，可能会使用后写日志（Arulraj, 2016）等技术。

## 3.2.2 在事务存储中的使用

预写日志常被用来实现事务存储。事务的概念保证了在单个事务中所做的更改作为一个原子操作来完成，即要么全部更改都完成，要么什么也不发生（原子性）；事务还确保一旦更改完成，这些更改就是持久的（持久性）；多个事务不会相互干扰（隔离性）；在事务完成后，数据存储处于一致状态（一致性）。

预写日志的基本用法提供了确保持久性和原子性更新的手段。事务的其他两个特性——一致性和隔离性，通常是由使用锁的并发控制机制来保证的。这种机制可以按照21.2.1节中介绍的来实施。

RocksDB是使用预写日志来提供原子更新的一个典型案例。在RocksDB中，首先将需原子存储的键值对进行批量写入，然后，将整批键值对写入数据存储。数据存储将为整批键值对在预写日志中创建一条日志记录。只要该记录成功地写入了日志，那么它将被添加到键值存储中。例如，若需为键“author”与“title”原子地添加两条键值对记录，执行如下操作，使用这两个键值对创建一个批量写入操作。

```
KVStore kv = new KVStore(config);
WriteBatch batch = new WriteBatch();
batch.put("title", "Microservices");
batch.put("author", "Martin");

kv.put(batch);
```

整批键值对被写入键值存储，这个批键值对作为单个记录被追加到预写日志中。

```
public void put(WriteBatch batch) {
    appendLog(batch);
    kv.putAll(batch.kv);
}
```

在系统重启时，通过读取预写日志中的批量记录，可以应用整批键值对，从而恢复键和值。

```
private void applyBatchLogEntries(List<WALEntry> walEntries) {
    for (WALEntry walEntry : walEntries) {
        Command command = deserialize(walEntry);
        if (command instanceof WriteBatchCommand) {
            WriteBatchCommand batchCommand = (WriteBatchCommand)command;
            WriteBatch batch = batchCommand.getBatch();
            kv.putAll(batch.kv);
        }
    }
}
```

这确保了在发生崩溃的情况下，整批键值对要么都可用，要么都不可用。

### 3.2.3 与事件溯源对比

记录更改的预写日志，在某种程度上与事件溯源（Fowler，2005）中的事件日志具有相似性。事实上，当事件溯源系统利用其日志来同步多个系统时，它就是在将日志作为预写日志使用。不过，事件溯源系统使用日志的目的不只是这个，它还能够重建某个历史时刻的状态。因此，事件溯源的日志是持久的权威数据来源，记录被长期保留，通常是永久性的。

相比之下，预写日志记录主要用于状态恢复。因此，当所有节点都确认了更新之后，这些记录就会被打上低水位标记，表明它们可以被删除了。

## 3.3 示例

- 所有共识算法中的日志实现都类似于预写日志，如 Zab（Reed,2008）和 Raft（Ongaro，2014）。
- Apache Kafka 中的存储实现使用的结构也类似于数据库中的提交日志的。
- 包括 Cassandra 这类 nosql 数据库在内的所有数据库都使用预写日志技术来保证数据的持久性。

第4章

# 日志分段

日志分段，是指将一个大的日志文件分割成多个较小的日志文件以便于操作。

## 4.1 问题的提出

如果日志以单个文件的形式存在，那么随着时间的推移日志文件会变得越来越大。系统启动时往往需要读取这些文件，所以这可能会成为性能瓶颈。虽然可以定期清理过时的日志，但对单个巨大文件进行清理并非易事。

## 4.2 解决方案

把单个日志文件分割成多段。当一段日志达到指定大小限制后，进行滚动切换。

*class WriteAheadLog...*

```
public Long writeEntry(WALEntry entry) {
    maybeRoll();
    return openSegment.writeEntry(entry);
}

private void maybeRoll() {
    if (openSegment.
            size() >= config.getMaxLogSize()) {
        openSegment.flush();
        sortedSavedSegments.add(openSegment);
        long lastId = openSegment.getLastLogEntryIndex();
        openSegment = WALSegment.open(lastId, config.getWalDir());
    }
}
```

在进行日志分段的过程中，需要有一种简单的方法，能将逻辑日志的偏移量（或日志序列号）映射到日志段。这可以通过两种方式完成：

（1）每个日志段名由某个已知前缀和基础偏移量（或日志序列号）生成。

（2）每个日志序列号被分为文件名和事务偏移量两部分。

*class WALSegment...*

```
public static String createFileName(Long startIndex) {
    return logPrefix + "_" + startIndex + logSuffix;
}

public static Long getBaseOffsetFromFileName(String fileName) {
    String[] nameAndSuffix = fileName.split(logSuffix);
    String[] prefixAndOffset = nameAndSuffix[0].split("_");
    if (prefixAndOffset[0].equals(logPrefix))
        return Long.parseLong(prefixAndOffset[1]);

    return -1l;
}
```

基于这些信息，读日志的操作可以分为两步。根据给定的偏移量（或事务 ID）识别相关的日志段，然后从后续的日志段中读所有的日志记录。

```
class WriteAheadLog...

  public List<WALEntry> readFrom(Long startIndex) {
      List<WALSegment> segments
            = getAllSegmentsContainingLogGreaterThan(startIndex);
      return readWalEntriesFrom(startIndex, segments);
  }

  private List<WALSegment>
            getAllSegmentsContainingLogGreaterThan(Long startIndex) {

      List<WALSegment> segments = new ArrayList<>();

      //Start from the last segment to the first segment
      // with starting offset less than startIndex
      //This will get all the segments which have log entries
      // more than the startIndex
      for (int i = sortedSavedSegments.size() - 1; i >= 0; i--) {
          WALSegment walSegment = sortedSavedSegments.get(i);
          segments.add(walSegment);

          if (walSegment.getBaseOffset() <= startIndex) {
              // break for the first segment with
              // baseoffset less than startIndex
            break;
         }
     }

    if (openSegment.getBaseOffset() <= startIndex) {
        segments.add(openSegment);
    }

    return segments;
}
```

## 4.3 示例

- 所有共识算法都使用日志分段实现，如 Raft。
- Apache Kafka 在实现存储时也使用了日志分段方法。
- 包括 Cassandra 这类 nosql 数据库在内的所有数据库都采用基于预配置日志大小的滚动切换策略。

第5章

# 低水位标记

低水位标记是预写日志中的一个索引，标识哪部分日志可以被丢弃。

## 5.1　问题的提出

预写日志详细记录了对持久化存储的每次更新，随着时间的推移，日志无限地增加。日志分段能够保证单个文件的大小处于可控范围内，然而，如果不定期进行检查，随着分段日志数量的增加，磁盘总存储量仍有可能无限地增加。

## 5.2　解决方案

需要建立一套机制，以指导日志系统确定哪部分日志可以被安全地丢弃。此机制会提供一个最小偏移量（称为低水位标记），所有低于此标记的日志都可被丢弃。可在后台启动一个独立线程来持续检查可以丢弃的日志部分，并删除相应的文件。

```
class WriteAheadLog...

  this.logCleaner = newLogCleaner(config);
  this.logCleaner.startup();
```

日志清理可以作为定期任务实现：

```
class LogCleaner...

  public void startup() {
      scheduleLogCleaning();
  }
private void scheduleLogCleaning() {
    singleThreadedExecutor.schedule(() -> {
        cleanLogs();
    }, config.getCleanTaskIntervalMs(), TimeUnit.MILLISECONDS);
}

public void cleanLogs() {
    List<WALSegment> segmentsTobeDeleted = getSegmentsToBeDeleted();
    for (WALSegment walSegment : segmentsTobeDeleted) {
        wal.removeAndDeleteSegment(walSegment);
    }
    scheduleLogCleaning();
}
```

### 5.2.1　基于快照的低水位标记

最为常见的做法是通过快照机制来设置低水位标记，如 ZooKeeper 或 etcd 系统使用 Raft 算法（Ongaro，2014）。在这类实现中，存储引擎会定期地创建快照，并存储已成功应用的日志索引。参考预写日志模式下的简单键值存储实现，可以按照下述方式来创建快照：

```
class KVStore...

  public SnapShot takeSnapshot() {
      Long snapShotTakenAtLogIndex = wal.getLastLogIndex();
      return new SnapShot(serializeState(kv), snapShotTakenAtLogIndex);
  }
```

一旦快照被持久化到磁盘上，日志管理器就会通过低水位标记丢弃快照持久化前的日志。

```
class SnapshotBasedLogCleaner...

  @Override
  List<WALSegment> getSegmentsToBeDeleted() {
      return getSegmentsBefore(this.snapshotIndex);
  }

  List<WALSegment> getSegmentsBefore(Long snapshotIndex) {
      List<WALSegment> markedForDeletion = new ArrayList<>();
      List<WALSegment> sortedSavedSegments = wal.sortedSavedSegments;
      for (WALSegment sortedSavedSegment : sortedSavedSegments) {
          if (sortedSavedSegment.getLastLogEntryIndex() < snapshotIndex) {
              markedForDeletion.add(sortedSavedSegment);
          }
      }
      return markedForDeletion;
  }
```

### 5.2.2 基于时间的低水位标记

在一些系统中，日志不用于系统状态的更新，因此可以在设定的时间窗口之后丢弃日志，而不必等待任何其他子系统共享可被删除的最低水位标记。

例如，在 Kafka 这类系统中，日志会保留七周，超出七周就会被丢弃。在此类实现中，每条日志记录都会带有创建它时的时间戳。日志清理器将检查每个日志段的最后一条记录，并丢弃那些超出配置时间窗口的日志段。

```
class TimeBasedLogCleaner...

  private List<WALSegment> getSegmentsPast(Long logMaxDurationMs) {
      long now = System.currentTimeMillis();
      List<WALSegment> markedForDeletion = new ArrayList<>();
      List<WALSegment> sortedSavedSegments = wal.sortedSavedSegments;
      for (WALSegment sortedSavedSegment : sortedSavedSegments) {
          Long lastTimestamp = sortedSavedSegment.getLastLogEntryTimestamp();
          if (timeElaspedSince(now, lastTimestamp) > logMaxDurationMs) {
              markedForDeletion.add(sortedSavedSegment);
          }
      }
      return markedForDeletion;
  }

  private long timeElaspedSince(long now, long lastLogEntryTimestamp) {
      return now - lastLogEntryTimestamp;
  }
```

除了以上两种方式，还可以根据日志的大小来进行清理。当日志大小超过配置的最大值时，较旧的日志记录会被自动删除。

## 5.3　示例

- ZooKeeper 和 Raft 这类共识算法都基于快照实现了低水位标记的日志清理。
- Apache Kafka 中的存储模块基于时间实现了低水位标记的日志清理。

# 第6章 主节点与从节点

主节点与从节点机制是指在一组服务器中使用单个服务器来协调数据的复制。

## 6.1　问题的提出

在管理数据的系统中，为了实现容错，需要在多个服务器上复制数据。同时，为客户端提供数据一致性保证也同样重要。在多服务器中更新数据时，我们需要决定何时使其对客户端可见。仅依靠仲裁机制（即“多数法定节点数机制”）进行读写是不够的，因为某些故障可能会导致客户端看到不一致的数据。使用多数法定节点数机制时，任一单独服务器都无法获知其他服务器上的数据状态。只有从多服务器读取数据，才能解决不一致的问题。但在某些场景下，这还不够。我们需要更强的机制，以确保面向客户端的数据一致性。

## 6.2　解决方案

在集群中选定一个服务器作为主节点。由主节点代表整个集群做出决策，并将决策传播至所有其他服务器。每个服务器在启动时会寻找当前的主节点，找不到则会触发新一轮主节点选举。只有在成功选举出主节点后，服务器才开始接受请求。客户端的请求仅由主节点处理。若请求直接发往从节点，从节点则将请求转发至主节点。

### 6.2.1　主节点选举

在 3 ～ 5 个节点组成的小型集群中，主节点选举可在数据集群内部进行，而不依赖任何外部系统，与其他实现共识算法的系统类似。在服务器启动时会进行主节点选举。每个服务器启动时会尝试选出主节点，直至选出主节点，否则系统不接受任何客户端请求。如第 9 章所述，每次主节点选举都涉及世代的更新。服务器只能处于主节点、从节点或寻找主节点（有时称为候选节点）中的一种状态。

```
public enum ServerRole {
    LOOKING_FOR_LEADER,
    FOLLOWING,
    LEADING;
}
```

心跳机制用于检测当前主节点何时失效，以便在主节点失效时开始新一轮主节点选举。

> **并发、锁和状态更新**
> 通过使用单一更新队列，可以顺利地操纵并发和锁，以完成状态更新。

通过向每个同等地位的服务器发送投票请求消息来启动新的主节点选举（图 6.1）。

*class ReplicatedLog...*

```
  private void startLeaderElection() {
      replicationState.setGeneration(replicationState.getGeneration() + 1);
      registerSelfVote();
```

```
    requestVoteFrom(followers);
}
```

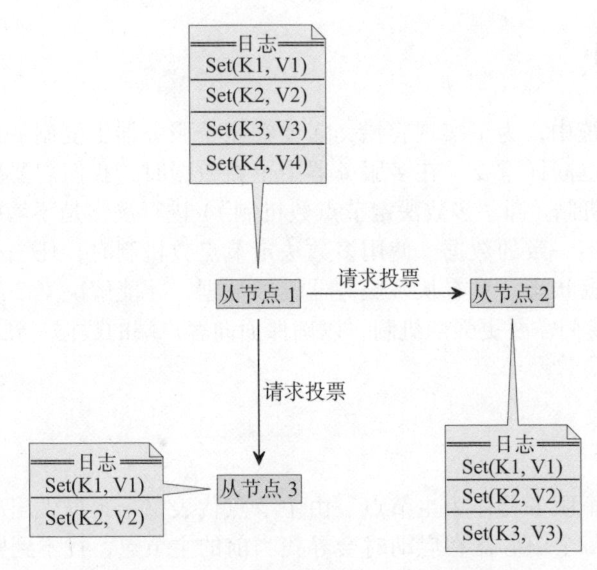


图 6.1 在启动时触发主节点选举

### 1. 选举算法

> **Zab 和 Raft**
>
> 主节点选举中两种常用的主流实现算法如下：
>
> - 作为 ZooKeeper 一部分的 Zab（Reed，2008）。
> - Raft（Ongaro，2014）中的主节点选举算法。
>
> 二者之间有些细微的差异。这些差异包括世代递增的时机、服务器启动时的默认状态，以及如何确保不出现分裂投票等。Zab 的每个服务器在启动时都要寻找主节点，只有选出主节点，世代才会递增。在多个服务器均为最新状态的情况下，通过确保每个服务器执行相同的逻辑来选择主节点，从而避免分裂投票。Raft 默认服务器以从节点状态启动，期待从当前主节点那里获得心跳信号。如果没有收到心跳信号，它们将通过递增世代来启动选举。在选举开始之前通过设置随机化超时的方法来避免分裂投票。

选举主节点时需要考虑两个因素。

（1）由于这些系统主要用于数据复制，因此对选举获胜的服务器施加了额外限制。只有“最新”的服务器才能成为合法的主节点。例如，典型的共识算法系统中，“最新”的定义包括两部分：

①最新的“世代时钟”。

②预写日志中最新的日志索引。

（2）如果所有节点同样都是最新的，那么根据以下标准来选择主节点：

①有些标准仅限于某些特定系统，如哪个服务器排名更好或有更高的 ID（如 Zab）。

②如果强调每次只有一个服务器可以请求投票，则选最先启动选举的服务器（如 Raft）。

一旦服务器在特定世代选举成功，任何后续的投票请求都将返回相同结果。如果选举已成功，可确保请求为同世代投票的其他服务器不会当选。这就是处理投票请求的方式（图 6.2）。

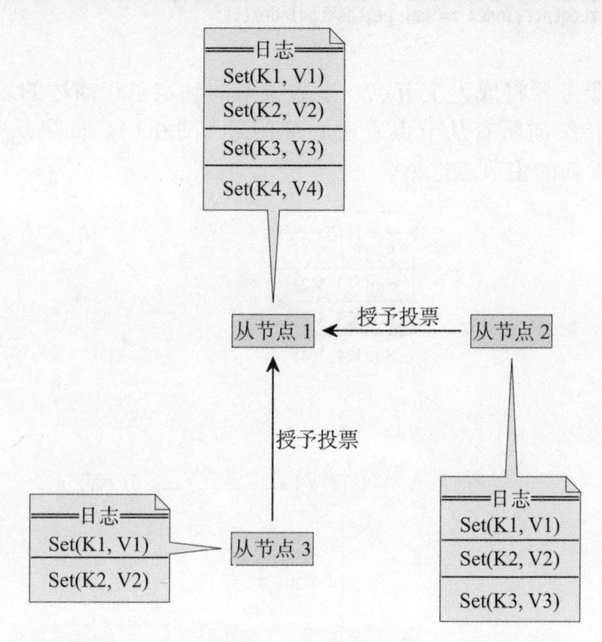


图 6.2　节点授予投票

```
class ReplicatedLog...

  VoteResponse handleVoteRequest(VoteRequest voteRequest) {
      //for a higher generation, requester becomes follower.
      // But we do not know who the leader is yet.
      if (voteRequest.getGeneration() > replicationState.getGeneration()) {
          becomeFollower(LEADER_NOT_KNOWN, voteRequest.getGeneration());
      }

      VoteTracker voteTracker = replicationState.getVoteTracker();
      if (voteRequest.getGeneration() == replicationState.getGeneration()
              && !replicationState.hasLeader()) {

          if (isUptoDate(voteRequest) && !voteTracker.alreadyVoted()) {
              voteTracker.registerVote(voteRequest.getServerId());
              return grantVote();
          }
          if (voteTracker.alreadyVoted()) {
              return voteTracker.votedFor == voteRequest.getServerId() ?
                      grantVote() : rejectVote();
          }
      }
      return rejectVote();
  }

  private boolean isUptoDate(VoteRequest voteRequest) {
```

```
    Long lastLogEntryGeneration = voteRequest.getLastLogEntryGeneration();
    Long lastLogEntryIndex = voteRequest.getLastLogEntryIndex();
    return lastLogEntryGeneration > wal.getLastLogEntryGeneration()
            || (lastLogEntryGeneration == wal.getLastLogEntryGeneration() &&
                lastLogEntryIndex >= wal.getLastLogIndex());
}
```

获得多数选票的服务器将成为主节点。多数选票的确定基于前述的多数法定节点数机制。一旦当选，主节点将持续向所有从节点发送心跳信号（图 6.3）。如果从节点在一段时间内未收到心跳信号，将触发新的主节点选举。

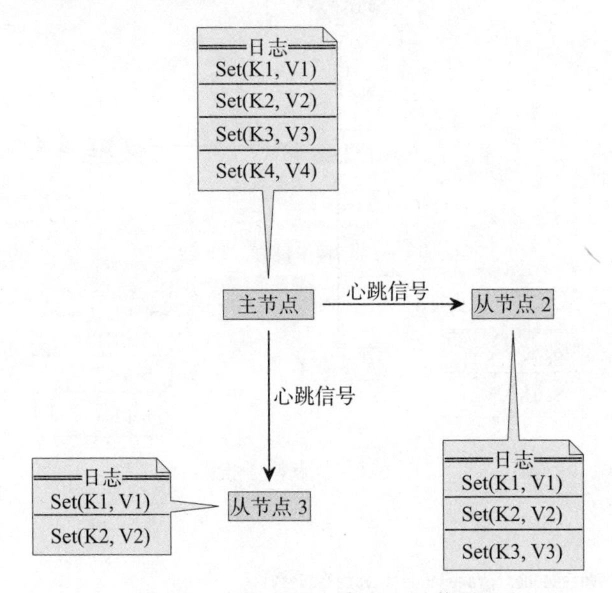


图 6.3 当选主节点发送心跳信号

### 2. 通过一致性核心选举主节点

在数据集群中进行主节点选举对小型集群而言效果良好，但对于拥有数千节点的大型数据集群，则采用 ZooKeeper 或 etcd 等一致性核心选举更为便捷，因为它们使用共识算法并提供线性化保证。这些大型集群通常有一个被标记为主节点或控制器的服务器，它负责代表整个集群做出决策。实现主节点选举需要三个条件：

（1）一个 compareAndSwap 指令，可以原子性地设置一个键。

（2）一个心跳实现，在无法从当选主节点收到心跳信号时，让键过期以便触发新的选举。

（3）一个通知机制，在键过期时通知所有感兴趣的服务器。

为了选举主节点，每个服务器尝试用 compareAndSwap 指令在外部存储中创建一个键。首个成功创建此键的服务器将成为主节点。由于使用的外部存储，新建键的生存时间通常很短。当选的主节点在键到期前反复地更新此键。每个服务器可监控此键，若键到期，将得到通知，而不再从当前主节点那里更新。例如，etcd 可通过 compareAndSwap 操作设置键，前提是该键之前不存在。Apache ZooKeeper 虽不支持明确的 compareAndSwap 操作，但可尝试创建节点达到同样的效果，若节点已存在则产生异常。ZooKeeper 没有明确的生存时间，但支持临时节点。只要服务器与ZooKeeper会话活跃，临时节点就存在，否则移除节点，并通知所有监控节点。例如，使用ZooKeeper选举主节点的示例代码如下：

```
class Server...

  public void startup() {
      zookeeperClient.subscribeLeaderChangeListener(this);
      elect();
  }

  public void elect() {
      var leaderId = serverId;
      try {
          zookeeperClient.tryCreatingLeaderPath(leaderId);
          this.currentLeader = serverId;
          onBecomingLeader();
      } catch (ZkNodeExistsException e) {
          //back off
          this.currentLeader = zookeeperClient.getLeaderId();
      }
  }
```

所有其他服务器监控当前主节点状态。检测到主节点失效时，将触发新的主节点选举。使用与主节点选举相同的一致性核心进行故障检测，该核心还具有管理群组成员资格和故障检测的功能。例如，扩展上述基于ZooKeeper的实现，可为ZooKeeper配置监听器，以便当前主节点变化时告警。

```
class ZookeeperClient...

  public void subscribeLeaderChangeListener(IZkDataListener listener) {
      zkClient.subscribeDataChanges(LeaderPath, listener);
  }
```

集群中每个服务器都订阅了监听服务。每次调用回调时，都会以相同方式再次触发新的主节点选举（图6.4）。

```
class Server...

  @Override
  public void handleDataDeleted(String dataPath) {
      elect();
  }
```

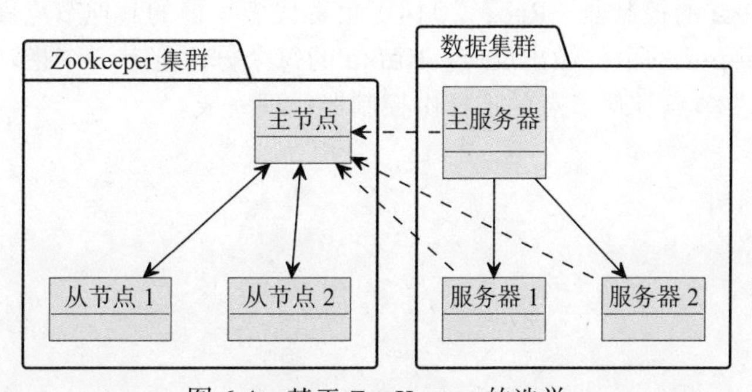


图6.4　基于ZooKeeper的选举

可以用 etcd 或 Consul 等系统以相同的方式实现主节点选举。

### 6.2.2 仅有多数读 / 写不足以提供强一致性保证

你可能会认为，像 Cassandra 这样 Dynamo 式数据库所提供的多数读 / 写足以在服务器失效时获得强一致性。

但事实并非如此。例如，假设有一个由三台服务器组成的集群。变量 $x$ 存储在所有三台服务器上（副本因子为 3）。启动时 $x$ 的值为 1。

在副本因子为 3 的情况下，假设写处理器 1 写入 $x = 2$。该写请求被发送到所有三台服务器。写操作在服务器 1 上成功，但在服务器 2 和服务器 3 上失败（可能是因为网络故障，或者写处理器 1 在向服务器 1 发送写请求后进入了长时间的垃圾回收暂停）。

客户端 c1 从服务器 1 和服务器 2 读 $x$ 的值。因为服务器 1 拥有最新值，所以 c1 得到最新值 $x = 2$。

客户端 c2 触发对 $x$ 的读操作。但服务器 1 暂时失效。因此 c1 从服务器 2 或服务器 3 读 $x$ 的值，这两个服务器拥有过时的数值 $x = 1$。因此，尽管 c2 在 c1 读取最新值之后读取，仍然得到了过时的值。

在这里，两次连续读操作显示最新值消失了。一旦服务器 1 重新上线，后续的读操作将再次给出最新值。而且，假设正在进行读修复或反熵配过程，其他服务器最终也会获得最新值。但是，存储集群并不提供保证，一旦某个特定值对任何客户端可见，所有后续读操作将继续获得该值。

## 6.3 示例

- 对于实现共识算法的系统，通过单服务器协调复制过程中的活动很重要。正如在论文“Paxos Made Simple”（Lamport，2001）中所指出的那样，这对保持系统活跃性很重要。
- 在 Raft 和 Zab 共识算法中，主节点选举是发生在系统启动或主节点失效时的一个明确阶段。
- Viewstamped Replication（Liskov，2012）算法中的主体概念类似其他算法中主节点。
- Apache Kafka 的控制器（Rao，2014）负责代表集群的其他节点做出所有决策。它对来自 ZooKeeper 的事件做出反应。Kafka 的每个分区都有一个指定的主节点代理和从节点代理。主节点和从节点的选择由控制器代理完成。

第 7 章

# 心跳机制

心跳机制，指服务器通过周期性向其他所有服务器发送自身可用状态的消息。

## 7.1 问题的提出

假设多台服务器构成了集群，每台服务器根据特定的分区和复制策略，仅存储和处理部分数据请求。在这种情况下，及时发现服务器故障对于采取纠正措施非常重要。一旦发生故障，可能需要其他服务器接管出现问题的服务器的数据请求处理。

## 7.2 解决方案

心跳机制是一种用于监测服务器健康状态的常见机制，它通过周期性地向集群内的其他服务器发送消息来传递自身的运行状况（图 7.1）。

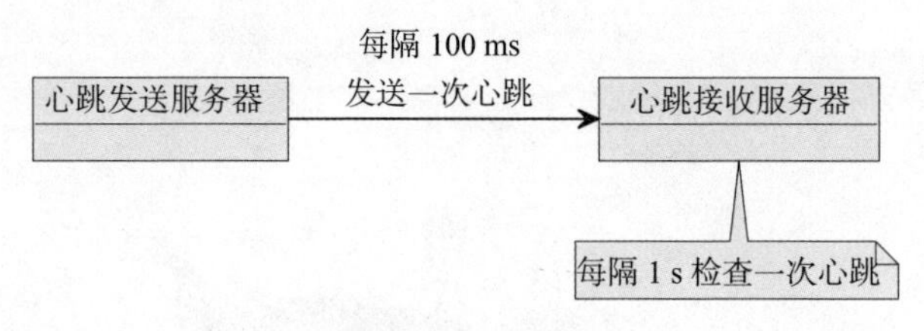


图 7.1 心跳机制

设定心跳请求的间隔时间长于服务器间的网络往返时间，而监听服务器的等待心跳超时时间为请求间隔时间的倍数。通常情况下：

心跳超时时间＞心跳请求的间隔时间＞服务器间的往返通信时间

在设定心跳请求的间隔时间及心跳超时时间时，需事先考量数据中心内部及数据中心之间的往返通信时间。比如，如果服务器间的往返通信时间为 20ms，则心跳可每 100ms 发送一次。服务器可在 1s 后进行检查，这样便有充裕的时间发送多个心跳，以减少误判的可能。如果在 1s 内未收到心跳，则服务器会判定发送心跳的服务器已经失效。

发送心跳和接收心跳的服务器均设置了调度器，该调度器内部设有一个定期执行的方法，每当任务启动，便会调用此方法。调度器示例如下：

```
class HeartBeatScheduler...

  public class HeartBeatScheduler {
      private ScheduledThreadPoolExecutor executor
              = new ScheduledThreadPoolExecutor(1);

      private Runnable action;
      private Long heartBeatInterval;

      public HeartBeatScheduler(Runnable action, Long heartBeatIntervalMs) {
          this.action = action;
          this.heartBeatInterval = heartBeatIntervalMs;
      }
```

```
    private ScheduledFuture<?> scheduledTask;

    public void start() {
        scheduledTask = executor
                .scheduleWithFixedDelay(new HeartBeatTask(action),
                        heartBeatInterval, heartBeatInterval,
                        TimeUnit.MILLISECONDS);
    }
```

在发送服务器上，调度器要执行一个发送心跳的方法。

```
class SendingServer...

  private void sendHeartbeat() throws IOException {
      socketChannel.blockingSend(newHeartbeatRequest(serverId));
  }
```

在接收服务器上，故障检测器也启动了类似的调度器，它会定期检查是否收到了心跳。

```
class AbstractFailureDetector...

  private HeartBeatScheduler heartbeatScheduler = new HeartBeatScheduler(this::heartBeatCheck, 100l);

  abstract void heartBeatCheck();
  abstract void heartBeatReceived(T serverId);
```

故障检测器有两个核心函数：

一个函数是接收服务器接收到心跳时调用，以告诉故障检测器一切正常。

```
class ReceivingServer...

  private void handleRequest(Message<RequestOrResponse> request,
                             ClientConnection clientConnection) {
      RequestOrResponse clientRequest = request.getRequest();
      if (isHeartbeatRequest(clientRequest)) {
          HeartbeatRequest heartbeatRequest = deserialize(clientRequest);
          failureDetector.heartBeatReceived(heartbeatRequest.getServerId());
          sendResponse(clientConnection, request.getRequest().getCorrelationId());
      } else {
          //processes other requests
      }
  }
```

另一个函数是，定期检查心跳状态并检测故障。

决定何时将服务器标记为失效需要使用各种标准并权衡利弊：心跳间隔时间越短，故障检测越迅速，但误判的风险也相应提高。因此，心跳间隔的设定和对缺失心跳的解释应根据集群的具体需求来实现，小型集群与大型集群的处理策略往往有所不同。

### 7.2.1　小型集群：基于共识算法的系统

基于共识算法的系统如 Raft 和 ZooKeeper，心跳由主节点发送给所有从节点，从节点每次收到心跳时，都会记录心跳到达的时间戳。

```
class TimeoutBasedFailureDetector...
  @Override
```

```
public void heartBeatReceived(T serverId) {
    Long currentTime = System.nanoTime();
    heartbeatReceivedTimes.put(serverId, currentTime);
    markUp(serverId);
}
```

如果在设定的时间窗口内未接收到心跳，从节点将推断主节点已经失效，进而启动选举以产生新的主节点。鉴于进程缓慢或网络延迟可能引起误判，我们采用世代时钟来检测旧的主节点，这大大提升了系统的可用性，使得故障能够被更迅速地检测出来。此策略更适用于小型集群，通常包含 3 ～ 5 个节点，如在大多数共识算法实现中一样。

```
class TimeoutBasedFailureDetector...

  @Override
  void heartBeatCheck() {
      Long now = System.nanoTime();
      Set<T> serverIds = heartbeatReceivedTimes.keySet();
      for (T serverId : serverIds) {
          Long lastHeartbeatReceivedTime = heartbeatReceivedTimes.get(serverId);
          Long timeSinceLastHeartbeat = now - lastHeartbeatReceivedTime;
          if (timeSinceLastHeartbeat >= timeoutNanos) {
              markDown(serverId);
          }
      }
  }
```

### 7.2.2 技术考虑

在使用单套接字通道进行服务器间通信时，需确保头部消息的堵塞不会阻止心跳的处理。头部消息的堵塞通常因排队请求处理迟缓所致，这可能导致足够长的延迟从而错误地判定发送服务器已崩溃，尽管该服务器实际上仍在正常发送心跳。

可采用请求管道技术，确保在发送心跳时无须等待先前请求的响应。在单一更新队列中，写入操作等任务可能会导致定时中断和发送心跳的处理出现延迟。

为解决这类问题，可以通过独立线程异步地发送心跳。HashiCorp Consul 和 Akka 等框架支持以异步方式发送心跳。心跳接收服务器也可能遇到同样的问题。当接收服务器正忙于写入操作时，它只能在该任务完成后进行心跳检查，这可能导致错误地判定故障。因此，采用单一更新队列的接收服务器需调整其心跳检测机制，同时将处理其他任务的时间延迟考虑在内。Raft 和 LogCabin 就是采取了这种方法。

有时，如垃圾回收等特定运行时事件引起的本地暂停可能会导致心跳处理的延迟。因此，需要一套机制来检测在处理心跳之前是否有本地暂停一个简单的解决方法是在足够长的时间窗口（如 5s）之后检查心跳处理是否正在进行。如果是，不会根据时间窗口标记为失效，而是将故障检测推迟到下一个心跳周期。Cassandra24 的实践就是一个很好的例证。

### 7.2.3 大型集群：基于 Gossip 协议

对于拥有成百上千台服务器的大型集群来说，主从模式下的心跳实现方法可能不太适用。

在大型集群环境中，必须考虑以下两个因素：第一，每台服务器产生的消息数量需要有一个固定的限额。第二，心跳消息所消耗的总带宽必须控制在一个较低的水平，比如不超过几百KB，以确保心跳信息的传输不会对集群中的实际数据传输产生影响。

因此，在大型集群中，不能采用每台服务器与其他所有服务器进行心跳的方式。在这种情况下，使用Gossip协议的故障探测器能跨集群传播故障信息。这类集群在发生故障时通常会跨节点移动数据，并且能够容忍较长时间（有界）的延迟从而得出正确判断。主要挑战在于避免因网络延迟或进程缓慢而错误地判断某个节点出现故障。一种常用的机制是给每个进程分配一个编号，作为异常怀疑指标。如果在规定时间内未收到含有该进程的Gossip消息，该指标将会上升。这一数值是根据历史统计数据计算得出的。仅当该指标升至配置的阈值时，相应的节点才会被判定为失效。

基于Gossip协议的心跳，有两种主流实现：

第一种，Phi Accrual故障检测器，Akka和Cassandra中都使用了这种方法。

第二种，Lifeguard增强的SWIM，HashiCorp Consul与memberlist则是基于这种方法的实现。

这些心跳机制即使在由数千台机器构成的广域网上也能正常运行。Akka曾在高达2400台服务器上执行过，而HashiCorp Consul也常常部署在数千台服务器的集群中。拥有一个可靠的故障检测器，在为大型集群提供高效服务的同时，还能保证一定的一致性，这依然是一个充满活力的研究领域。像Rapid等框架的最新进展很有前景。

需要注意的是，心跳并不一定需要专门的消息类型。例如，在数据复制过程中，集群节点之间已经存在的通信就可以充当心跳。

## 7.3 示例

- 共识算法Zab与Raft用于三至五个节点的小型集群，实现了固定时间窗口的故障检测。
- Akka Actors和Cassandra使用Phi Accrual故障检测器（Hayashibara，2004）。
- HashiCorp Consul基于SWIM（Das，2002）使用了基于Gossip协议的故障检测器。

# 第8章 多数法定节点数

多数法定节点数，是要求每个决策都要得到大多数服务器的同意，从而避免两组服务器做出独立决策而导致不一致。

## 8.1　问题的提出

**安全性和活跃性**

活跃性是系统的重要特性，表明系统在持续运行。安全性也是系统的重要特性，表明系统处于正确的状态。如果只关注安全性，那么系统效率可能会降低，运行会受阻；如果只关注活跃性，那么系统的状态可能会异常。[⊖]

分布式系统的服务器在执行任何操作时都需要确保在崩溃的情况下，操作结果对客户端仍然可用。这可以通过将结果复制到集群中其他服务器来实现。但这带来了一个问题：在原服务器确认更新已被完全识别之前，需要多少个其他服务器来确认复制成功？如果原服务器需要等待的复制太多，那么响应速度就会很慢，即活跃性降低。但如果缺乏足够的复制，那么更新就可能会丢失，即安全性失效。因此平衡系统整体的性能和完整性至关重要。

## 8.2　解决方案

当集群中大多数节点确认已收到更新时，就认为集群已经收到更新。我们把这个大多数称为多数法定节点数（quorum）。一个由五个节点组成的集群，需要的多数法定节点数为3。一个由 $n$ 个节点组成的集群，其多数法定节点数为 $n / 2 + 1$。

多数法定节点数表明可以容忍的故障数量，即集群大小减去多数法定节点数。一个由五个节点组成的集群可以容忍两个节点失效。通常，如果要容忍 $f$ 个节点发生故障，需要集群的节点数为 $2f + 1$。

来看两个需要多数法定节点数的案例：

- 更新集群中服务器的数据。高水位标记确保了多数法定节点数的服务器上的数据对客户端可见。
- 主节点选举。在主从节点模式中，只有获得多数法定节点数投票的节点才能当选为主节点。

### 8.2.1　决定集群中服务器的数量

- 在 *Guide to Reliable Distributed System*（Birman，2012）一书中，肯尼斯·伯曼博士基于吉姆·格雷博士对关系型数据库世界的分析。伯曼博博士指出，基于多数法定节点数系统的吞吐量可能下降到 $O(1 / n ** 2)$，其中 $n$ 为集群中服务器的数量。

---

⊖ 活跃性为可用性层面，安全性为一致性层面。——译者注

- ZooKeeper（Hunt，2010）和其他基于共识算法的系统，已知在集群服务器数量超过五时写入的吞吐量会降低。
- 在“Applying The Universal Scalability Law to Distributed System”演讲中，尼尔·甘瑟博士展示了系统吞吐量如何随着集群中协调服务器数量的增加而下降。

已经启动且运行的服务器必须满足多数法定节点数，集群才能正常工作。在进行数据复制的系统中，需要考虑两个问题：

- 写操作的吞吐量。每次把数据写入集群，都要将数据复制到多台服务器。每增加一台服务器就会增加完成写操作的开销。数据的写入延迟与需要满足的多数法定节点数成正比。如表 8.1 所示，如果集群中的服务器数量翻倍，那么吞吐量将减少到原来的一半。
- 需要容忍的故障数量。可容忍的服务器故障数量取决于集群的大小。但仅向现有集群添加服务器并不总能提供更强的容错能力：在三台服务器集群中，增加一台服务器并不会增加集群对故障的容忍度。

考虑到这两个因素，大多数实际的基于多数法定节点数系统的集群大小为三个或五个。五台服务器的集群可以容忍两台服务器发生故障，并且具有每秒几千个请求的可容忍数据写吞吐量。表 8.1 展示了如何根据可容忍的故障数量和对吞吐量的大致影响选择服务器数量的示例。吞吐量列显示了大致的相对吞吐量，以突出显示吞吐量随服务器数量增加而降低的情况。这个数字会因系统而异。作为示例，读者可以参考 Raft 博士论文和原始 ZooKeeper 论文中发布的实际吞吐量数据。

表 8.1 多数法定节点数对容忍故障和吞吐量的影响

| 服务器数量 | 多数法定节点数 | 可容忍故障的服务器数量 | 代表性的吞吐量 |
| --- | --- | --- | --- |
| 1 | 1 | 0 | 100 |
| 2 | 2 | 0 | 85 |
| 3 | 2 | 1 | 82 |
| 4 | 3 | 1 | 57 |
| 5 | 3 | 2 | 48 |
| 6 | 4 | 2 | 41 |
| 7 | 4 | 3 | 36 |

### 8.2.2 灵活的多数法定节点数

在多数法定节点数中，有两个多数法定节点数至少在一个节点上总是重叠。这种多数法定节点数交叉是关键。即使在实际操作中用不同大小的多数法定节点数，只要有交叉点，就可以实现这一点。使用不同大小的多数法定节点数的主要优势是，较频繁的操作可以用较小的多数法定节点数。例如，在一个五节点集群中，如果 90% 的事务处理涉及读，而只有 10% 涉及写，那么读操作可以用 2 为多数法定节点数，而写操作则以 4 为多数法定节点数。这确保了多数法定节点数即使交叉也仍然可以维护。对大多数写操作，用较小的多数法定节点数可以实现更高的吞吐量和更低的延迟。

正如在 Paxos 和复制日志中所讨论的多数法定节点数使用，在执行的两个阶段都需要多数法定节点数交叉。在典型的复制日志实现中，第一阶段涉及主节点选举而且频率较低，该阶段可以用较大的多数法定节点数。所有的其他客户端操作都可以用较小的多数法定节点数，从而在整体上提高吞吐量并降低延迟。

## 8.3 示例

- 包括 Zab（Reed，2008）、Raft（Ongaro，2014）以及 Paxos（Lamport，2001）在内的所有共识算法的实现都用多数法定节点数。
- 即使在不用共识算法的系统中，也用多数法定节点数来确保在发生故障或网络分区的情况下，最新的更新至少在一台服务器可用。例如，在类似 Apache Cassandra 这样的数据库中，可以把数据库更新配置为成功完成记录更新的节点数必须达到多数法定节点数才能返回成功。

# 第9章 世代时钟

世代时钟是一个始终单调递增的数字，用以标示服务器所处的世代。

## 9.1 问题的提出

在主从模式中，主节点可能会暂时失去与从节点的连接。这可能是主节点进程在进行垃圾回收而无法即时响应，或网络暂时中断导致的。在这种情况下，尽管主节点进程仍在运转，并会在垃圾回收完成或网络恢复正常后尝试向从节点发送复制请求，但这种做法是存在风险的。因为在此期间，集群的其他部分可能已经选出了新的主节点，并接受了客户端的请求。对于集群中的其他成员来说，如何检测来自旧的主节点的每个请求？旧的主节点自身如何能够检测到它暂时与集群断开连接，并采取必要的纠正措施，放弃领导权呢？

## 9.2 解决方案

世代时钟模式是 Lamport 时钟的特殊形式，它通过一个简单的递增数字来确定进程组中事件的顺序，而无须依赖系统的时间。每个进程维护一个整数计数器，在进程处理的每个事件后，此计数器都会递增。该计数器和需要传递的消息一同发送给其他进程。接收消息的进程会比较自身计数器与消息计数器的数值，并选择最大值设置为自身的计数器。这样，任何进程都可以通过比较关联的整数确定事件的顺序。如果在多个进程间交换消息，则可以比较跨多个进程中的事件，这种方法能够明确进程事件的因果关系。

我们维护一个单调递增的数字来标示服务器的世代。每当发生新的主节点选举时，该世代随之递增。世代需在服务器重启后依然保持有效，故应将存储于预写日志的每条记录中。正如在高水位标记中介绍的，从节点利用这一信息发现日志中冲突的记录。服务器启动时，会从日志中读取上一个最新的世代。

```
class ReplicatedLog...

  this.replicationState = new ReplicationState(config, wal.getLastLogEntryGeneration());
```

在主从模式中，每当有新的主节点选举，服务器的世代都会递增。

```
class ReplicatedLog...

  private void startLeaderElection() {
      replicationState.setGeneration(replicationState.getGeneration() + 1);
      registerSelfVote();
      requestVoteFrom(followers);
  }
```

服务器在发送投票请求时，会将世代包含在请求中一并发送给其他服务器。这确保了一旦选举成功，所有服务器都具有相同的世代。主节点一经选定，便会通知从节点更新至新的世代：

```
follower (class ReplicatedLog...)

  private void becomeFollower(int leaderId, Long generation) {
```

```
        replicationState.reset();
      replicationState.setGeneration(generation);
      replicationState.setLeaderId(leaderId);
      transitionTo(ServerRole.FOLLOWING);
    }
```

此后，无论是发送心跳还是复制日志的请求，主节点都必须在每一条发往从节点的消息中包含当前的世代。

主节点必须在其预写日志的每一条记录中持久化记录世代信息。

```
leader (class ReplicatedLog...)

  Long appendToLocalLog(byte[] data) {
      Long generation = replicationState.getGeneration();
      return appendToLocalLog(data, generation);
  }

  Long appendToLocalLog(byte[] data, Long generation) {
      var logEntryId = wal.getLastLogIndex() + 1;
      var logEntry = new WALEntry(logEntryId, data, EntryType.DATA, generation);
      return wal.writeEntry(logEntry);
  }
```

依照上述方式，世代信息也会作为主从节点之间复制机制的一部分，被持久化存储在从节点的日志中。

若从节点接收到了来自已过时主节点的消息，它能通过比对世代数值的大小，辨认出该消息的世代过低，并据此回复一个失败的响应。

```
follower (class ReplicatedLog...)

  Long currentGeneration = replicationState.getGeneration();
  if (currentGeneration > request.getGeneration()) {
      return new ReplicationResponse(FAILED, serverId(),
              currentGeneration, wal.getLastLogIndex());
  }
```

当旧的主节点接收到这种失败响应时，它将转变为从节点，并开始等待来自新的主节点的通信。

```
Old leader (class ReplicatedLog...)

  if (!response.isSucceeded()) {
      if (response.getGeneration() > replicationState.getGeneration()) {
          becomeFollower(LEADER_NOT_KNOWN, response.getGeneration());
          return;
      }
```

例如，在一个由三台服务器组成的集群中，主节点 1 是当前主节点，所有服务器的世代均为 1。这期间，主节点 1 不断地向从节点发送心跳消息（图 9.1）。

随后，主节点 1 进行了垃圾回收暂停，假设持续了 5s。在这段时间内，从节点未能收到主节点的心跳，因此在超时之后，它们选举出了一位新的主节点（图 9.2）。新的主节点把世代增加到了 2。

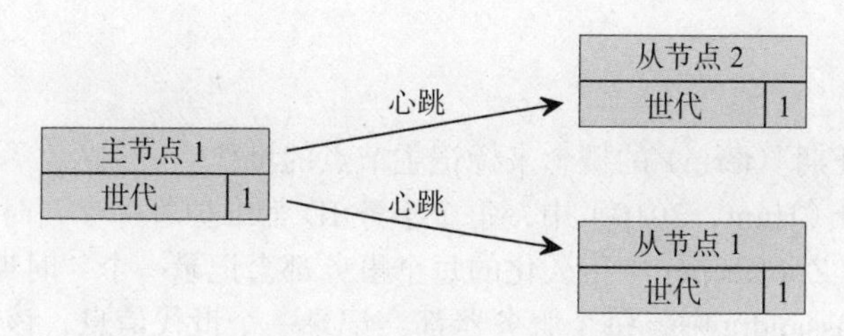


图 9.1　主节点发送心跳

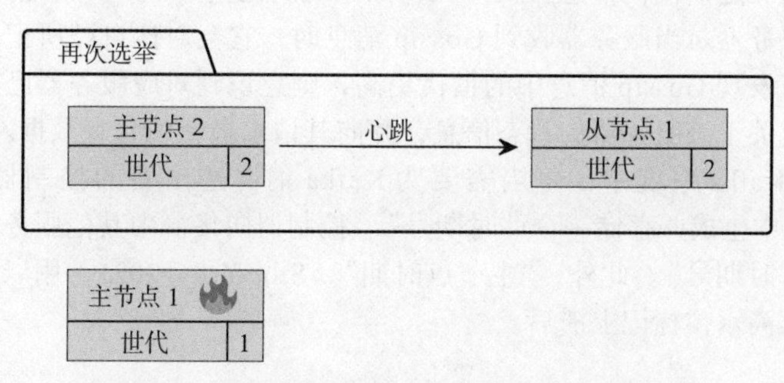


图 9.2　选举新的主节点，“世代”增加到 2

一旦主节点完成垃圾回收，它继续向其他服务器发送请求。但是，现在已处于世代 2 的从节点和新的主节点会拒绝世代 1 的请求，并向它发送带有世代 2 的失败响应（图 9.3）。

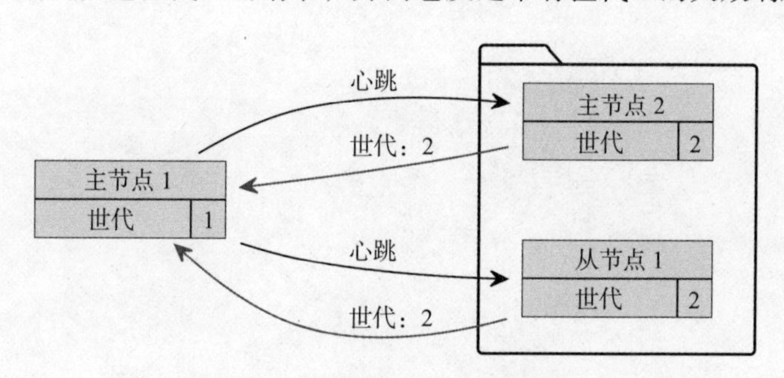


图 9.3　旧的主节点重新连接

处理这些失败响应后，主节点 1 会将自己的状态降级为从节点，并且更新世代为 2（图 9.4）。

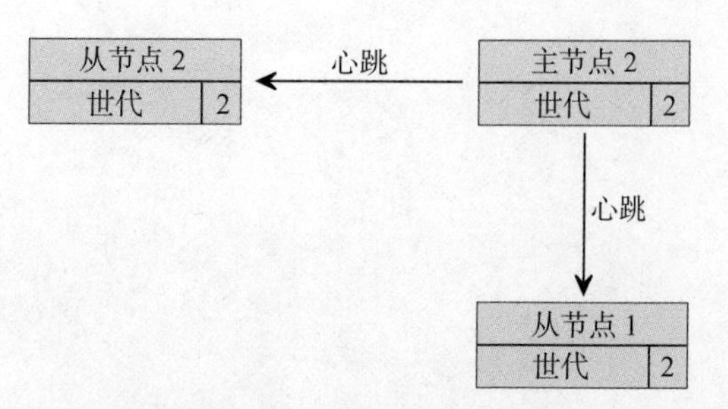


图 9.4　旧的主节点变为从节点

## 9.3 示例

- Raft 使用“任期”(term)的概念来标记主节点的世代。
- 在 ZooKeeper（Hunt，2010）中，每个事务 ID 都维护着一个“时期”（epoch）来表示世代。因此，ZooKeeper 中持久化的每个事务都会记录一个“时期”。
- 在 Apache Cassandra 中，每个服务器都会记录一个世代信息，该信息在服务器每次重启后会递增。这一世代信息会被持久化到系统的键空间里，并随着 Gossip 协议消息传播至其他服务器。当服务器收到 Gossip 消息时，它会对比自已所记录的世代与消息中的世代。若发现 Gossip 消息中的世代更高，则意识到对应服务器已重启，进而它将废弃所有本地关于该服务器的状态信息，并向其请求最新的状态数据。
- 在 Apache Kafka 系统中，每当需要为 Kafka 集群选出新的控制器时，系统都会在 ZooKeeper 中生成并存储一个“时期号”。控制器向集群中其他服务器发送的每个请求都会包含“时期号”。此外，“主节点时期”（Stopford，2021）用以监测分区中的从节点是否在其高水位标记上滞后。

# 第10章 高水位标记

高水位标记是指在预写日志中，最后一个已成功复制的记录的索引，亦称为提交索引。

## 10.1 问题的提出

预写日志模式用于在服务器崩溃和重启后恢复状态。然而，预写日志不足以在服务器故障时提供可用性。若单服务器失效，在该服务器重启前，客户端将无法正常工作。为提高可用性，需在多服务器上复制日志。在主从模式下，主节点要向从节点复制足够数量的日志记录，以达到多数法定节点数。若主节点失效，新的主节点将被选举，客户端几乎能像之前那样继续与集群协作。但仍存在问题：

- 主节点在发送日志记录给从节点前可能失效。
- 主节点在发送日志记录给从节点后，但未满足多数法定节点数前可能失效。

在这些错误场景中，部分从节点可能会丢失日志记录，而其他从节点可能有更多记录。因此，确保每个从节点知晓哪些日志是可靠的，并能安全提供给客户端，显得尤为关键。

## 10.2 解决方案

高水位标记是预写日志中的索引，记录了在达到多数法定节点数的从节点上成功复制的最后一个日志记录。主节点在复制过程中将此标记传递给其他从节点。集群中的所有服务器应仅向客户端传递高水位标记以下的数据更新。图 10.1 展示了操作顺序。

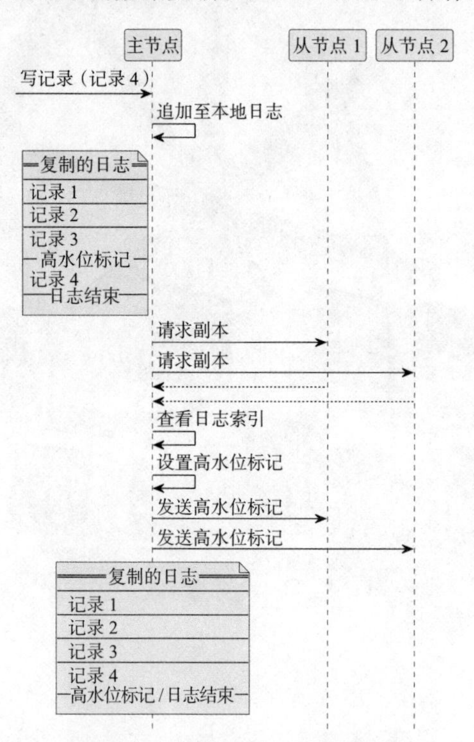


图 10.1 高水位标记操作顺序

主节点将每个日志记录追加至本地预写日志，随后发往所有从节点。

```
leader (class ReplicatedLog...)

  private Long appendAndReplicate(byte[] data) {
      Long lastLogEntryIndex = appendToLocalLog(data);
      replicateOnFollowers(lastLogEntryIndex);
      return lastLogEntryIndex;
  }

  private void replicateOnFollowers(Long entryAtIndex) {
      for (final FollowerHandler follower : followers) {
          replicateOn(follower, entryAtIndex); //send replication requests to followers
      }
  }
```

从节点处理复制请求，并将日志记录追加至本地日志。成功追加后，它们将最新日志记录的索引回复给主节点，回复信息还包含服务器当前的世代。

```
follower (class ReplicatedLog...)

  private ReplicationResponse appendEntries(ReplicationRequest replicationRequest) {
      var entries = replicationRequest.getEntries();

      entries.stream()
              .filter(e -> !wal.exists(e))
              .forEach(e -> wal.writeEntry(e));

      return new ReplicationResponse(SUCCEEDED, serverId(),
              replicationState.getGeneration(), wal.getLastLogIndex());
  }
```

主节点接收响应后，会追踪各服务器复制的日志索引。

```
class ReplicatedLog...

  logger.info("Updating matchIndex for "
          + response.getServerId()
          + " to "
          + response.getReplicatedLogIndex());

  updateMatchingLogIndex(response.getServerId(),
          response.getReplicatedLogIndex());

  var logIndexAtQuorum = computeHighwaterMark(logIndexesAtAllServers(),
          config.numberOfServers());

  var currentHighWaterMark = replicationState.getHighWaterMark();
  if (logIndexAtQuorum > currentHighWaterMark && logIndexAtQuorum != 0) {
      applyLogEntries(currentHighWaterMark, logIndexAtQuorum);
      replicationState.setHighWaterMark(logIndexAtQuorum);
  }
```

主节点可通过查看所有从节点的日志索引及自身日志，获取满足多数法定节点数的可用索引，以确定高水位标记。

*class ReplicatedLog...*

```
Long computeHighwaterMark(List<Long> serverLogIndexes, int noOfServers) {
    serverLogIndexes.sort(Long::compareTo);
    return serverLogIndexes.get(noOfServers / 2);
}
```

主节点选举可能会带来一个微妙的问题。我们必须确保在任何服务器向客户端发送数据之前，集群中的所有服务器都有最新的日志。

如果现有的主节点在将高水位标记传播到所有从节点之前失效，就会出现问题。Raft 通过在成功的主节点选举后向主节点的日志中追加一个空操作记录来解决这个问题，并且只有在其从节点确认后才服务于客户。在 Zab 中，新的主节点在开始为客户服务之前，明确尝试将其所有记录推送给所有从节点。

主节点通过定期的心跳或单独请求将高水位标记传播给从节点。从节点据此调整自己的高水位标记。客户端仅能读取到高水位标记为止的日志记录。超出此标记的记录对客户端不可见，因无法确保这些记录已复制。若主节点失效并选出新主节点，这些记录可能不再可用。

*class ReplicatedLog...*

```
public WALEntry readEntry(long index) {
    if (index > replicationState.getHighWaterMark()) {
        throw new IllegalArgumentException("Log entry not available");
    }
    return wal.readAt(index);
}
```

## 日志截断

服务器在崩溃或重启后重新加入集群时，可能存在日志记录冲突。为解决此问题，服务器加入集群时需与集群的主节点核对日志，以识别潜在的冲突记录。若存在冲突，则将日志截断到与主节点记录匹配的点，并用后续记录更新日志，以确保日志与集群的其他节点匹配。

例如，客户端请求添加四条日志记录（图 10.2）。主节点成功复制了前三条，但在添加第四条后发生故障。一个从节点被选举为新主节点，接收了更多的客户端记录（图 10.3）。旧主节点重启并加入集群时，发现第四条记录冲突。为解决此冲突，需截断至第三条记录，并添加第五条记录，以匹配集群其他节点日志（图 10.4）。

任一服务器在暂停后重启或重新加入集群，都会寻找新主节点，并明确请求当前高水位标记，将其日志截断至高水位标记，然后从主节点获取高水位标记以外的所有记录。诸如 Raft 之类的复制算法可通过检查自己日志中的记录与请求中的日志记录识别冲突，移除索引相同但世代较低的记录。

*class ReplicatedLog...*

```
void maybeTruncate(ReplicationRequest replicationRequest) {
    replicationRequest.getEntries().stream()
            .filter(this::isConflicting)
```

```
            .forEach(this::truncate);
}

private boolean isConflicting(WALEntry requestEntry) {
    return wal.getLastLogIndex() >= requestEntry.getEntryIndex()
            && requestEntry.getGeneration()
            != wal.getGeneration(requestEntry.getEntryIndex());
}
```

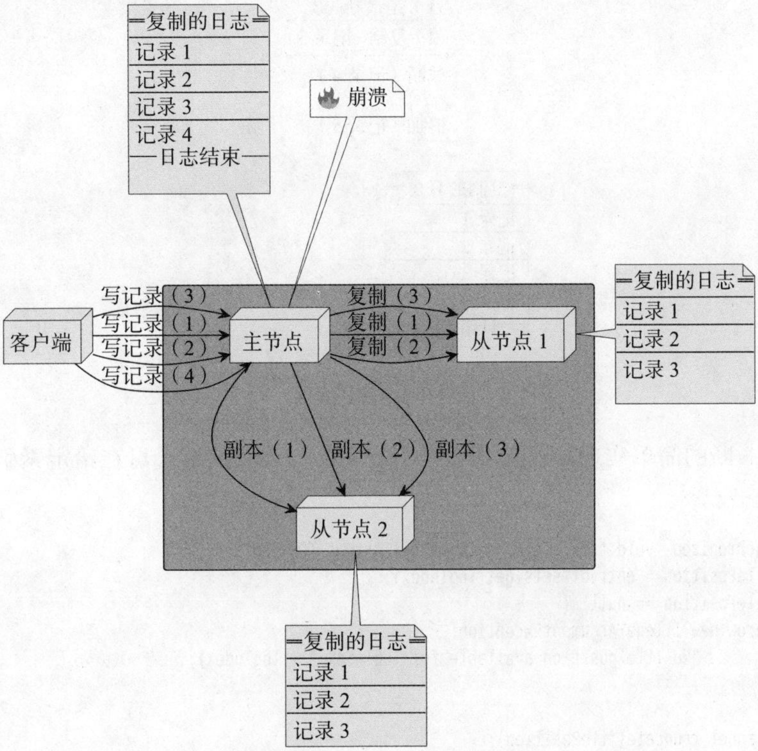

图 10.2　主节点失效

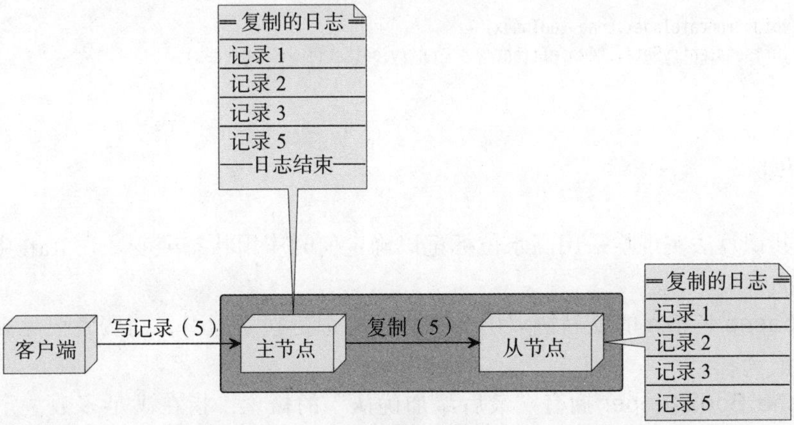

图 10.3　新的主节点

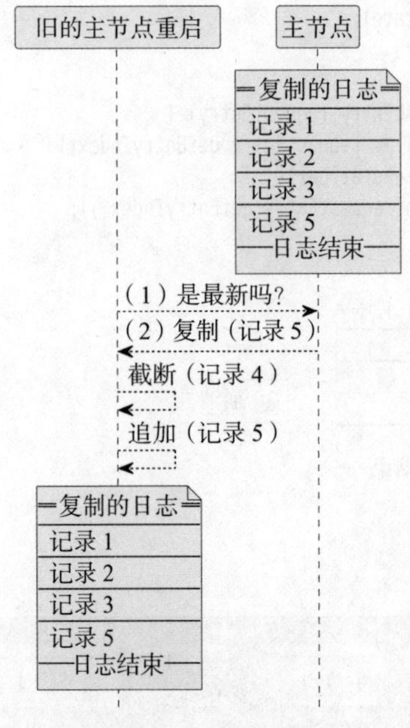


图 10.4 日志截断

支持日志截断的简单实现是保持日志索引与文件位置的映射，可在给定索引处截断日志。

*class WALSegment...*

```
public synchronized  void truncate(Long logIndex) throws IOException {
    var filePosition = entryOffsets.get(logIndex);
    if (filePosition == null) {
        throw new IllegalArgumentException(
                "No file position available for logIndex=" + logIndex);
    }

    fileChannel.truncate(filePosition);
    truncateIndex(logIndex);
}

private void truncateIndex(Long logIndex) {
    entryOffsets.entrySet().removeIf(entry -> entry.getKey() >= logIndex);
}
```

## 10.3 示例

- 所有共识算法实现均采用高水位标记以确定何时应用状态突变。在 Raft 中，此标记称为提交索引。
- 在 Apache Kafka 的复制协议中，高水位标记是独立索引，消费者仅见高水位标记之前的记录。
- Apache BookKeeper 拥有“最后添加确认”的概念，指在满足多数法定节点数的成功复制的记录。

# 第 11 章 Paxos

Paxos算法通过两个共识决策阶段实现，它在节点出现断开连接的情况下仍能保证达成安全的共识。

## 11.1 问题的提出

当多个节点共享状态时，它们需要就某个特定值达成一致。在主从模式下，主节点负责决定值并传递给从节点。然而，在无主节点的场景中，节点必须独立决定一个值（即使在主从模式下，它们也需要这样做来选出主节点）。主节点可以采用两阶段提交协议确保副本安全地获取更新。若无主节点，竞争节点可尝试收集多数节点的意见。此过程更加复杂，因为任何节点都有可能失效或断开连接。某个节点可能在某值达成共识后，在该值广播到整个集群之前就断开了连接。

## 11.2 解决方案

Paxos算法由Leslie Lamport首次提出，并在其1998年的论文*The Part-Time Parliament*（Lamport，1998）中发表。该算法包含三个阶段，即使在部分网络或节点出现故障的情况下，也能保证多节点就同一值达成共识。前两个阶段致力于对某个值形成共识，而最后一个阶段则负责将已达成的共识传递给其余副本。

- 在第一阶段，即准备阶段，建立最新的世代。提议者的目标是收集可能被提议的值。提议者会联系集群中的所有节点，即接受者，询问他们是否愿意承诺考虑其提出的值。一旦获得了大多数接受者的承诺，提议者便进入第二阶段。
- 在第二阶段，即接受阶段，其宗旨在于在此世代确定一个值。提议者发送其建议值，一旦得到多数节点的接受，该值便得以确认。
- 在最终阶段，即提交阶段，其目标是广播已确定的值。提议者将这一确认值传达至集群中的全部节点。

### 11.2.1 协议流程

Paxos协议的理解并非易事，我们将首先来看一个标准流程的示例（表11.1），随后将进一步深入讨论其工作机制细节。该示例旨在提供对Paxos协议流程的直观认识，并非Paxos的全面描述。

在最初的Paxos论文中（1998，[Lamport，2001]），并未提及提交阶段，因为算法的核心在于证明只有唯一的值会被选定，并且即便仅有提议者知晓所选值，也可实现多数共识。然而在实际应用中，集群中的所有节点均需获悉所选值，故引入了提交阶段，以便提议者向所有集群节点传达最终的决定。

设想一个包含五个节点的集群：雅典、拜占庭、昔兰尼、德尔菲和以弗所（图11.1）。我们将展示Paxos协议的执行过程。

表 11.1 Paxos 协议流程

| 提议者 | 接受者 |
|---|---|
| 根据世代时钟获取下一世代，并向所有接受者发送带有世代的准备请求 | |
| | 如果准备请求的世代晚于自己的承诺世代，将自己的承诺世代更新为准备请求的世代，并返回承诺响应。<br>如果自己已经接受了其他提案，承诺响应会带上已经接受的提案 |
| 如果收到了多数接受者的承诺响应，它会检测接受者的承诺响应中是否包含已接受的提案建议值。<br>如果包含，它将修改自己的建议值，改为包含最高世代的响应请求的提案建议值。<br>然后，向所有的接受者发送接受请求，并使用最新的世代与最新的建议值 | |
| | 如果接受请求的世代晚于或等于自己的承诺世代，保存并接受这个提案，并回复接受请求 |
| 如果收到了多数接受者的接受响应，它记录选定的值，并向所有节点发送提交请求 | |

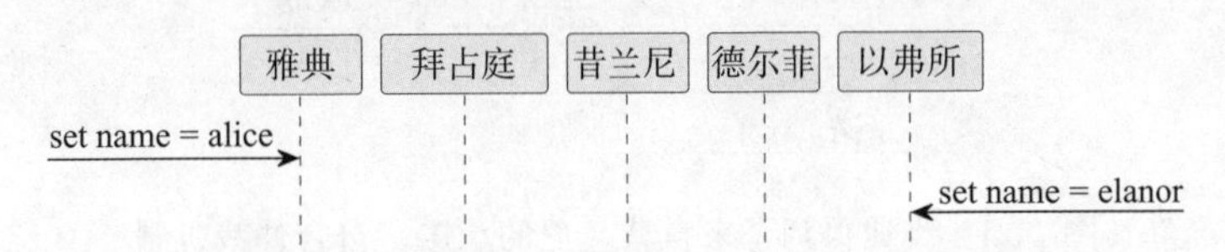


图 11.1 雅典和以弗所同时接收到了客户端的请求

客户端连至雅典节点，并请求将集群名称更改为“alice”。此时，雅典节点需启动 Paxos 交互，以便确认其他节点是否同意此项变更。在此过程中，雅典担任提议者，由其向所有其他节点发起集群名称更改为“alice”的提案；集群内的所有节点（包括雅典本身）则作为接受者，负责处理并决定是否接受雅典的提案。

正当雅典提议将集群名称更改为“alice”之际，节点以弗所也接到了一个请求，意图将集群名更改为“elanor”。于是，以弗所也成了另一位提议者（图 11.2）。

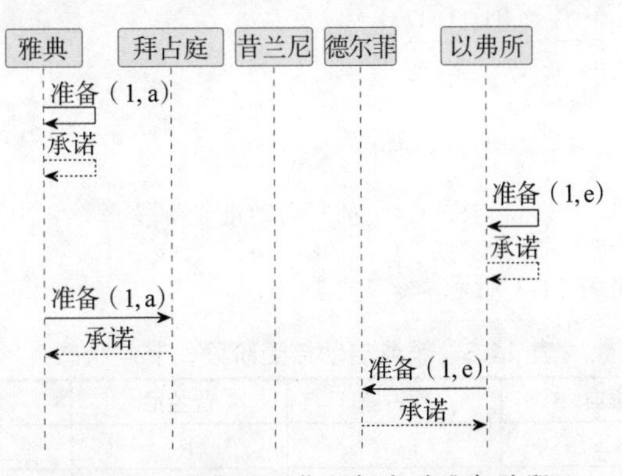


图 11.2 雅典和以弗所都启动准备阶段

在准备阶段，提议者开始发送带有世代的准备请求。Paxos 的目的是避免单点故障，因此我们不从单个生成时钟获取它。相反，每个节点都会维护自己的生成时钟。这个生成时钟是世代与节点 ID 的结合体。节点 ID 用于建立比较，因而 [2,a] > [1,e] > [1,a]。每个接受者都会记录它所见过的最新承诺的生成时钟。

此时节点的状态如表 11.2 所示。

**表 11.2 雅典和以弗所都启动准备阶段，节点状态**

| 节点 | 雅典 | 拜占庭 | 昔兰尼 | 德尔菲 | 以弗所 |
|---|---|---|---|---|---|
| 已承诺的生成时钟 | 1,a | 1,a | 0 | 1,e | 1,e |
| 已接受值 | 无 | 无 | 无 | 无 | 无 |

鉴于之前未收到任何请求，各节点都向提议者返回了承诺。所谓的“承诺”，是指接受者保证不受理任何早于该承诺的生成时钟的提案。

雅典继续向昔兰尼发送准备请求（图 11.3）。当它再次收到承诺作为响应时，这表明雅典已经获得了五个节点中的三个节点的承诺，满足了多数法定节点数的要求。于是，雅典从发送准备请求转为发送接受请求。

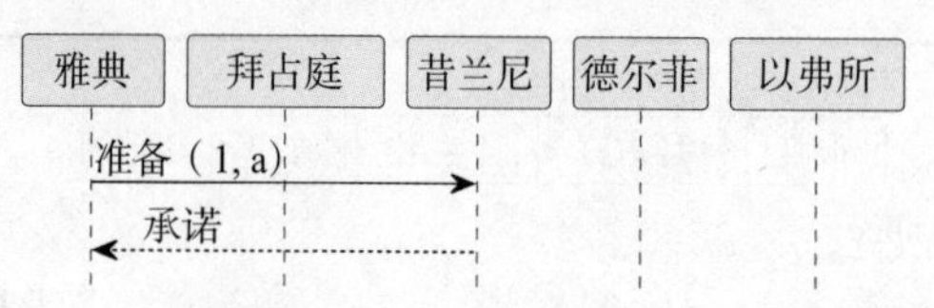


图 11.3 雅典得到了来自昔兰尼的承诺，符合仲裁机制

如果无法从集群的多数节点处获得承诺，雅典会提高自己的生成时钟，并重新发起准备请求。

在收到多数节点的承诺之后，雅典开始发送携带生成时钟和提议值“alice”的接受请求（图 11.4）。雅典和拜占庭很快就接受了该提案。

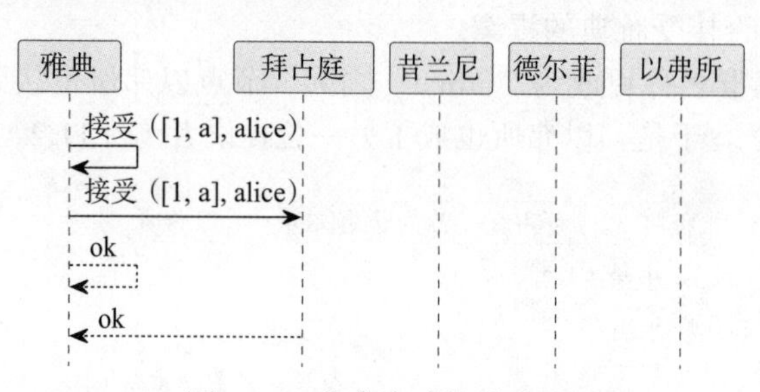


图 11.4 雅典启动接受阶段

此时，节点的状态如表 11.3 所示。

**表 11.3 雅典启动接受阶段，节点状态**

| 节点 | 雅典 | 拜占庭 | 昔兰尼 | 德尔菲 | 以弗所 |
|---|---|---|---|---|---|
| 已承诺的生成时钟 | 1,a | 1,a | 1,a | 1,e | 1,e |
| 已接受值 | alice | alice | 无 | 无 | 无 |

以弗所现在向昔兰尼发送准备请求（图 11.5）。尽管昔兰尼之前已经向雅典发送了承诺，但由于以弗所的请求具有更高的生成时钟，所以以弗所的请求具有更高的优先级。因此，昔兰尼向以弗所回应了承诺。

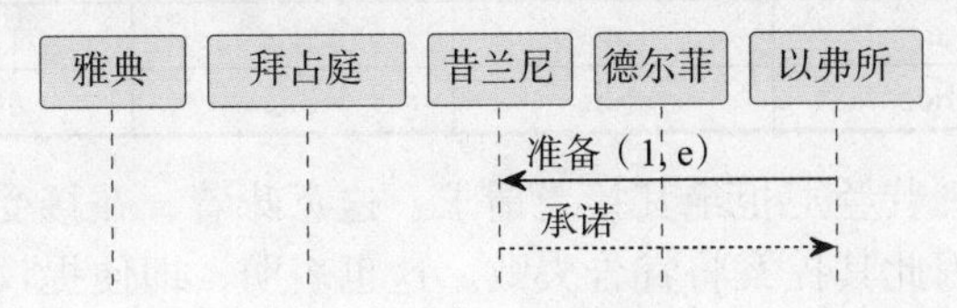


图 11.5 以弗所得到了昔兰尼的承诺，符合仲裁机制

昔兰尼现在收到了雅典的接受请求。但是因为这个请求的生成时钟落后于它对以弗所做出的承诺的生成时钟，所以昔兰尼拒绝了雅典的接受请求（图 11.6）。[一]

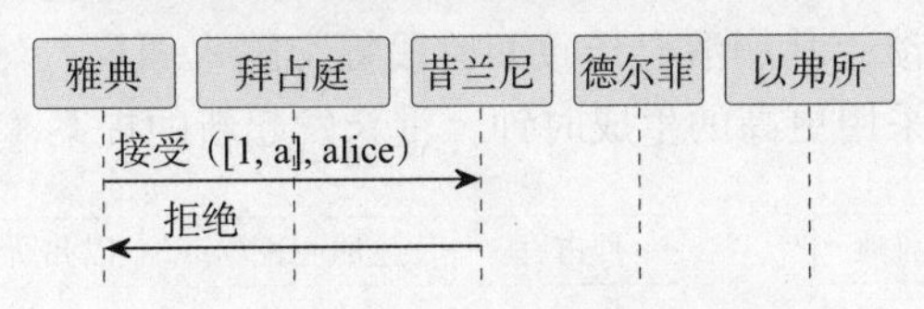


图 11.6 昔兰尼拒绝雅典的接受请求

此时，节点的状态如表 11.4 所示。

**表 11.4 昔兰尼拒绝雅典的接受请求，节点状态**

| 节点 | 雅典 | 拜占庭 | 昔兰尼 | 德尔菲 | 以弗所 |
|---|---|---|---|---|---|
| 已承诺的生成时钟 | 1,a | 1,a | 1,e | 1,e | 1,e |
| 已接受值 | alice | alice | 无 | 无 | 无 |

以弗所的准备消息在获得多数承诺之后，转向继续发送接受请求（图 11.7）。以弗所向自己和德尔菲发送了提议值“ elanor ”的接受请求，并且收到了响应。不过，在以弗所有机会发送更多接受请求之前，它崩溃了。[二]

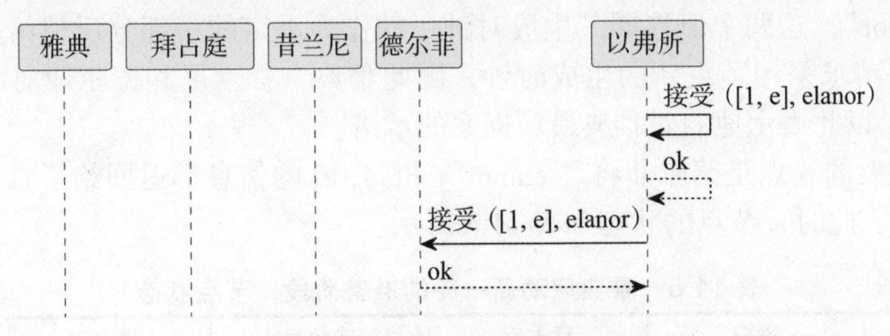


图 11.7 以弗所启动接受阶段

---

[一] 根据 Paxos 协议，节点一旦对更高生成时钟的提议做出了承诺，它就不能接受任何较低生成时钟的提议。——译者注

[二] 在 Paxos 算法中，一个提议者的崩溃不会影响整体的共识过程，因为其他提议者可以继续提出新的提议，并且如果它们能够获得多数节点的承诺和接受，共识依然可以达成。——译者注

此时，节点状态如表 11.5 所示。

**表 11.5 以弗所启动接受阶段，节点状态**

| 节点 | 雅典 | 拜占庭 | 昔兰尼 | 德尔菲 | 以弗所 |
|---|---|---|---|---|---|
| 已承诺的生成时钟 | 1,a | 1,a | 1,e | 1,e | 1,e |
| 已接受值 | alice | alice | 无 | elanor | elanor |

同时，雅典需要处理昔兰尼拒绝其接受请求。这意味着，在接受阶段，雅典的提案未能获得多数节点的支持，因此其提案将宣告失败。这也表明，即便提议者在准备阶段获得了多数节点的承诺，也不能确保在接受阶段仍能得到多数节点的确认。在准备阶段做出承诺的某些节点，可能会"背叛"，承诺给了生成时钟更高的新提议者。对于获得多数节点承诺的新提议者，向原提议者做出承诺的节点至少有 1 个会背叛原提议者。

如果使用的是简单的两阶段提交，我们本可以期待以弗所的提案最终得到所有节点的接受。但鉴于以弗所已经崩溃，其崩溃会导致两阶段提交陷入僵局。然而，Paxos 协议已经考虑到这种情形，此时雅典会采用更高的生成时钟，重新发起新的提案（图 11.8）。

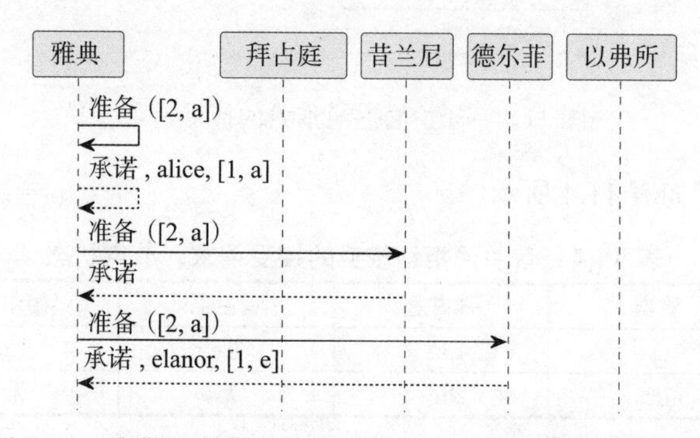


图 11.8 雅典以更高的生成时钟，启动新一轮的准备阶段

雅典向自身、昔兰尼及德尔菲发送了带有更高生成时钟的准备请求。如同首轮一般，它再次获得了三个节点的承诺，但也有一个重要的区别。雅典此前接受的是"alice"，而德尔菲接受的是"elanor"，这两个值连同其生成时钟一并作为承诺的一部分反馈给提议者雅典。鉴于雅典新的准备请求采用了更新的生成时钟，因此雅典、昔兰尼和德尔菲对生成时钟的承诺也更新为 [2, a]，以此表示他们对雅典最新提案的承诺。

这里非常重要的一点是德尔菲将"elanor"和 [1, e] 的信息都返回给了雅典，这将影响雅典下次提议的值。此时，节点的状态如表 11.6 所示。

**表 11.6 雅典启动新一轮的准备阶段，节点状态**

| 节点 | 雅典 | 拜占庭 | 昔兰尼 | 德尔菲 | 以弗所 |
|---|---|---|---|---|---|
| 已承诺的生成时钟 | 2,a | 1,a | 2,a | 2,a | 1,e |
| 已接受值 | alice | alice | 无 | elanor | elanor |

雅典在新一轮的准备阶段赢得了多数节点的承诺后，便进入了接受阶段。这一次，它提出的新值是"elanor"，并将以最高的生成时钟 [2,a] 来提案。

为什么呢雅典新的提案值会是“elanor”呢？

在上一轮接受阶段，雅典接受了生成时钟为 [1,a] 的“alice”，同时也了解到德尔菲接受了生成时钟为 [1,e] 的“elanor”。因为后者的生成时钟更高，于是雅典在新一轮中提出了生成时钟更高的值“elanor”作为提议值（图 11.9）。

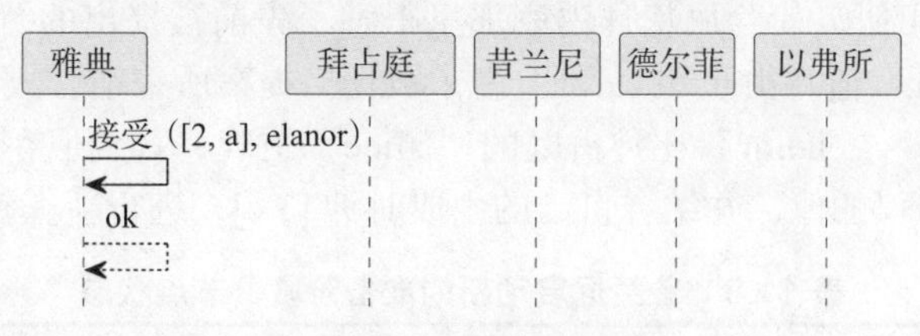


图 11.9　雅典提议已被接受的值“elanor”

雅典发起了接受请求，向自己发出了提议的值“elanor”和当前的生成时钟 [2, a]。该请求得到了接受。雅典自身的接受行为至关重要，因为这意味着现在已有三个节点接受了“elanor”，达到了多数法定节点数。到此，我们可以确定“elanor”成了最终确认的值。此时，节点的状态如表 11.7 所示。

**表 11.7　雅典提议已被接受的值“elanor”，节点状态**

| 节点 | 雅典 | 拜占庭 | 昔兰尼 | 德尔菲 | 以弗所 |
|---|---|---|---|---|---|
| 已承诺的生成时钟 | 2,a | 1,a | 2,a | 2,a | 1,e |
| 已接受值 | elanor | alice | 无 | elanor | elanor |

即便“elanor”已是选定值，但还没有节点知道。在接受阶段，雅典只知道自己拥有“elanor”值，没有达到多数法定节点数，并且以弗所已崩溃。雅典需确保更多接受请求得以通过，方能将协议进展至提交阶段。

突然间，雅典也崩溃了，加之先前崩溃的以弗所，集群中已有两个节点崩溃。然而，由于大多数节点仍在运行，集群依旧能够维持正常工作。根据协议，这些节点亦能确认“elanor”为最终选定之值（图 11.10）。

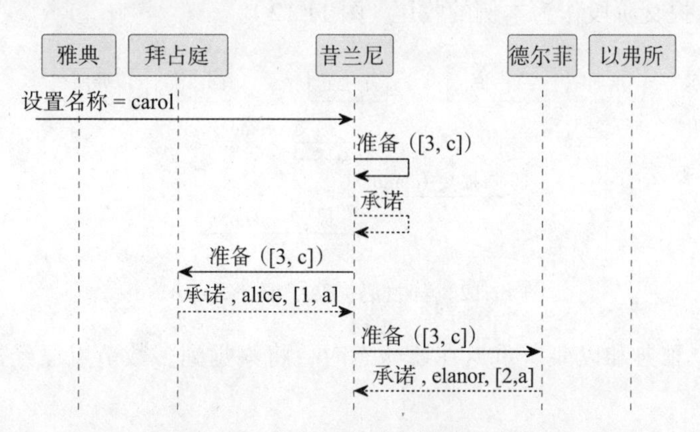


图 11.10　昔兰尼启动新的准备阶段

昔兰尼接收到一个将集群名称设定为“carol”的请求，成为提议者。它之前经历过生成

时钟为 [2,a] 的提案，现在必须更新生成时钟，因此，它启动了一轮生成时钟为 [3,c] 的准备阶段。此时，节点的状态如表 11.8 所示。

尽管昔兰尼欲推荐“carol”作为候选值，但目前只处于准备阶段，并未到提出新值的时刻。昔兰尼向包括自身在内的集群节点发出了准备请求，并收到了相应的承诺回复。此过程与雅典之前的准备阶段相似，昔兰尼从拜占庭那里得悉了先前被提出的“alice”值，从德尔菲那里了解到了“elanor”值，由于“carol”尚未被任何提案所采纳，故不会作为被提案的值。

因为德尔菲的提案“elanor”比拜占庭的“alice”更晚，昔兰尼在进入新的接受阶段时，会以“elanor”作为提议的值，并结合自己的生成时钟 [3,c]，进行新一轮的提案（图 11.11）。

表 11.8 昔兰尼启动新的准备阶段，节点状态

| 节点 | 雅典 | 拜占庭 | 昔兰尼 | 德尔菲 | 以弗所 |
|---|---|---|---|---|---|
| 已承诺的生成时钟 | 2,a | 3,c | 3,c | 3,c | 1,e |
| 已接受值 | elanor | alice | 无 | elanor | elanor |

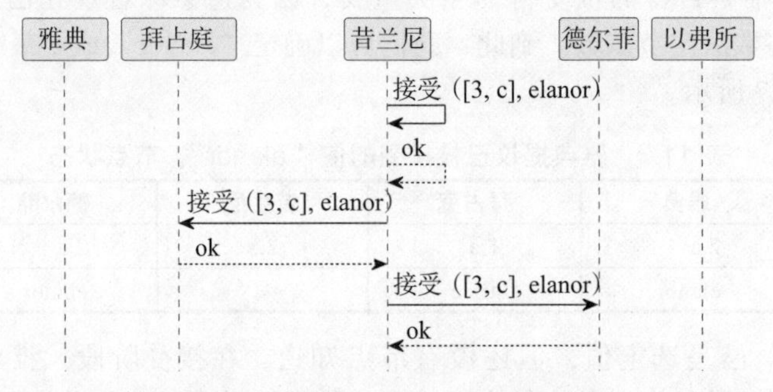


图 11.11 接受阶段昔兰尼提出了已经被接受的值“elanor”

我们尽可以增添复杂性，使节点持续崩溃或唤醒，然而显而易见的是，“elanor”注定会占据上风。只要大部分节点处于在线状态，至少会有一个节点接纳“elanor”并将其作为接受值。因此，任何后续尝试重返准备阶段的节点，终将必定得悉“elanor”已被接受。于是，让我们以昔兰尼进入提交阶段作为本例的收尾（图 11.12）。

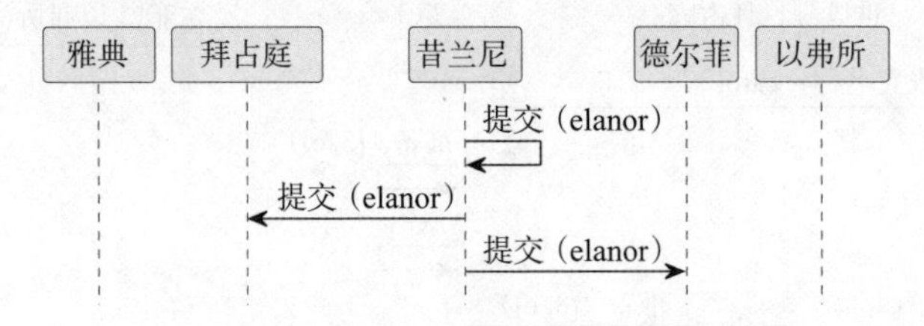


图 11.12 昔兰尼提交了值“elanor”

将来某一刻，雅典和以弗所重返在线状态时，将察觉到多数节点已经达成共识，选定了“elanor”。

### 1. 请求不需要被拒绝

在上述案例中，我们观察到当请求携带的生成时钟落后时，接受者会拒绝该请求。然而，

协议并不要求明确地拒绝这类请求。根据协议的规定，接受者完全可以对过时的请求置之不理，协议依旧能够保证最终达成一致的共识值。这一点对于协议而言至关重要，因为在一个分布式系统中，连接可能随时中断，因此不宜依赖于拒绝消息来保障协议的安全性。(安全性意味着协议只选择一个值，一旦选择，就不会被覆盖。)

然而，发送拒绝仍然很有用，可以提升系统性能。提议者如果能及时发现自己的提案已经过期，便可以更快地发起新一轮提案，并采用更高的生成时钟。

#### 2. 相互竞争的提议者可能无法进行选择

这种协议可能出现的一种错误是，两个（或更多）提议者陷入了相互竞争的循环，这种情况被称作活锁。

“alice”被雅典和拜占庭接受。

“elanor”被所有节点准备，阻止了“alice”获得多数法定节点数。

“elanor”被德尔菲和以弗所接受。

“alice”被所有节点准备，阻止了 elanor 获得多数法定节点数。

“alice”被雅典和拜占庭接受。

……如此循环。

我们可以这样降低活锁发生的概率：每个提议者在需要选定新世代时，都必须等待一段随机的时间。在这段时间内可能提议者的提议被多数节点接受，避免了竞争者向全体节点发送准备请求。但活锁仍然有可能发生。

这是一种权衡：在安全性与活跃性之间选择其一，而 Paxos 协议优先确保了安全性。

### 11.2.2　键值存储示例

Paxos 协议能够在单个值上达成共识，这通常称作单次裁决 Paxos（Single-degree Paxos，也称基础 Paxos）。多数主流产品（如 Azure Cosmos DB 或 Google Spanner）采用的是 Paxos 的变种，该变种通过复制日志来实现，被称为多次裁决 Paxos（Multi-Paxos）。

基础 Paxos 能够实现一个简易的键值存储系统，Apache Cassandra 使用基础 Paxos 来实现其轻量级事务。

键值存储为每个键维护一个 Paxos 实例。

```
class PaxosPerKeyStore...

  int serverId;
  public PaxosPerKeyStore(int serverId) {
      this.serverId = serverId;
  }

  Map<String, Acceptor> key2Acceptors = new HashMap<String, Acceptor>();
  List<PaxosPerKeyStore> peers;
```

接受者存储承诺的生成时钟、接受的生成时钟与接受值。

```
class Acceptor...

  public class Acceptor {
      MonotonicId promisedGeneration = MonotonicId.empty();
```

```
    Optional<MonotonicId> acceptedGeneration = Optional.empty();
    Optional<Command> acceptedValue = Optional.empty();

    Optional<Command> committedValue = Optional.empty();
    Optional<MonotonicId> committedGeneration = Optional.empty();

    public AcceptorState state = AcceptorState.NEW;
    private BiConsumer<Acceptor, Command> kvStore;
```

当键和值被放到键值存储时，会运行 Paxos 协议。

```
class PaxosPerKeyStore...

  int maxKnownPaxosRoundId = 1;
  int maxAttempts = 4;
  public void put(String key, String defaultProposal) {
      int attempts = 0;
      while(attempts <= maxAttempts) {
          attempts++;
          var requestId = new MonotonicId(maxKnownPaxosRoundId++, serverId);
          var setValueCommand = new SetValueCommand(key, defaultProposal);

          if (runPaxos(key, requestId, setValueCommand)) {
              return;
          }
          Uninterruptibles
                  .sleepUninterruptibly(ThreadLocalRandom
                          .current().nextInt(100), MILLISECONDS);
          logger.warn("Experienced Paxos contention. " +
                  "Attempting with higher generation");
      }
      throw new WriteTimeoutException(attempts);
  }

  private boolean runPaxos(String key,
                           MonotonicId generation,
                           Command initialValue) {
      var allAcceptors = getAcceptorInstancesFor(key);
      var prepareResponses = sendPrepare(generation, allAcceptors);
      if (isQuorumPrepared(prepareResponses)) {
          Command proposedValue = getValue(prepareResponses, initialValue);
          if (sendAccept(generation, proposedValue, allAcceptors)) {
              sendCommit(generation, proposedValue, allAcceptors);
          }
          if (proposedValue == initialValue) {
              return true;
          }
      }
      return false;
  }

  public Command getValue(List<PrepareResponse> prepareResponses,
                          Command initialValue) {
      var mostRecentAcceptedValue =
              getMostRecentAcceptedValue(prepareResponses);
      var proposedValue
```

```
                = mostRecentAcceptedValue.acceptedValue.isEmpty()
                ? initialValue
                : mostRecentAcceptedValue.acceptedValue.get();
        return proposedValue;
    }

    private PrepareResponse getMostRecentAcceptedValue(List<PrepareResponse>
                                                        prepareResponses) {

        return prepareResponses
                .stream()
                .max(Comparator
                        .comparing(r ->
                                r.acceptedGeneration
                                        .orElse(MonotonicId.empty()))).get();
    }
```

*class Acceptor...*

```
    public PrepareResponse prepare(MonotonicId generation) {

        if (promisedGeneration.isAfter(generation)) {
            return new PrepareResponse(false,
                    acceptedValue,
                    acceptedGeneration,
                    committedGeneration,
                    committedValue);
        }
        promisedGeneration = generation;
        state = AcceptorState.PROMISED;
        return new PrepareResponse(true,
                acceptedValue,
                acceptedGeneration,
                committedGeneration,
                committedValue);

    }
```

*class Acceptor...*

```
    public boolean accept(MonotonicId generation, Command value) {
        if (generation.equals(promisedGeneration)
                || generation.isAfter(promisedGeneration)) {
            this.promisedGeneration = generation;
            this.acceptedGeneration = Optional.of(generation);
            this.acceptedValue = Optional.of(value);
            return true;
        }
        state = AcceptorState.ACCEPTED;
        return false;
    }
```

只有当值被成功提交时，它才会实现键值存储。

*class Acceptor...*

```
    public void commit(MonotonicId generation, Command value) {
        committedGeneration = Optional.of(generation);
```

```
        committedValue = Optional.of(value);
        state = AcceptorState.COMMITTED;
        kvStore.accept(this, value);
    }
```

*class PaxosPerKeyStore...*

```
    private void accept(Acceptor acceptor, Command command) {
        if (command instanceof SetValueCommand) {
            var setValueCommand = (SetValueCommand) command;
            kv.put(setValueCommand.getKey(), setValueCommand.getValue());
        }
        acceptor.resetPaxosState();
    }
```

Paxos 状态必须持久化，这可以通过预写日志来轻松实现。

### 1. 处理多个值

值得注意的是，Paxos 被证实仅适用于单个值的共识。因此，若要利用单值 Paxos 协议处理多个值，就需要在协议规范之外进行操作。一种可行的方法是重置状态，并分别存储已提交的值，以确保这些值不会丢失。

*class Acceptor...*

```
    public void resetPaxosState() {
        //This implementation has issues if committed values are not stored
        //and handled separately in the prepare phase.
        //See Apache Cassandra implementation as a reference.
        promisedGeneration = MonotonicId.empty();
        acceptedGeneration = Optional.empty();
        acceptedValue = Optional.empty();
    }
```

另一种方法，即 CAS Paxos（Rystsov，2018）中所描述的方案，它通过对基础 Paxos 进行细微的调整，允许设定多个值，这已经超越了基础 Paxos 的范畴，因此，在实际应用中我们首选复制日志。

### 2. 读取值

Paxos 依靠准备阶段来探测任何尚未提交的值。因此，如果使用基础 Paxos 来实现如前所述的键值存储，读取操作同样需要执行完整的 Paxos 算法。

*class PaxosPerKeyStore...*

```
    public String get(String key) {
        int attempts = 0;
        while(attempts <= maxAttempts) {
            attempts++;
            var requestId = new MonotonicId(maxKnownPaxosRoundId++, serverId);
            var getValueCommand = new NoOpCommand(key);
            if (runPaxos(key, requestId, getValueCommand)) {
                return kv.get(key);
            }

            Uninterruptibles
```

```
                    .sleepUninterruptibly(ThreadLocalRandom
                            .current()
                            .nextInt(100), MILLISECONDS);
            logger
                    .warn("Experienced Paxos contention. " +
                            "Attempting with higher generation");
        }
        throw new WriteTimeoutException(attempts);
    }
```

### 11.2.3 弹性 Paxos

Paxos 的最初描述中，准备阶段和接受阶段都要求达到多数法定节点数。然而，Heidi Howard 以及其他研究人员在近期的研究（Howard，2016）中指出，Paxos 的主要要求是在准备阶段和接受阶段有重叠。只要保证了这一要求，就无须两个阶段全部都符合仲裁机制。

## 11.3 示例

- Apache Cassandra 使用 Paxos 来实现轻量级事务。
- 所有共识算法，例如 Raft，都使用了与基本 Paxos 类似的概念。两阶段提交、仲裁机制和生成时钟也使用了类似的方法。

# 第12章 复制日志

复制日志技术通过在集群所有节点间复制预写日志，保持了多节点状态的同步。

## 12.1 问题的提出

当多节点共享状态时，这个状态需要保持同步。即使某些节点崩溃或断开连接，集群中的所有节点也必须对状态达成一致。这要求对每个状态的变更请求达成共识。但是，仅对单个请求达成共识是不够的。每个副本还必须以相同的顺序执行请求，否则可能导致不同副本达到不同的最终状态，即使它们已经就单个请求达成了共识。

## 12.2 解决方案

集群内的节点需要维护预写日志。每条日志记录包含了达成共识所需的状态与用户请求。集群节点通过日志记录达成共识进行协调，确保所有节点拥有一致的预写日志。请求按照每个日志中的顺序执行，由于所有集群节点就每条日志记录达成了共识，所以它们按照相同的顺序执行相同的请求。这确保了所有集群节点共享相同的状态。

这种基于多数法定节点数的容错共识机制分为两个阶段：第一个阶段是建立生成时钟，并获取之前已达共识的日志记录；第二个阶段是在所有节点上复制请求。

若每个状态变更请求都分两个阶段执行，效率会很低。因此，集群在启动时选出一个主节点。在选举阶段建立生成时钟，检测出已经复制到多数节点的所有日志记录。稳定的主节点选出后，它将负责协调日志记录的复制。客户端与主节点通信，主节点将其请求加入日志，并确保复制到所有从节点。一旦日志记录成功复制到多数节点，便达成共识。这样，在有稳定主节点的情况下，每个状态变更只需一个阶段即可达成共识。

**故障假设**

根据不同的故障假设，使用不同的算法构建对日志记录的共识。最常用的假设是崩溃故障。在崩溃故障中，故障节点会停止工作。更复杂的假设是拜占庭故障，在此情况下，故障节点可能会被黑客控制而进行任意行动，甚至故意传递错误数据，如进行欺诈交易。

大多数企业级系统，包括数据库、消息代理和企业区块链产品（如 Hyperledger Fabric），都假设系统可能遇到崩溃故障。因此，像 Raft 和 Paxos 这样经常使用的共识算法，都是基于崩溃故障的假设构建的。

像 PBFT[⊖]（Castro，1999）这类算法用于应对拜占庭故障的系统。PBFT 算法以类似的方式使用日志，为了能够应对拜占庭故障，它实施了三个阶段的执行过程，并要求至少有 $3f+1$ 个多数法定节点，其中 $f$ 代表系统可以应对的最大故障节点数。

### 12.2.1 Multi-Paxos 和 Raft

Multi-Paxos 和 Raft 是实现复制日志的最受欢迎的算法。Multi-Paxos 虽已被 Google Spanner

⊖ PBFT（Practical Byzantine Fault Tolerance）。——译者注

和 Azure Cosmos DB 等云数据库采用，但实现细节还有待完善。Raft 清晰记录了实现细节，成为多数开源系统的首选。

### 12.2.2 复制客户端请求

对于每条日志记录，主节点首先将其添加到本地预写日志，然后复制到所有从节点（图 12.1）。

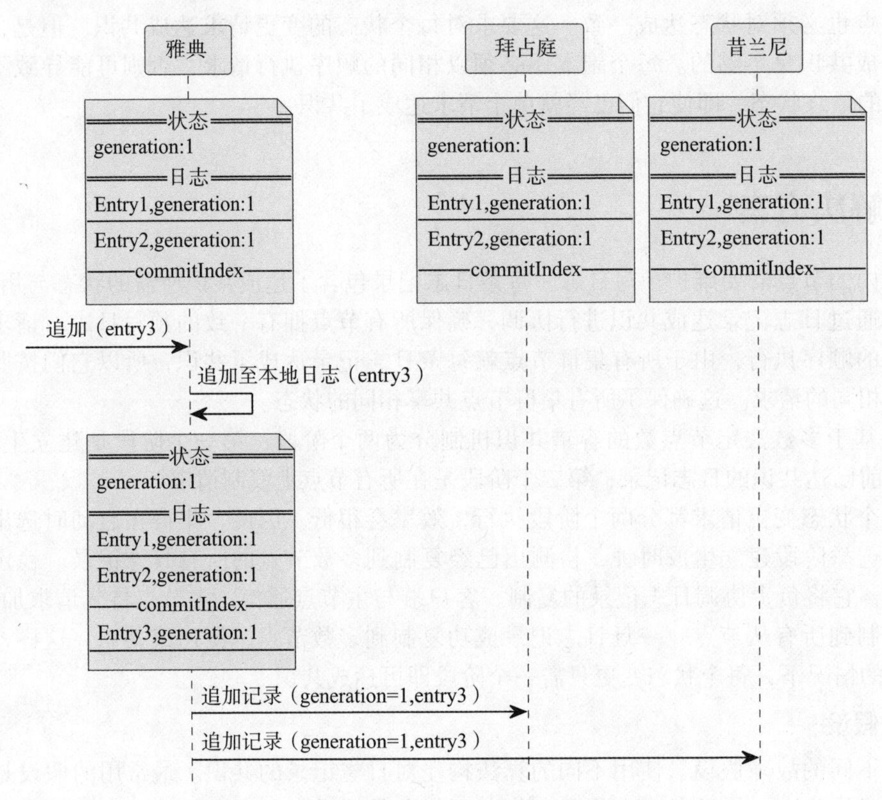


图 12.1 主节点将记录追加到本地预写日志中

```
leader (class ReplicatedLog...)

  private Long appendAndReplicate(byte[] data) {
      Long lastLogEntryIndex = appendToLocalLog(data);
      replicateOnFollowers(lastLogEntryIndex);
      return lastLogEntryIndex;
  }

  private void replicateOnFollowers(Long entryAtIndex) {
      for (final FollowerHandler follower : followers) {
          replicateOn(follower, entryAtIndex); //send replication requests to followers
      }
  }
```

从节点处理复制请求，将日志记录追加到本地日志。成功追加后，从节点向主节点反馈最新日志记录索引（图 12.2）。

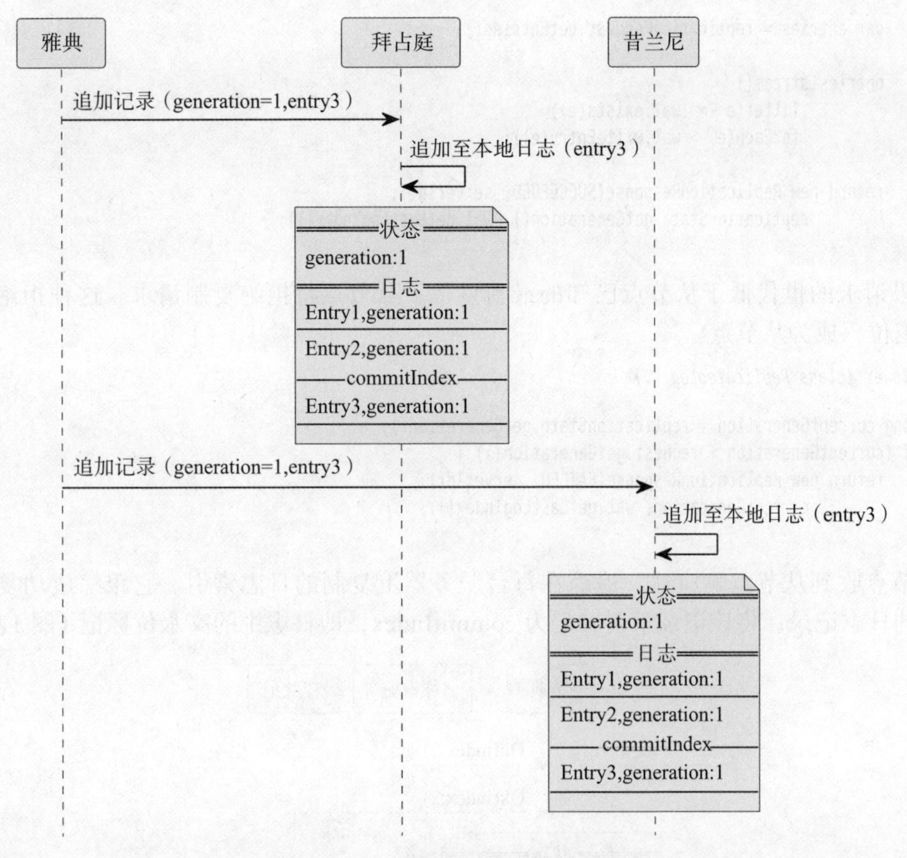


图 12.2 从节点将记录追加到日志中

响应还包含服务器当前的世代时钟。每个从节点检查日志记录是否存在或超出正在复制的记录。已存在的记录将被忽略。如果存在不同世代的记录，将移除冲突记录。

*follower (class ReplicatedLog...)*

```
void maybeTruncate(ReplicationRequest replicationRequest) {
    replicationRequest.getEntries().stream()
            .filter(this::isConflicting)
            .forEach(this::truncate);
}
private boolean isConflicting(WALEntry requestEntry) {
    return wal.getLastLogIndex() >= requestEntry.getEntryIndex()
            && requestEntry.getGeneration()
            != wal.getGeneration(requestEntry.getEntryIndex());
}

private void truncate(WALEntry entry) {
    wal.truncate(entry.getEntryIndex());
}
```

*follower (class ReplicatedLog...)*

```
private ReplicationResponse appendEntries(ReplicationRequest replicationRequest) {
```

```
    var entries = replicationRequest.getEntries();

    entries.stream()
            .filter(e -> !wal.exists(e))
            .forEach(e -> wal.writeEntry(e));

    return new ReplicationResponse(SUCCEEDED, serverId(),
            replicationState.getGeneration(), wal.getLastLogIndex());
}
```

如果请求的世代低于从节点已知的最新世代，从节点将拒绝复制请求。这种拒绝将通知主节点退位，成为从节点。

*follower (class ReplicatedLog...)*

```
Long currentGeneration = replicationState.getGeneration();
if (currentGeneration > request.getGeneration()) {
    return new ReplicationResponse(FAILED, serverId(),
            currentGeneration, wal.getLastLogIndex());
}
```

主节点收到从节点响应后，追踪在每台服务器上复制的日志索引。它跟踪成功复制到多数节点的日志记录，将该记录索引确定为commitIndex，即日志中的高水位标记（图12.3）。

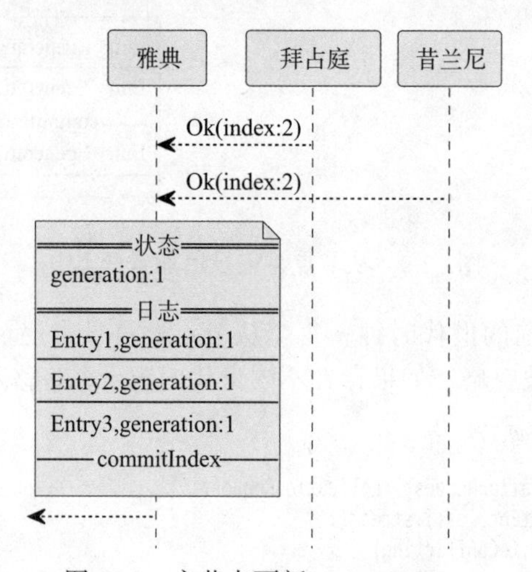


图12.3　主节点更新commitIndex

*leader (class ReplicatedLog...)*

```
logger.info("Updating matchIndex for "
        + response.getServerId()
        + " to "
        + response.getReplicatedLogIndex());

updateMatchingLogIndex(response.getServerId(),
        response.getReplicatedLogIndex());

var logIndexAtQuorum = computeHighwaterMark(logIndexesAtAllServers(),
        config.numberOfServers());
```

```
var currentHighWaterMark = replicationState.getHighWaterMark();

if (logIndexAtQuorum > currentHighWaterMark && logIndexAtQuorum != 0) {
    applyLogEntries(currentHighWaterMark, logIndexAtQuorum);
    replicationState.setHighWaterMark(logIndexAtQuorum);
}
```

*leader (class ReplicatedLog...)*

```
Long computeHighwaterMark(List<Long> serverLogIndexes, int noOfServers) {
    serverLogIndexes.sort(Long::compareTo);
    return serverLogIndexes.get(noOfServers / 2);
}
```

*leader (class ReplicatedLog...)*

```
private void updateMatchingLogIndex(int serverId, long replicatedLogIndex) {
    FollowerHandler follower = getFollowerHandler(serverId);
    follower.updateLastReplicationIndex(replicatedLogIndex);
}
```

*leader (class ReplicatedLog...)*

```
public void updateLastReplicationIndex(long lastReplicatedLogIndex) {
    this.matchIndex = lastReplicatedLogIndex;
}
```

### 1. 完全复制

确保所有集群节点接收到主节点的所有日志记录非常重要，即使当它们断开连接或崩溃后重启时也是如此。Raft 通过特定机制确保所有节点接收到主节点的所有日志记录。在 Raft 中，对于每个复制请求，主节点还会发送被复制记录之前的日志索引和世代。如果从节点的本地日志与之不一致，将拒绝请求。这是为了让主节点知道，从节点的日志需要同步旧记录。

*follower (class ReplicatedLog...)*

```
if (!wal.isEmpty()
        && request.getPrevLogIndex() >= wal.getLogStartIndex()
        && isPreviousEntryGenerationMismatched(request)) {
    return new ReplicationResponse(FAILED, serverId(),
            replicationState.getGeneration(), wal.getLastLogIndex());
}
```

*follower (class ReplicatedLog...)*

```
private boolean isPreviousEntryGenerationMismatched(ReplicationRequest request) {
    return generationAt(request.getPrevLogIndex())
            != request.getPrevLogGeneration();
}

private Long generationAt(long prevLogIndex) {
    WALEntry walEntry = wal.readAt(prevLogIndex);

    return walEntry.getGeneration();
}
```

因此，主节点维护另一个名为 matchIndex 索引，标记了从节点日志同步的最新位置。如果复制请求被拒绝，表明需要同步之前的一些日志记录，主节点减小 matchIndex 值，并尝试发送较低索引处的日志记录。这一过程一直持续到从节点接受复制请求。

```
leader (class ReplicatedLog...)

  //rejected because of conflicting entries, decrement matchIndex
  FollowerHandler peer = getFollowerHandler(response.getServerId());
  logger.info("decrementing nextIndex for peer "
          + peer.getId() + " from " + peer.getNextIndex());
  peer.decrementNextIndex();
  replicateOn(peer, peer.getNextIndex());
```

这种对早期日志索引和世代的核查，让主节点能发现两类关键问题：

（1）如果从节点日志缺少某些记录，比如从节点仅有一条记录，而主节点试图复制第三条记录，则请求会被拒绝，直至主节点复制并同步第二条记录。

（2）如果从节点日志中早期记录属于不同世代，无论是高于还是低于主节点日志中对应记录的世代，主节点都会尝试从更低索引处开始复制记录，直至请求被接受。从节点将截断世代不匹配的记录。

通过这种方法，主节点持续地努力将其日志推送给所有从节点，利用之前的索引来检测丢失的或冲突的记录。这确保了所有集群节点最终都能从主节点那里接收所有的日志记录，即使它们曾经断开连接一段时间。

Raft 协议中没有专门的提交消息，而是将 commitIndex 作为正常复制请求的一部分进行发送。即使是空的复制请求，也作为心跳发出，因此 commitIndex 会作为心跳消息的一部分发送给从节点。

### 2. 按顺序执行日志记录

一旦主节点更新了 commitIndex，它将按顺序执行日志记录，从 commitIndex 的最后一个值到最新值。客户端请求完成，日志记录执行完毕后，将响应返回给客户端。

```
class ReplicatedLog...

  private void applyLogEntries(Long previousCommitIndex, Long commitIndex) {
      for (long index = previousCommitIndex + 1; index <= commitIndex; index++) {
          WALEntry walEntry = wal.readAt(index);
          logger.info("Applying entry at " + index + " on server " + serverId());
          var responses = stateMachine.applyEntry(walEntry);
          completeActiveProposals(index, responses);
      }
  }
```

主节点还将 commitIndex 包含在发送给从节点的心跳中。从节点以同样方式更新 commitIndex 并处理记录。commitIndex 是高水位标记的一个案例。

```
class ReplicatedLog...

  private void updateHighWaterMark(ReplicationRequest request) {
      if (request.getHighWaterMark() > replicationState.getHighWaterMark()) {
          var previousHighWaterMark = replicationState.getHighWaterMark();
          replicationState.setHighWaterMark(request.getHighWaterMark());
```

```
        applyLogEntries(previousHighWaterMark, request.getHighWaterMark());
    }
}
```

## 12.2.3 主节点选举

为了降低多个集群节点同时启动主节点选举的可能性，每个节点在触发选举前会随机等待一段时间。这样可以确保最多有一个节点开始选举并最终胜出。

主节点选举是需要所有集群节点达成一致的过程。Raft 及其他共识算法在最坏情况下允许不达成一致，这时一致性被视为比可用性更重要。以 Cloudflare 事件为例，即使出现过时的主节点，系统也能够容忍。在这类情况下，世代时钟确保只有一个主节点能成功地使从节点接收请求。

在主节点选举阶段，检测上次仲裁中已提交的日志记录。集群中的每个节点处于三种状态之一：候选节点、主节点或从节点。集群节点以从节点状态开始，期待现有主节点的心跳。若从节点在预定时间内未收到心跳，便转为候选节点状态，并发起主节点选举。主节点选举算法建立新的世代时钟，在 Raft 中称为“任期”。

主节点选举机制确保选出的主节点拥有多数法定节点数的最新日志记录。这是由 Raft 优化的过程，避免了之前已复制到多数节点的日志记录转移到新主节点。新主节点选举是通过向每个同等地位的服务器发送请求投票消息发起的。

```
class ReplicatedLog...

  private void startLeaderElection() {
      replicationState.setGeneration(replicationState.getGeneration() + 1);
      registerSelfVote();
      requestVoteFrom(followers);
  }
```

一旦服务器在特定世代获得投票，则在该世代总是返回相同的投票。这保证了一旦某次选举成功，请求为同世代投票的其他服务器不会当选。投票请求处理如下：

```
class ReplicatedLog...

  VoteResponse handleVoteRequest(VoteRequest voteRequest) {
      //for a higher generation, requester becomes follower.
      // But we do not know who the leader is yet.
      if (voteRequest.getGeneration() > replicationState.getGeneration()) {
          becomeFollower(LEADER_NOT_KNOWN, voteRequest.getGeneration());
      }

      VoteTracker voteTracker = replicationState.getVoteTracker();
      if (voteRequest.getGeneration() == replicationState.getGeneration()
              && !replicationState.hasLeader()) {

          if (isUptoDate(voteRequest) && !voteTracker.alreadyVoted()) {
              voteTracker.registerVote(voteRequest.getServerId());
              return grantVote();
          }
```

```
        if (voteTracker.alreadyVoted()) {
            return voteTracker.votedFor == voteRequest.getServerId() ?
                    grantVote() : rejectVote();
        }
    }
    return rejectVote();
}

private boolean isUptoDate(VoteRequest voteRequest) {
    Long lastLogEntryGeneration = voteRequest.getLastLogEntryGeneration();
    Long lastLogEntryIndex = voteRequest.getLastLogEntryIndex();
    return lastLogEntryGeneration > wal.getLastLogEntryGeneration()
            || (lastLogEntryGeneration == wal.getLastLogEntryGeneration() &&
                lastLogEntryIndex >= wal.getLastLogIndex());
}
```

服务器获得多数投票后，成为主节点。多数是基于前述多数节点法定数确定的。一旦当选，主节点将持续向所有从节点发送心跳。如果从节点在规定时间间隔内没收到心跳，将触发新一轮主节点选举。

### 1. 前任日志记录

如前所述，共识算法的第一阶段检测先前已复制的值。关键是，这些值提出时，都使用最新世代。第二阶段只有在当前世代下提出的值，才会提交。Raft 不会为日志中已有记录更新世代。如果主节点含有之前世代的日志记录，而部分从节点缺失这些记录，主节点不能仅根据多数节点法定数的要求便将这些记录标记为已提交。这是因为可能存在其他当前不可用的服务器，它们在同索引处拥有更高世代的记录。如果主节点未复制当前世代记录便退位，那些记录可能被新主节点覆盖。因此，在 Raft 中，新主节点必须在其世代内提交至少一条记录，然后才能安全提交所有先前记录。多数 Raft 实现在选举后立即提交空操作记录，以确保处理客户端请求前，主节点已准备就绪。详见 Raft 论文 3.6.1 节。

### 2. 主节点选举示例

假设有雅典、拜占庭、昔兰尼、德尔菲和以弗所五个服务器。以弗所是世代 1 的主节点。它已将记录复制给自己、德尔菲和雅典（图 12.4）。

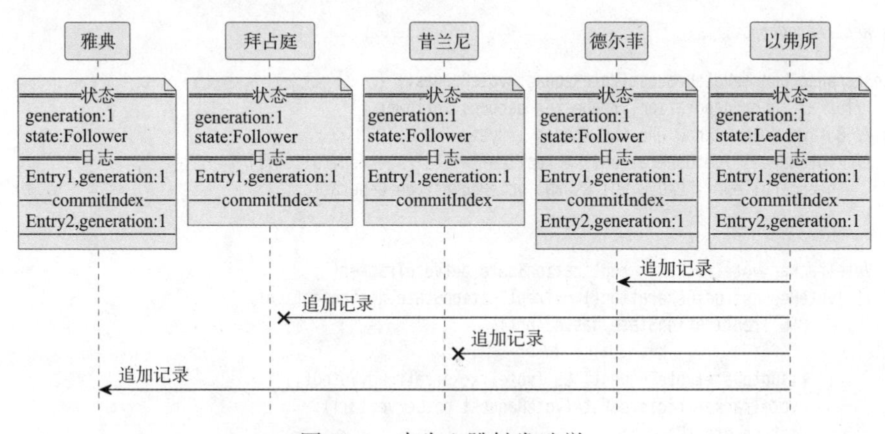


图 12.4 丧失心跳触发选举

此时，以弗所和德尔菲与集群的其他节点断开了连接。由于拜占庭设置了最短的选举超时时间，因此首先触发了选举，并将世代递增至2。昔兰尼的世代低于2，但它拥有与拜占庭相同的日志记录，因此投票支持拜占庭。然而，由于雅典的日志中含有额外的记录，它拒绝了拜占庭的投票请求。最终，因为拜占庭未能获得三票的多数支持（图12.5），因此败选并回到了从节点状态（图12.6）。

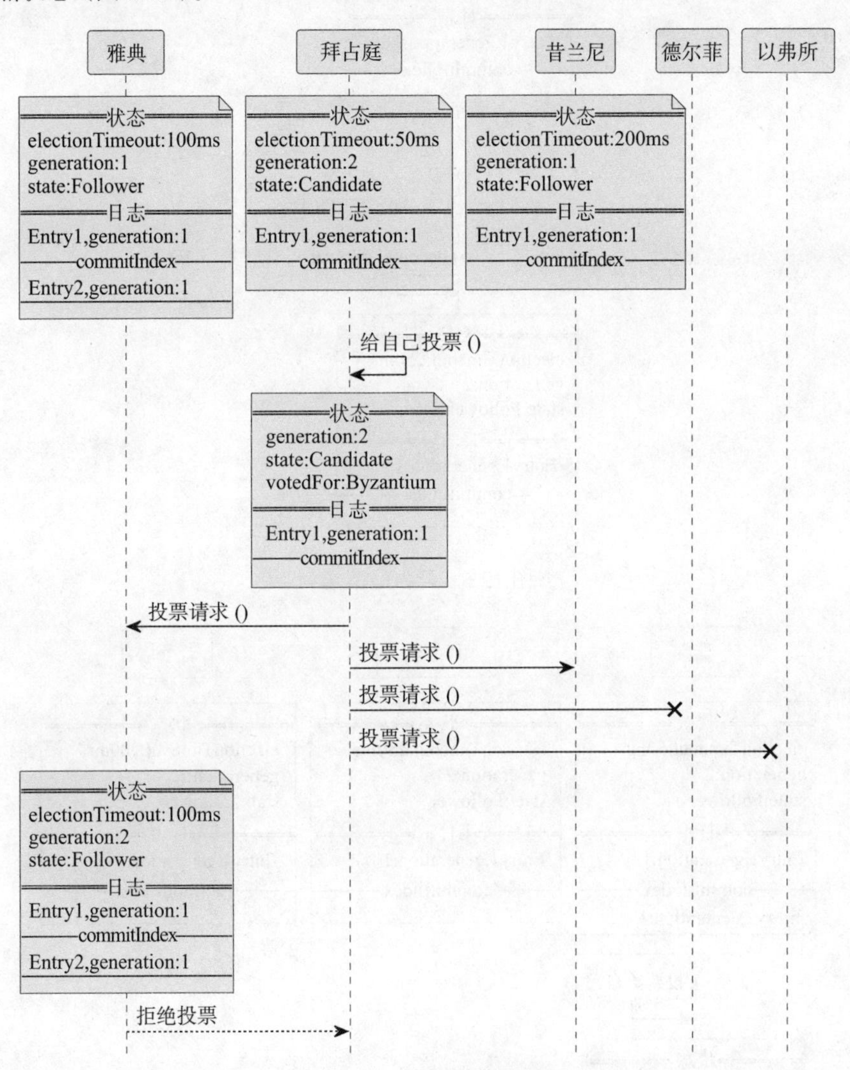


图12.5　拜占庭无法获得多数投票

雅典因超时而随后启动选举（图12.7）。它把世代递增到3，并向拜占庭和昔兰尼发出投票请求。由于拜占庭和昔兰尼的世代和日志记录数量都低于雅典，因此它们都投票支持雅典。雅典获得的票数一旦达到多数法定节点数便成为主节点，并开始向拜占庭和昔兰尼发送心跳（图12.8）。当拜占庭和昔兰尼从更高世代的主节点那里收到心跳后，便确认雅典的主节点地位。随后，雅典开始向拜占庭和昔兰尼复制其日志记录。

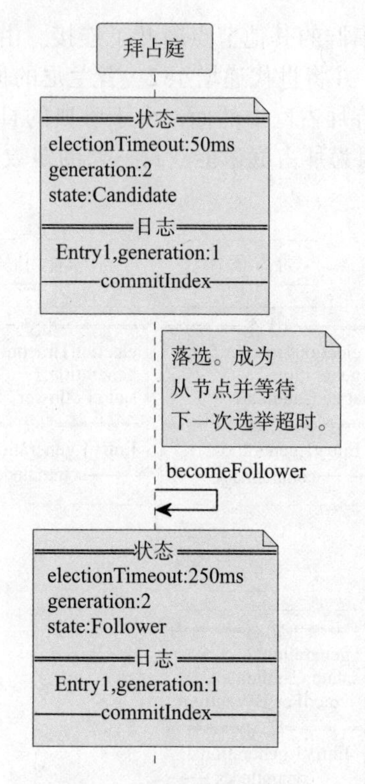


图 12.6 拜占庭落选

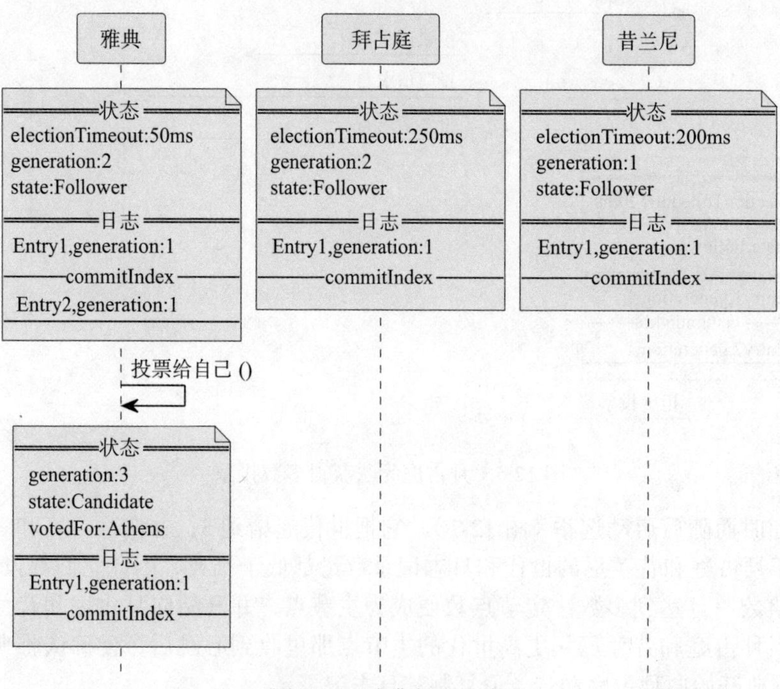


图 12.7 雅典触发选举

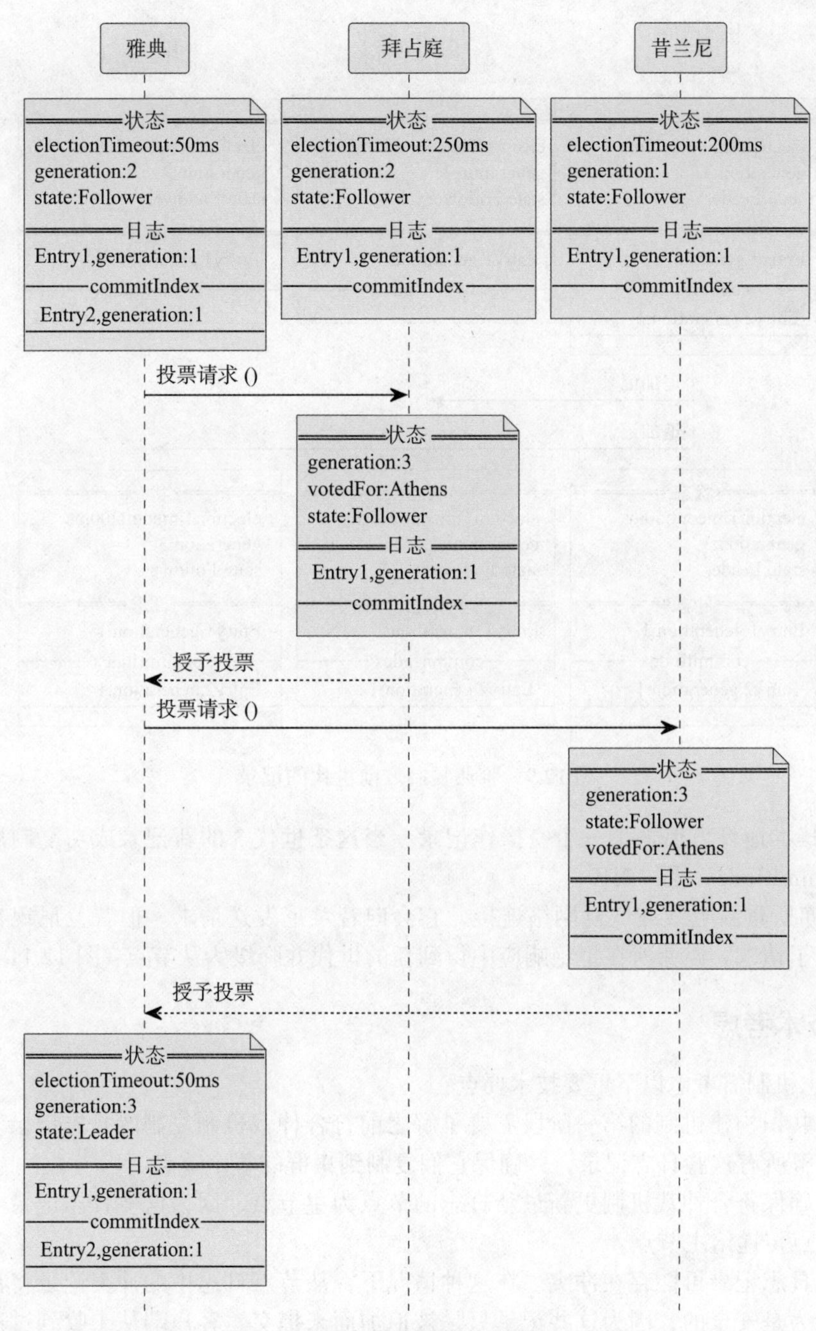


图 12.8　雅典赢得选举

现在，雅典将世代 1 的记录 2 复制给拜占庭和昔兰尼。但是因为该记录来自之前的世代，即使记录 2 的成功复制数达到多数法定节点数（图 12.9），也不更新 commitIndex。

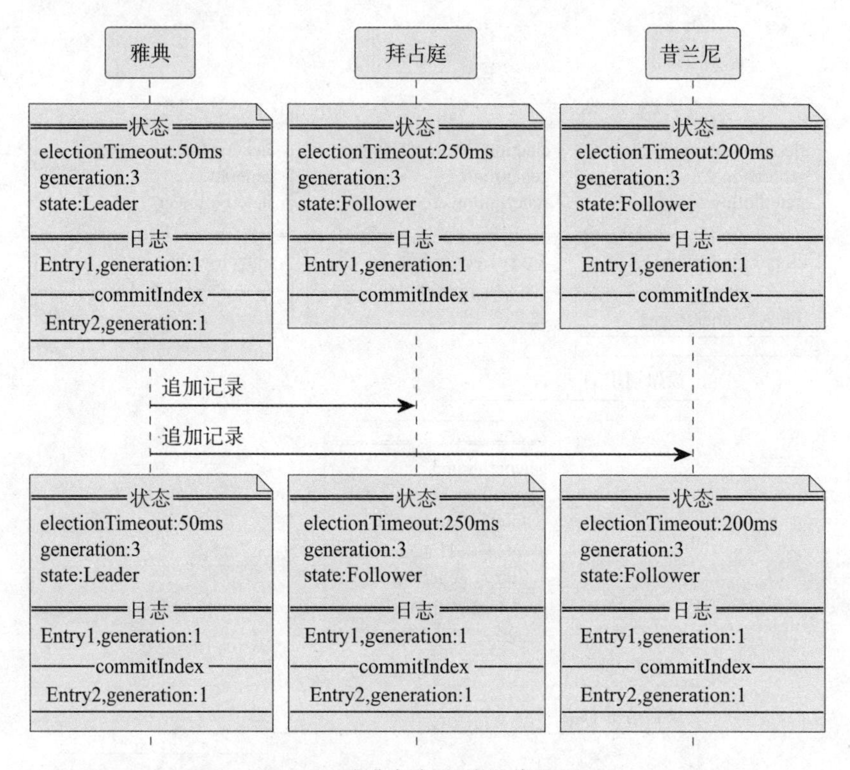


图 12.9 雅典复制之前世代的记录

雅典向其本地日志追加了一个空操作记录。当这条世代 3 的新记录成功复制后，雅典便更新了其 commitIndex（图 12.10）。

如果以弗所重新上线或恢复网络连接，它会向昔兰尼发送请求。但昔兰尼现在的世代是 3，所以拒绝了请求。以弗所在拒绝响应中得到新的世代并降级为从节点（图 12.11）。

### 12.2.4 技术考虑

复制日志机制需考虑以下重要技术要点：

- 任何共识构建机制的第一阶段需要了解之前符合仲裁机制复制的日志记录。主节点需要了解所有这些日志记录，并确保它们复制到集群的每个节点。

  Raft 确保符合仲裁机制更新最新日志的节点为主节点，因为这些日志记录不需要由其他节点传递给主节点。

  有些日志记录可能存在冲突。在这种情况下，从节点日志中的冲突记录将被覆盖。这被认为是安全的，因为这些记录只是被追加而未提交，客户端从未收到过这些记录的确认。

- 集群中的一些节点可能会滞后，原因可能是它们崩溃后重新启动或者与主节点断开连接。主节点需要追踪集群的每个节点，并确保发送所有缺失的日志记录。

  Raft 维护集群中每个节点的状态，以便知道日志记录成功复制到每个节点的日志索引。对集群中的每个节点的复制请求与该日志索引的所有记录一起发送，确保集群中的每个节点获得所有日志记录。

- 客户端必须找到主节点以发送请求。这一步骤是必要的，因为主节点确保请求按照顺序执行，并且只在符合仲裁机制复制后才执行这些请求。关于客户端如何与复制日志互动以找到主节点的细节，我们在第25章中有所阐述。检测由客户端重试所引起的重复请求将由幂等接收器处理。

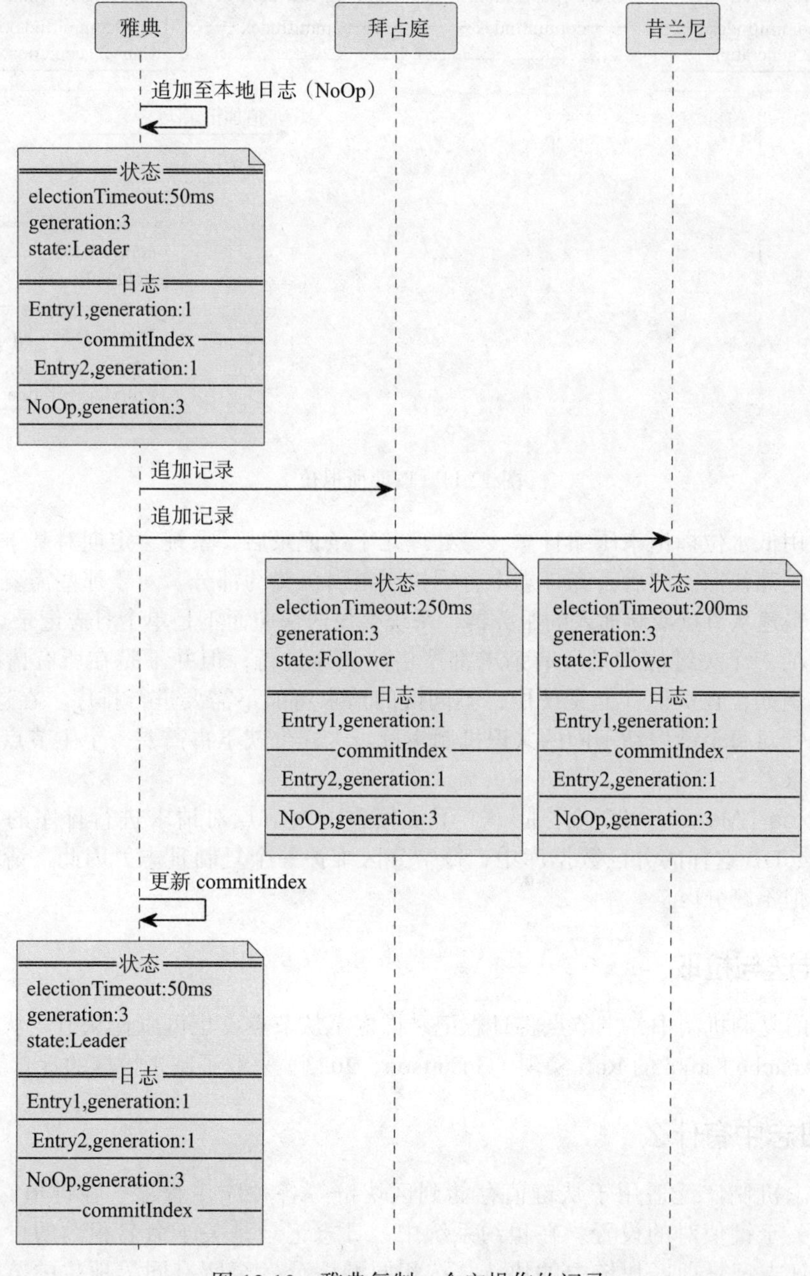


图12.10 雅典复制一个空操作的记录

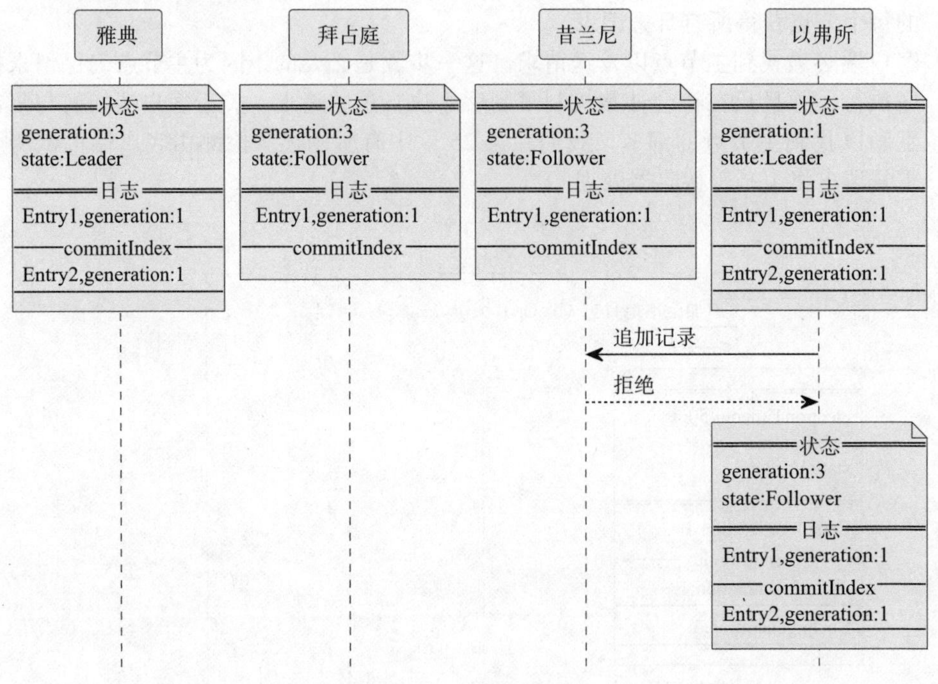


图 12.11 以弗所退位

- 通常用低水位标记来压缩日志。每处理几千条记录后，系统会定期对基于复制日志的存储创建快照。然后丢弃日志中直到快照索引位置的部分。对于那些需要发送完整日志的慢速从节点或新加入的服务器，系统会发送快照而不是单个日志记录。
- 这里的一个关键假设是所有请求都严格按顺序进行，但并不是在所有情况下都有必要。例如，在键值存储系统中，不同键的请求可能不需要进行排序。在这种情况下，可以针对每个键启动不同的共识机制实例。这样也就不再需要一个主节点来处理所有的请求。

  EPaxos（Moraru，2013）是一个不依赖单一主节点对请求进行排序的算法。在像 MongoDB 这样的分区数据库中，每个分区维护一个复制日志。因此，请求按分区排序，但不跨分区。

## 12.2.5 推送与拉取

在 Raft 的复制机制中，主节点将日志记录推送至从节点，也可以让从节点从主节点拉取日志记录。Apache Kafka 的 Raft 实现（Gustafson，2023）采取了基于拉取的日志复制方式。

## 12.2.6 日志中有什么

复制日志机制广泛适用于从键值存储到区块链等各种应用程序。在键值存储系统中，日志记录是关于键值对的设置。在租约系统中，日志记录是关于命名租约的设置。在区块链应用中，日志记录即区块链中的块，需按相同顺序分发至所有同等地位的节点。对于像

MongoDB这样的数据库，日志记录是需一致性复制的数据。更广泛地，任何引起状态变更的请求都会记录在日志中。

### 跳过日志读请求

复制日志通常作为数据存储的预写日志。数据存储处理的读请求远多于写请求，读请求对延迟更为敏感。因此，许多实现了复制日志的系统（如使用Raft的etcd或Apache ZooKeeper）直接从键值存储处理读请求，以规避复制日志带来的额外开销。

一个关键问题是，如果主节点与集群的其他节点断开连接，读请求可能返回陈旧数据。在标准的复制日志中，主节点不能处理任何单方面写入日志的请求，这种方式提升了系统安全性，理由如下：

- 只有在完成复制请求的节点数达到多数法定节点数之后，主节点才能执行该请求。
- 多数法定节点数保证了一旦请求获得足够多的支持就不会丢失。
- 日志提供了请求的严格顺序。因此，在执行请求时，可以保证能看到前一个请求的结果。

如果不采用此机制，可能会出现一些问题。对于键值存储系统的读请求，即使客户端从它认为的主节点读数据，也可能会读到过时的值，从而在最新的更新中丢失。

以雅典、拜占庭和昔兰尼三个节点为例，雅典是主节点。这三个节点的title键有共同的当前值“Nitroservices”(图12.12)。

图12.12　在三个节点上实现复制日志的初始值

设想雅典与集群的其他节点断开了连接，拜占庭和昔兰尼随后举行选举，昔兰尼成为新主节点。雅典除非收到消息（比如心跳或新主节点要求其退位的响应）否则不会意识到已断开连接。Alice与昔兰尼通信，将title更新为“Microservices”。随后，Bob尝试从雅典获取title的最新值。雅典仍视自己为主节点，返回其所知的最新值。在Alice成功更新该值之后，Bob最终得到的是陈旧值，尽管他认为该值来自合法主节点（图12.13）。

如etcd和Consul等产品发现存在这些问题，并已修复。Apache ZooKeeper明确记录了此限制，并不能保证读请求总能获最新值。

对于这个问题有两个解决方案：

- 在处理读请求前，主节点会向从节点发送心跳。只有成功获得从节点的响应数达到多数法定节点数，主节点才会处理读请求。这保证了该主节点仍然有效。Raft文档中记录了同样工作的机制。

在前述例子中，当雅典处理Bob的请求时，会向其他节点发送心跳。如果雅典无法与多数其他节点建立联系，即不能满足多数法定节点数的要求，它将自动降级并向Bob返回一个错误提示（图12.14）。

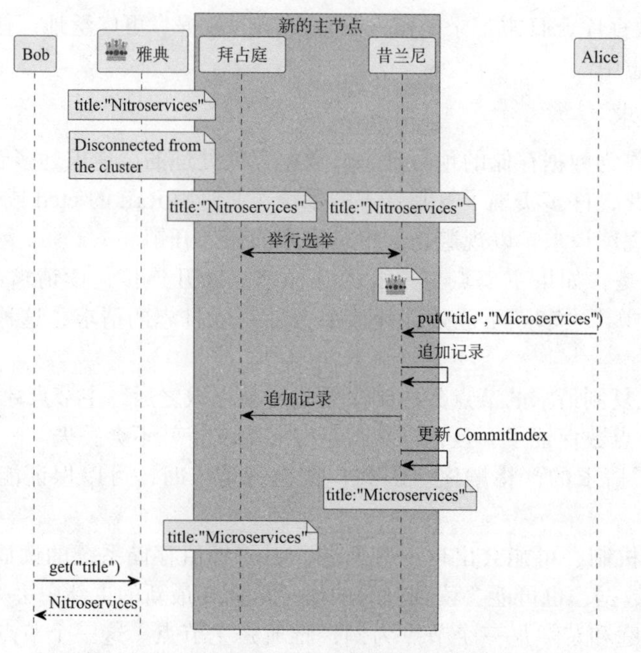


图 12.13　客户端从断开连接的主节点获得过时的值

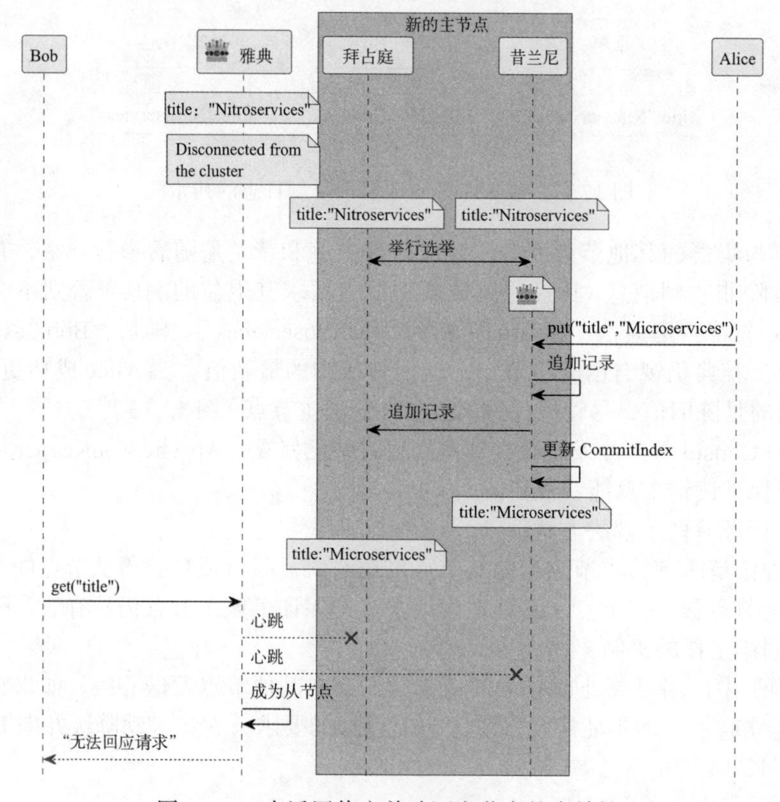


图 12.14　在返回值之前验证主节点的有效性

- 网络在处理每次读请求的心跳时所需的往返时间成本过高，特别是当集群呈现地理分布时，因为服务器通常位于遥远的地理区域。因此，通常采用另一种解决方案，即由主节点实施主节点租约机制。该方案依赖于单调时钟，如果旧主节点检测到自己与集群断开连接，则会主动退位。在可能还有旧主节点存在的情况下，不允许其他节点作为主节点来处理请求。

主节点维护一个名为“leaderLeaseTimeout”的时间间隔，期望主节点在该间隔内能收到来自从节点的成功响应。主节点收到来自从节点针对其请求的成功响应后，会记录从每个从节点得到响应的时间（图 12.15）。

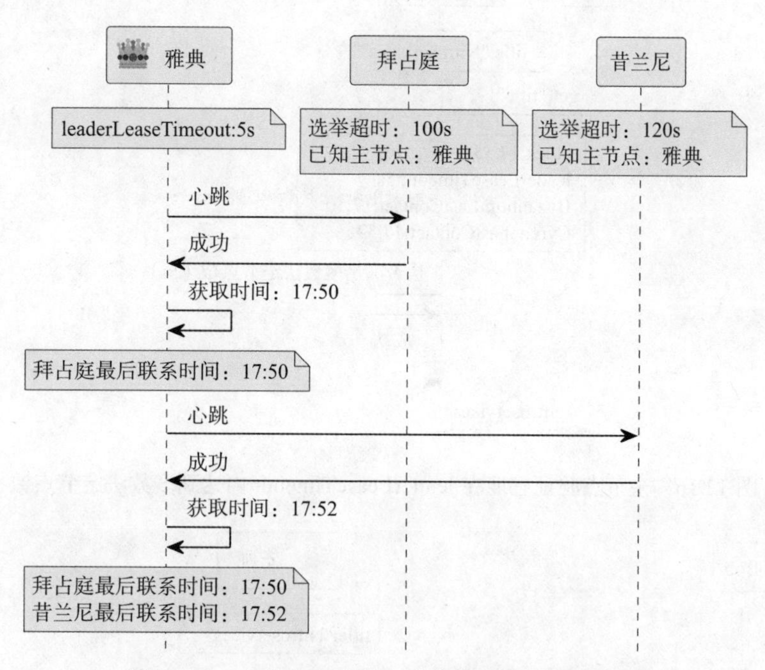


图 12.15　主节点追踪每个从节点的最后联系时间

处理读请求前，主节点会检查是否在 leaderLeaseTimeout 内与多数从节点取得联系。若获得足够多从节点的成功响应，便处理读请求，证明集群中无其他主节点。假设 leaderLeaseTimeout 为 5s，雅典在 17:55 收到 Bob 的请求，雅典最后一次在 17:52 收到昔兰尼的响应。对三节点集群，雅典与昔兰尼满足多数节点要求。雅典确认在过去 5s 内满足了多数法定节点数条件（图 12.16）。

目前，雅典在 17:52 收到昔兰尼回应之后，没有收到任何回应。如果 Bob 于 18:00 发送读请求，雅典将发现自己在 leaderLeaseTimeout 内未获多数节点响应，它会退位，并拒绝读请求（图 12.17）。

如 Consul 文章所述，选举超时（electionTimeout）设置比主节点租约超时（leaderLeaseTimeout）更长。从节点存储已知主节点地址，只有在未收到主节点心跳且选举超时后才重置此地址。从节点知晓主节点时，不响应投票请求（图 12.18）。

这两个策略确保，只要当前主节点认为自己持有主节点租约，就不会有其他节点赢得选举或成为主节点。

此种实施方式假设集群中的单调时钟上的时钟偏差是有界限的，并且从节点上的选举超时不会比主节点上的主节点租约超时更早到期。

像 YugabyteDB、etcd 和 HashiCorp Consul 这样的产品实现了主节点租约，以确保永远不会出现两个主节点同时处理读写请求的情况。

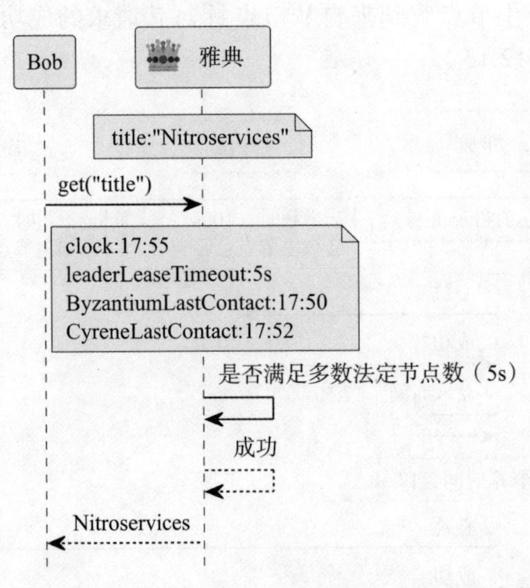


图 12.16 主节点验证它能在 leaderLeaseTimeout 内达到多数法定节点数

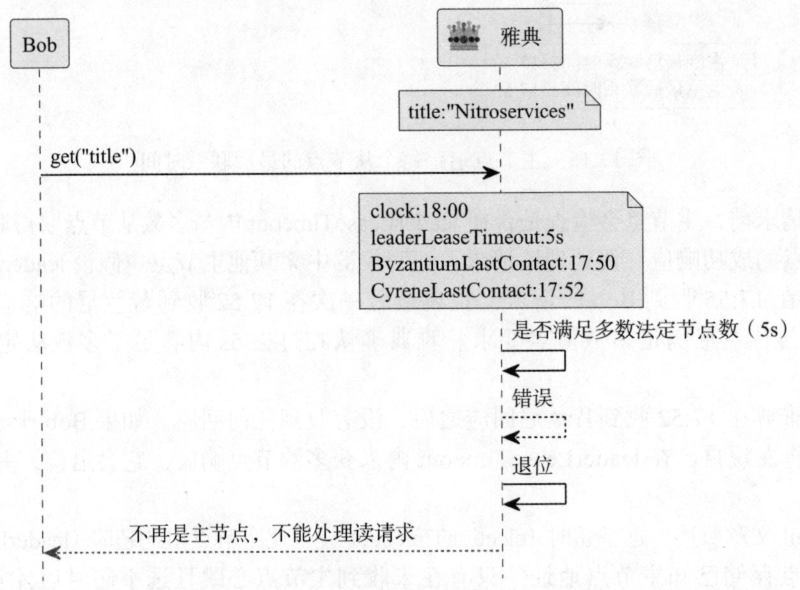


图 12.17 如果在 leaderLeaseTimeout 内没有收到联系，主节点会拒绝请求

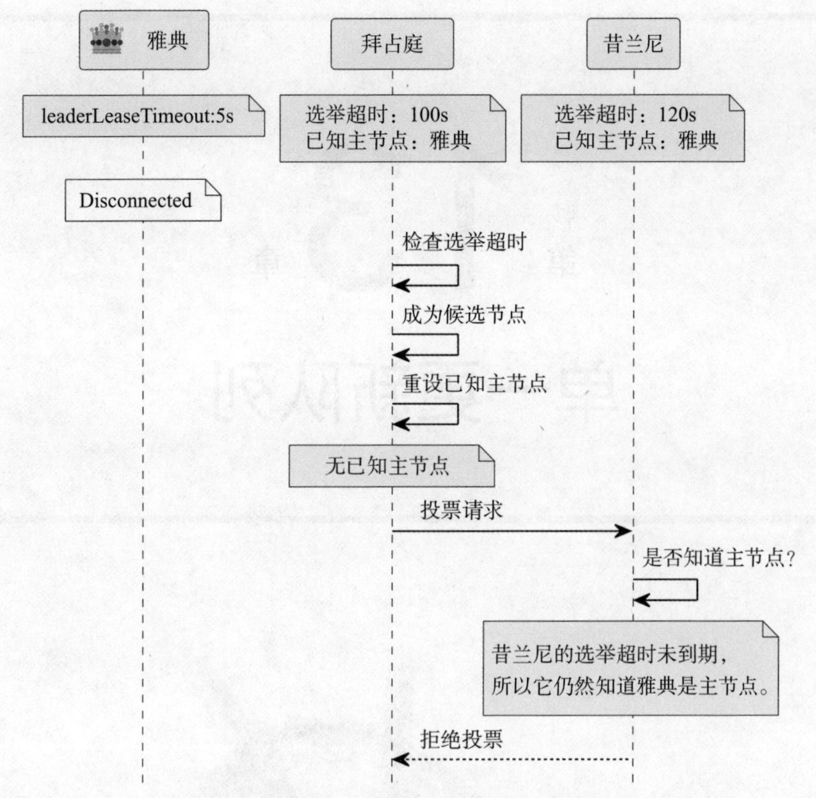


图 12.18　当有已知的主节点存在时，节点不授予投票

## 12.3　示例

复制日志是 Raft、Multi-Paxos、Zab（Reed，2008）和 Viewstamped Replication（Liskov，2012）协议所使用的机制。副本按相同的顺序执行相同命令的技术被称为状态机复制（Schneider，1990）。一致性核心通常是用状态机复制构建的。

像 Hyperledger Fabric 这样的区块链实现有一个基于复制日志机制的排序组件。Hyperledger Fabric 的早期版本使用 Apache Kafka 来排序区块链中的区块。最近的版本使用 Raft 来实现相同的目的。

# 第 13 章 单一更新队列

单一更新队列是指采用单线程异步处理请求的方式，确保更新操作的有序性，同时避免阻塞调用者。

## 13.1　问题的提出

当多个客户端尝试并发更新同一个状态时，我们期望这些更新能够逐一且安全地执行。以预写日志为例，我们需要保证一次处理一条日志记录，即便多个客户端并发进行日志写入。我们一般用锁来避免并发修改。但是，如果当前执行的任务耗时较长，例如正在进行文件写入，那么就会阻塞所有其他调用线程直到任务完成，这会对整个系统的吞吐率和延迟产生严重影响。因此，我们既要确保逐一执行，又要有效利用计算资源。

## 13.2　解决方案

为了高效且安全地实现一次只处理一个并发操作，可以采用工作队列加上单独的工作线程的方法来实现（图 13.1）。多个并发客户端将状态变更提交到工作队列中，但只由一个工作线程来执行状态的修改。在 Go 语言中，这可以通过 goroutines 和 channels 实现。

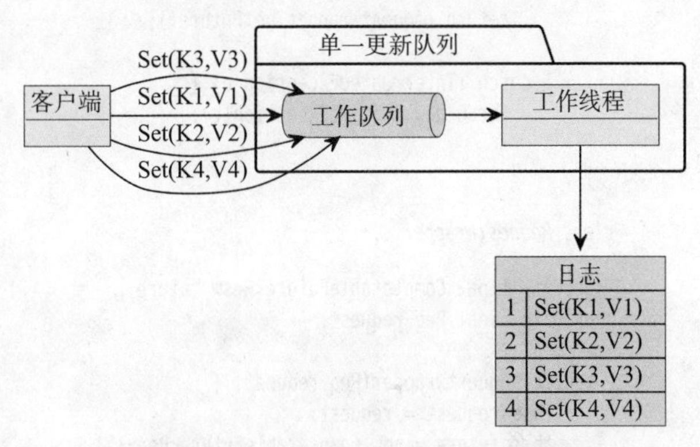


图 13.1　工作队列配合单线程

典型的 Java 实现如图 13.2 所示。

此处所展示的实现采用了 Java 的 Thread 类，只是为了演示基本的代码结构，也可以利用 Java 的 ExecutorService 配合单线程来实现相同的功能。想要深入了解如何使用 ExecutorService，可参见 Java Concurrency in Practice（Goetz，2006）一书。

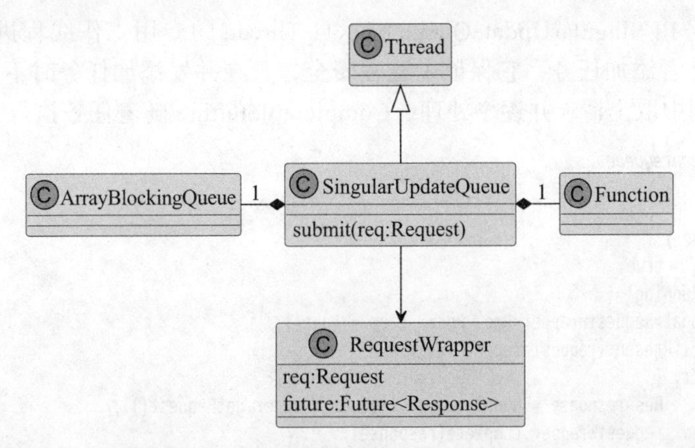


图 13.2　Java 中的 SingularUpdateQueue

SingularUpdateQueue 拥有一个队列和一个处理队列中消息的工作函数。它继承自 java.lang.Thread 类，以确保能进行单线程执行。

```
public class SingularUpdateQueue<Req, Res> extends Thread {
   private ArrayBlockingQueue<RequestWrapper<Req, Res>> workQueue
         = new ArrayBlockingQueue<RequestWrapper<Req, Res>>(100);
   private Function<Req, Res> handler;
   private volatile boolean isRunning = false;
```

客户端在其各自的线程中将请求提交到队列。队列将每个请求封装在一个简单的包装器中，以便将其与 Future 结合起来。Future 随后被返回给客户端，这样客户端可以在请求被最终处理之后做出反应。

```
class SingularUpdateQueue...

  public CompletableFuture<Res> submit(Req request) {
      try {
          var requestWrapper = new RequestWrapper<Req, Res>(request);
          workQueue.put(requestWrapper);
          return requestWrapper.getFuture();

      } catch (InterruptedException e) {
          throw new RuntimeException(e);
      }
  }

class RequestWrapper...

  private final CompletableFuture<Res> future;
  private final Req request;

  public RequestWrapper(Req request) {
      this.request = request;
      this.future = new CompletableFuture<Res>();
  }

  public CompletableFuture<Res> getFuture() { return future; }
  public Req getRequest()                   { return request; }
```

队列中的任务由 SingularUpdateQueue 继承自 Thread 的专用工作线程进行处理。该队列支持多个并发生产者添加任务，它保证了线程安全，且在并发添加任务时不会引入太多开销。执行线程会从队列中取出请求并逐个处理，CompletableFuture 随着任务执行完后的响应完成。

```
class SingularUpdateQueue...

  @Override
  public void run() {
       isRunning = true;
       while(isRunning) {
           Optional<RequestWrapper<Req, Res>> item = take();
           item.ifPresent(requestWrapper -> {
               try {
                   Res response = handler.apply(requestWrapper.getRequest());
                   requestWrapper.complete(response);
```

```
                } catch (Exception e) {
                    requestWrapper.completeExceptionally(e);
                }
            });
        }
    }
```

*class RequestWrapper...*

```
  public void complete(Res response) {
      future.complete(response);
  }

  public void completeExceptionally(Exception e) {
      future.completeExceptionally(e);
  }
```

注意，我们可以在队列中读取任务时设置一个超时，而不是无限期地阻塞它。这样，我们就可以根据需要退出线程，并将 isRunning 标志设为 false，如果队列为空，则不会无限期地阻塞线程。因此，我们可以使用带有超时设置的 poll 方法代替会引起阻塞的 take 方法。这样就能彻底地关闭执行线程。

*class SingularUpdateQueue...*

```
  private Optional<RequestWrapper<Req, Res>> take() {
      try {
          return Optional.ofNullable(workQueue.poll(2, TimeUnit.MILLISECONDS));

      } catch (InterruptedException e) {
          return Optional.empty();
      }
  }

  public void shutdown() {
      this.isRunning = false;
  }
```

例如，一台服务器处理来自众多客户端的请求并更新预写日志可以采用单一更新队列（图 13.3）。

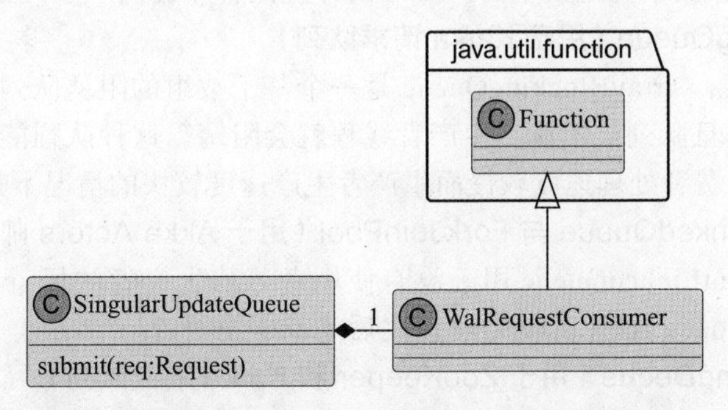


图 13.3　使用 SingularUpdateQueue 来更新预写日志

设置单一更新队列时，需要指定其参数化类型以及处理队列中的消息时运行的函数。在这个示例中，我们利用一个预写日志请求的消费者来设置队列，该消费者有一个实例，用以控制对日志数据结构的访问。消费者需要将每个请求记录到日志中，然后再返回一个响应。请求只有在被记录入日志之后，相应的响应才能发送。我们采用单一更新队列，以确保这些操作的顺序性。

```
public class WalRequestConsumer
        implements Function<Message<RequestOrResponse>,
                CompletableFuture<Message<RequestOrResponse>>> {

    private final SingularUpdateQueue<Message<RequestOrResponse>,
            Message<RequestOrResponse>> walWriterQueue;
    private final WriteAheadLog wal;

    public WalRequestConsumer(Config config) {
        this.wal = WriteAheadLog.openWAL(config);
        walWriterQueue = new SingularUpdateQueue<>((message) -> {
            wal.writeEntry(serialize(message));
            return responseMessage(message);
        });
        startHandling();
    }

    private void startHandling() { this.walWriterQueue.start(); }
```

消费者的 accept 方法接收一条消息并将其放入队列中，在每条消息被处理之后发送一个响应。这个方法在调用者的线程上运行，并且支持多个调用者同时调用。

```
class WalRequestConsumer...

  @Override
  public CompletableFuture<Message<RequestOrResponse>> apply(Message message) {
      return walWriterQueue.submit(message);
  }
```

### 13.2.1 队列的选择

选择合适的队列数据结构至关重要。JDK 的并发集合库提供了多种数据结构。

- ArrayBlockingQueue（用于 Kafka 请求队列）

  顾名思义，ArrayBlockingQueue 是一个基于数组的阻塞队列，适用于创建固定长度的队列。一旦队列被填满，生产者线程就会阻塞。这种队列能够提供一种限流的机制，尤其在消费者处理速度较慢而生产者生产速度较快的情况下是很有帮助的。

- ConcurrentLinkedQueue 与 ForkJoinPool（用于 Akka Actors 邮箱实现）

  ConcurrentLinkedQueue 用于没有使用者等待生产者的场景，但某些协调器只在任务入队到 ConcurrentLinkedQueue 之后才调度使用者。

- LinkedBlockingDeque（用于 ZooKeeper 和 Kafka 响应队列）

  LinkedBlockingDeque 主要用于不阻塞生产者，且长度不固定的队列。我们需要小心使用它，因为没有队列长度限制，队列可能会迅速填满并消耗所有内存。

- Ring buffer 环形缓冲区（用于 LMAX Disruptor）

　　正如在 LMAX Disruptor（Thomson，2011b）中讨论的，任务处理有时是对延迟敏感的，以至于在处理阶段，使用 ArrayBlockingQueue 复制任务所增加延迟不被接受，在这些情况下，可以使用 Ring buffer 在各阶段传递任务。

### 13.2.2　使用通道和轻量级线程

对于支持轻量级线程以及通道的语言或库（如 Go 或 Kotlin），可以将所有请求都传递到一个单独的通道进行处理。在 Go 中，可以让一个单独的 goroutine 处理所有消息并更新状态，然后将响应写入一个单独的通道，由另一个单独的 goroutine 处理，并将结果发送回客户端。如下代码所示，更新键值的请求被传递到一个共享的请求通道。

```
func (s *server) putKv(w http.ResponseWriter, r *http.Request)  {
  kv, err := s.readRequest(r, w)
  if err != nil {
    log.Panic(err)
    return
  }

  request := &requestResponse{
    request:         kv,
    responseChannel: make(chan string),
  }

  s.requestChannel <- request
  response := s.waitForResponse(request)
  w.Write([]byte(response))
}
```

请求通过单个 goroutine 处理，并更新所有状态。

```
func (s* server) Start() error {
  go s.serveHttp()

  go s.singularUpdateQueue()

  return nil
}

func (s *server) singularUpdateQueue() {
  for {
    select {
    case e := <-s.requestChannel:
      s.updateState(e)
      e.responseChannel <- buildResponse(e);
    }
  }
}
```

### 13.2.3　限流

当工作队列被用作线程间通信时，限流是一项重要的考虑因素。如果消费者处理速度较慢而生产者生产速度较快，队列可能会迅速溢满。若不采取预防措施，队列可能会因填满大量任务而耗尽内存。通常，如果队列已满，可以通过阻塞生产者的方式来解决。例如，在java.util.concurrent.ArrayBlockingQueue中，有两个添加元素的方法：（1）当队列满时，put方法会阻塞生产者；（2）当队列满时，add方法会抛出IllegalStateException异常而不阻塞生产者。理解向队列添加任务的方法语义非常重要。在ArrayBlockingQueue中，为了提供限流，应该使用put方法来阻塞生产者。像Reactive Streams这样的框架能够帮助实现从消费者端到生产者端更为复杂的限流机制。

### 13.2.4 其他考虑

- **任务链**

  大多数时候，任务处理需要将多个任务串联起来完成。单个更新队列执行的结果需要传递至任务的后续阶段。例如，在前述WalRequestConsumer示例中，将记录写入预写日志之后，还需要通过套接字连接发送响应。这一过程可以通过在独立线程上执行来自单一更新队列的Future来实现，也可以将任务提交至另一个单一更新队列中去执行。

- **外部服务调用**

  有时，作为单一更新队列任务执行的一部分，需要进行外部服务调用，以便通过服务调用的响应更新单一更新队列的状态。在这种情况下，注意不要进行阻塞式网络调用，否则它会阻塞正在处理所有任务的唯一线程。这些调用是异步进行的，必须注意不要在异步服务调用的Future回调中访问单一更新队列的状态，因为这可能在一个单独的线程中发生，从而破坏了通过单个线程在单一更新队列中进行所有状态更改的目的。调用的结果应该像其他事件或请求一样被添加到工作队列中。

## 13.3 示例

所有的共识算法实现都需要按照严格的顺序逐一处理请求，采用类似的代码结构，如ZooKeeper（Zab）和etcd（Raft）。

- ZooKeeper的请求处理管道通过单线程请求处理器实现的。
- Apache Kafka中的控制器（Qin，2015）需要基于ZooKeeper的多并发事件更新状态，在单线程中处理，所有事件处理器在队列中提交事件。
- Apache Cassandra采用SEDA（Welsh，2001）架构，使用单线程来分阶段更新gossip状态。
- etcd及其他基于Go语言的实现，通过一个例程在请求通道中更新状态。
- LMAX Disruptor架构遵守单一写入原则（Thomson，2011a），避免更新本地状态时的互斥。

# 第14章 请求等待列表

请求等待列表用于跟踪客户端请求，以便在满足其他集群节点响应条件后，再响应这些请求。

## 14.1 问题的提出

当集群节点处理客户端请求时，它们需要与集群中的其他节点通信以复制数据。只有在获得全部或多数法定节点数的响应后，才能向客户端进行响应。

与集群中其他节点的通信采取异步方式进行。这种异步通信方式支持使用请求管道和请求批处理等模式。

因此，集群节点会异步地接收并处理来自多个其他节点的响应。随后，它们需要将这些响应关联起来，以检测是否满足了特定客户端请求所需的多数法定节点数。

## 14.2 解决方案

集群节点维护一个等待列表，该列表用于映射键和回调函数。选择键的依据是触发回调的特定条件。例如，若回调应当在接收到其他节点消息时触发，则键可能是消息的关联 ID。在复制日志的场景中，键可能是高水位标记。回调函数负责处理这些响应，并决定是否可以满足客户端的请求。

假设有一个键值存储案例，数据被复制到了多台服务器。当复制操作符合仲裁机制时，则认为操作成功，可以开始向客户端发送响应。集群节点会跟踪向其他节点发送的请求，并为每个请求注册一个回调函数。每个请求都标记一个关联 ID，以将响应映射到该请求。当收到其他节点的响应时，将通知等待列表以触发回调函数。

例如，有一个包含雅典、拜占庭和昔兰尼三个节点的集群（图 14.1）。客户端向雅典发送请求，存储键为“title”，值为“Microservices”。雅典需要将这个键值对复制到拜占庭和昔兰尼节点，于是它向这两个节点以及自己发送存储请求。为了跟踪响应，雅典创建了 WriteQuorumResponseCallback，并将其添加到每个发送请求的等待列表中。

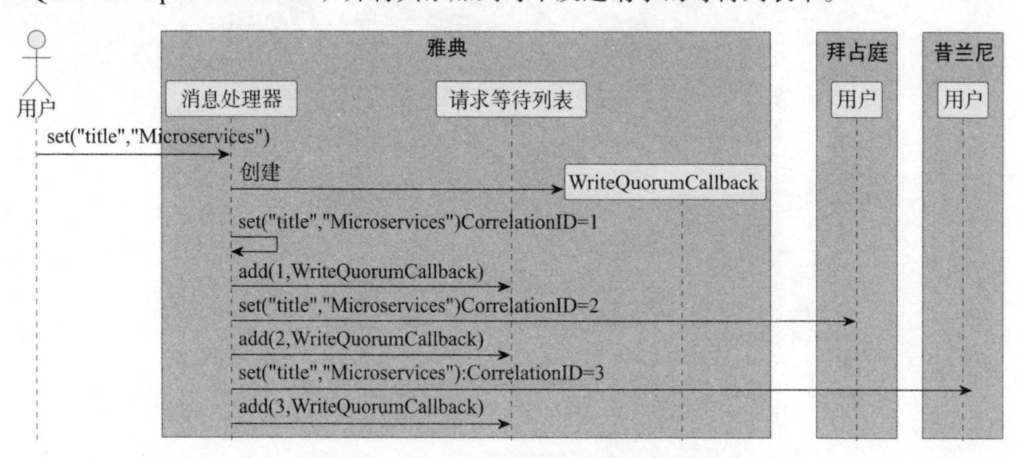


图 14.1 调用者将带有关联 ID 的回调添加到请求等待列表

对于接收到的每个响应，都会调用 WriteQuorumResponseCallback 进行处理。它检查是否收到了所需数量的响应。一旦收到拜占庭的响应，就达成了多数法定节点的要求，并可以完成挂起的客户端请求。昔兰尼可以稍后响应，但客户端的响应无须等待即可发出（图 14.2）。

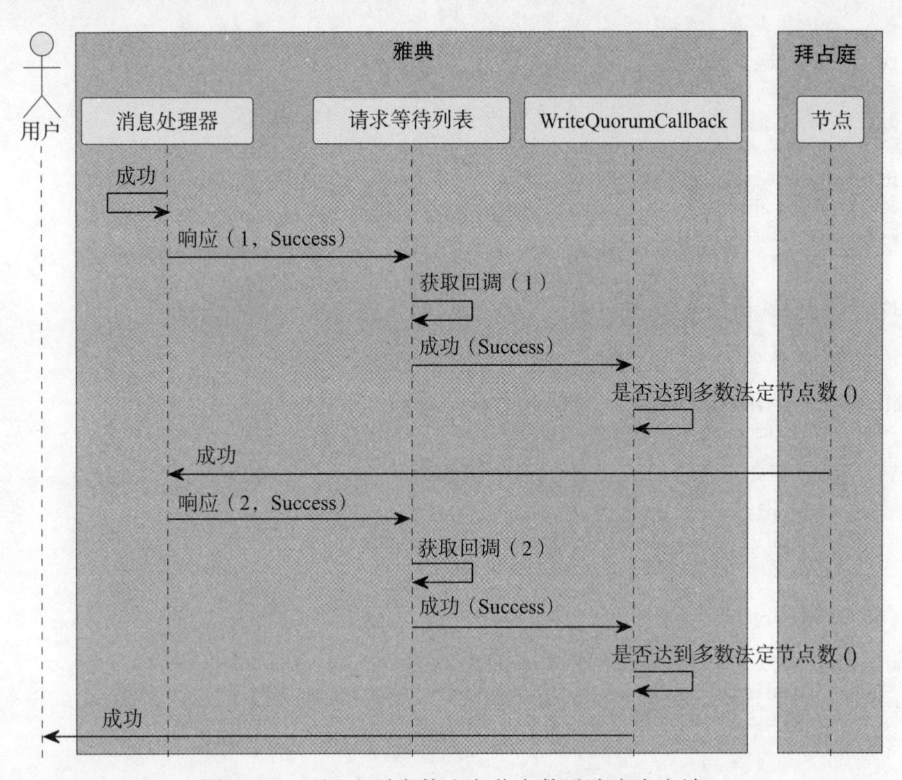


图 14.2　回调达到多数法定节点数后响应客户端

代码如以下示例所示。请注意，集群中的每个节点都维护着自己的等待列表实例。等待列表跟踪键和相关的回调，并存储每个回调注册的时间戳。时间戳用于在预定时间内未收到响应时检查回调是否应当标记过期。

```
public class RequestWaitingList<Key, Response> {
    private Map<Key, CallbackDetails> pendingRequests
            = new ConcurrentHashMap<>();

    public void add(Key key, RequestCallback<Response> callback) {
        pendingRequests.put(key, new CallbackDetails(callback,
                                                     clock.nanoTime()));
    }

 class CallbackDetails {
     RequestCallback requestCallback;
     long createTime;

     public CallbackDetails(RequestCallback requestCallback, long createTime) {
         this.requestCallback = requestCallback;
         this.createTime = createTime;
```

```
    }

    public RequestCallback getRequestCallback() {
        return requestCallback;
    }

    public long elapsedTime(long now) {
        return now - createTime;
    }
}
public interface RequestCallback<T> {
    void onResponse(T r);
    void onError(Throwable e);
}
```

一旦从集群的其他节点收到响应，节点就需要处理这些响应或错误。

```
class RequestWaitingList...

  public void handleResponse(Key key, Response response) {
      if (!pendingRequests.containsKey(key)) {
          return;
      }
      CallbackDetails callbackDetails = pendingRequests.remove(key);
      callbackDetails.getRequestCallback().onResponse(response);
  }
```

```
class RequestWaitingList...

  public void handleError(int requestId, Throwable e) {
      CallbackDetails callbackDetails = pendingRequests.remove(requestId);
      callbackDetails.getRequestCallback().onError(e);
  }
```

接下来，等待列表可以处理在达到多数法定节点数后的响应，其具体实现如下：

```
static class WriteQuorumCallback
        implements RequestCallback<RequestOrResponse> {

    private final int quorum;
    private volatile int expectedNumberOfResponses;
    private volatile int receivedResponses;
    private volatile int receivedErrors;
    private volatile boolean done;

    private final RequestOrResponse request;
    private final ClientConnection clientConnection;

    public WriteQuorumCallback(int totalExpectedResponses,
                               RequestOrResponse clientRequest,
                               ClientConnection clientConnection) {

        this.expectedNumberOfResponses = totalExpectedResponses;
        this.quorum = expectedNumberOfResponses / 2 + 1;
        this.request = clientRequest;
        this.clientConnection = clientConnection;
    }
```

```
    @Override
    public void onResponse(RequestOrResponse response) {
        receivedResponses++;
        if (receivedResponses == quorum && !done) {
            respondToClient("Success");
            done = true;
        }
    }

    @Override
    public void onError(Throwable t) {
        receivedErrors++;
        if (receivedErrors == quorum && !done) {
            respondToClient("Error");
            done = true;
        }
    }

    private void respondToClient(String response) {
        clientConnection
                .write(new RequestOrResponse(
                        new StringRequest(
                                RequestId.SetValueResponse,
                                response.getBytes()),
                                request.getCorrelationId()));
    }
}
```

每当集群中的一个节点向其他节点发送请求时，它会在等待列表中添加一个回调，并将其与发送请求的关联 ID 进行映射。

```
class ClusterNode...

  private void handleSetValueClientRequestRequiringQuorum(
        List<InetAddressAndPort> replicas,
        RequestOrResponse request, ClientConnection clientConnection) {

    SetValueRequest setValueRequest = deserialize(request);

    var totalExpectedResponses = replicas.size();
    var requestCallback = new WriteQuorumCallback(totalExpectedResponses,
            request, clientConnection);

    for (InetAddressAndPort replica : replicas) {
        var correlationId = nextRequestId();
        requestWaitingList.add(correlationId, requestCallback);
        sendRequestToReplica(replica, setValueRequest, correlationId);
    }
  }

  private void sendRequestToReplica(InetAddressAndPort replica,
                                    SetValueRequest setValueRequest,
                                    int correlationId) {
    try {
        var client = new SocketClient(replica);
```

```
        var requestOrResponse = new RequestOrResponse(setValueRequest,
                correlationId, listenAddress);
        client.sendOneway(requestOrResponse);

    } catch (IOException e) {
        requestWaitingList.handleError(correlationId, e);
    }
}
```

一旦收到响应，等待列表就要处理它：

```
class ClusterNode...

  private void handleSetValueResponse(RequestOrResponse response) {
      requestWaitingList.handleResponse(response.getCorrelationId(), response);
  }
```

等待列表随后会调用相关的 WriteQuorumCallback。该 WriteQuorumCallback 实例会确认是否收到了满足多数法定节点数的响应，并触发回调以响应客户端。

## 长时间挂起的请求过期

有时，来自其他集群节点的响应可能会延迟。对于这种情况，等待列表需要一种机制来在请求超时后将其标记为过期。

```
class RequestWaitingList...

  private SystemClock clock;
  private ScheduledExecutorService executor
          = Executors.newSingleThreadScheduledExecutor();
  private long expirationIntervalMillis = 2000;

  public RequestWaitingList(SystemClock clock) {
      this.clock = clock;
      executor
              .scheduleWithFixedDelay(this::expire,
                      expirationIntervalMillis,
                      expirationIntervalMillis, MILLISECONDS);
  }

  private void expire() {
      long now = clock.nanoTime();
      List<Key> expiredRequestKeys = getExpiredRequestKeys(now);

      expiredRequestKeys.stream().forEach(expiredRequestKey -> {
          CallbackDetails request = pendingRequests.remove(expiredRequestKey);
          request.requestCallback
                  .onError(new TimeoutException("Request expired"));
      });
  }
 private List<Key> getExpiredRequestKeys(long now) {
     return pendingRequests
             .entrySet()
             .stream()
```

```
            .filter(entry -> entry.getValue()
                          .elapsedTime(now) > expirationIntervalMillis)
            .map(e -> e.getKey()).collect(Collectors.toList());
}
```

## 14.3　示例

- Apache Cassandra 采用异步方式在节点间进行消息传递。用遵循多数法定节点数的仲裁机制并以相同的方式异步处理响应消息。
- Apache Kafka 使用名为“purgatory”的数据结构追踪待处理的请求。
- etcd 维护等待列表，以类似的方式响应客户端请求。

# 第15章 幂等接收器

幂等接收器使用一个唯一的标识标记客户端的请求，以便在客户端重试时，忽略重复的请求。

## 15.1　问题的提出

有时，客户端向服务器发出请求后，在一定时间内未收到响应，它无法确定是响应丢失还是服务器在处理请求前已崩溃。为确保请求被处理，客户端可能会重发请求。若服务器是处理了旧请求后才崩溃的，则在客户端重试时，服务器会收到重复的请求。

## 15.2　解决方案

通过为每个客户端分配一个唯一的 ID 来标记客户端。客户端在发送任何请求前，应先向服务器注册。

```
class ConsistentCoreClient...

  private void registerWithLeader() {
      RequestOrResponse request
              = new RequestOrResponse(RequestId.RegisterClientRequest,
              correlationId.incrementAndGet());

      //blockingSend will attempt to create a new connection
      //if there is a network error.
      RequestOrResponse response = blockingSend(request);
      RegisterClientResponse registerClientResponse
              = deserialize(response.getMessageBody(),
              RegisterClientResponse.class);
    this.clientId = registerClientResponse.getClientId();
  }
```

服务器收到客户端注册请求时，会为客户端分配一个唯一的 ID。若服务器是一致性核心，则它可以将预写日志索引指定为客户端标识。

```
class ReplicatedKVStore...

  private Map<Long, Session> clientSessions = new ConcurrentHashMap<>();

  private RegisterClientResponse registerClient(WALEntry walEntry) {
      Long clientId = walEntry.getEntryIndex();
      //clientId to store client responses.
      clientSessions.put(clientId, new Session(clock.nanoTime()));
      return new RegisterClientResponse(clientId);
  }
```

服务器将创建会话，存储对已注册客户端请求的响应，并追踪会话创建时间，以方便清理非活跃的会话。

```
public class Session {
    long lastAccessTimestamp;
```

```
    Queue<Response> clientResponses = new ArrayDeque<>();

    public Session(long lastAccessTimestamp) {
        this.lastAccessTimestamp = lastAccessTimestamp;
    }

    public long getLastAccessTimestamp() {
        return lastAccessTimestamp;
    }

    public Optional<Response> getResponse(int requestNumber) {
        return clientResponses.stream().
                filter(r -> requestNumber == r.getRequestNumber()).findFirst();
    }

    private static final int MAX_SAVED_RESPONSES = 5;

    public void addResponse(Response response) {
        if (clientResponses.size() == MAX_SAVED_RESPONSES) {
            clientResponses.remove(); //remove the oldest request
        }
        clientResponses.add(response);
    }

    public void refresh(long nanoTime) {
        this.lastAccessTimestamp = nanoTime;
    }
}
```

对于一致性核心，客户端注册请求也作为共识算法的一部分被复制。因此，即便当前主节点失效了，客户端注册也是可用的。服务器还会存储发送给客户端的后续请求的响应。

对幂等与非幂等请求来说，需要注意的是，有的请求本质上就是幂等的，如键值存储中键和值的设置操作。即使多次设置相同值，也不会出问题。而创建租约就是非幂等的。若租约已创建，创建租约的重试请求将失败。这是个问题。

考虑以下特殊情况：客户端发送创建租约请求后，服务器成功创建了租约，但随后崩溃了，或在响应发送到客户端之前连接失败。客户端再次创建连接，并重试创建租约，由于服务器已有一个给定名称的租约，因此它返回错误。所以客户端认为它没有租约，这显然不是我们期望的行为。

如果使用幂等接收器，客户端重试会带有相同请求 ID，服务器可以根据请求 ID 返回已保存的响应。如此一来，若客户端在连接失败前成功创建租约，重试相同请求也会得到相同响应。

对于服务器接收到的每个非幂等请求，它将在成功执行后将响应存储于客户端会话中。

*class ReplicatedKVStore...*

```
  private Response applyRegisterLeaseCommand(WALEntry walEntry,
                                             RegisterLeaseCommand command) {
      logger.info("Creating lease with id " + command.getName()
              + "with timeout " + command.getTimeout()
              + " on server " + getReplicatedLog().getServerId());
```

```
    try {
        leaseTracker.addLease(command.getName(),
                command.getTimeout());
        Response success =
                Response.success(RequestId.RegisterLeaseResponse,
                        walEntry.getEntryIndex());

        if (command.hasClientId()) {
            Session session = clientSessions.get(command.getClientId());
            session.addResponse(success
                    .withRequestNumber(command.getRequestNumber()));
        }
        return success;

    } catch (DuplicateLeaseException e) {
        logger.error("lease with id " + command.getName()
                + " on server " + getReplicatedLog().getServerId()
                + " already exists.");

        return Response
                .error(RequestId.RegisterLeaseResponse,
                        DUPLICATE_LEASE_ERROR,
                        e.getMessage(),
                        walEntry.getEntryIndex());
    }
}
```

客户端会维护一个计数器，为每个请求分配请求 ID。每个发往服务器的请求都会带上客户端 ID 与请求 ID。

*class ConsistentCoreClient...*

```
  AtomicInteger nextRequestNumber = new AtomicInteger(1);

  public void registerLease(String name, Duration ttl)
          throws DuplicateLeaseException {
      var registerLeaseRequest
              = new RegisterLeaseRequest(clientId,
                                          nextRequestNumber.getAndIncrement(),
                                          name, ttl.toNanos());

      var serializedRequest = new RequestOrResponse(
              registerLeaseRequest,
              correlationId.getAndIncrement());

      logger.info("Sending RegisterLeaseRequest for " + name);
      var serializedResponse = sendWithRetries(serializedRequest);
      Response response = deserialize(serializedResponse.getMessageBody(),
              Response.class);

      if (response.error == Errors.DUPLICATE_LEASE_ERROR) {
          throw new DuplicateLeaseException(name);
      }
  }

  private static final int MAX_RETRIES = 3;
```

```
private RequestOrResponse blockingSendWithRetries(RequestOrResponse request)
{
    for (int i = 0; i <= MAX_RETRIES; i++) {
        try {
            //blockingSend will attempt to create a new connection
            // if there is no connection.
          logger.info("ConsistentCoreClient Attempt " + i);
          return blockingSend(request);

      } catch (NetworkException e) {
          resetConnectionToLeader();
          logger.error("ConsistentCoreClient Failed sending request  "
                  + request + ". Try " + i, e);
      }
  }

  throw new NetworkException("Timed out after " + MAX_RETRIES
          + " retries");
}
```

服务器接收请求时，会检查客户端ID和请求ID，确认是否处理过同客户端ID同请求ID的请求。若是，则返回已保存的响应，无须再次处理请求。

```
class ReplicatedKVStore...

  private Response applyWalEntry(WALEntry walEntry) {
      Command command = deserialize(walEntry);
      if (command.hasClientId()) {
          var session = clientSessions.get(command.getClientId());
          var savedResponse = session.getResponse(command.getRequestNumber());
          if(savedResponse.isPresent()) {
              return savedResponse.get();
          } //else continue and execute this command.
      }
```

### 15.2.1 使已保存的客户端请求过期

每个客户端存储的请求不能永远存储，必须要有过期机制。请求过期有多种实现方式。在Raft的参考实现中，客户端可以保存一个单独的数字来记录成功接收响应的请求ID。然后，这个数字随每个请求发送给服务器，服务器就可以安全地删除任何请求ID小于此数字的请求响应。

若客户端保证只在收到对前一个请求的响应后才发送下一个请求，那么服务器可在收到客户端的新请求后，安全地删除所有以前请求的响应。使用请求管道时存在问题，因为可能有多个在途请求，而客户端可能没有收到响应。如果服务器知晓客户端拥有的在途请求最大数量，可仅存储该数量的响应，并删除其余响应。例如，Apache Kafka的生产者最多可以有五个在途请求，服务器最多存储五个之前的响应。

```
class Session...

  private static final int MAX_SAVED_RESPONSES = 5;

  public void addResponse(Response response) {
```

```
        if (clientResponses.size() == MAX_SAVED_RESPONSES) {
            clientResponses.remove(); //remove the oldest request
        }
        clientResponses.add(response);
    }
```

### 15.2.2 移除已注册的客户端

需要注意的是，上述检测重复消息的机制只适用于连接失败时客户端的重试。如果客户端失效后重启，它将再次注册，并向服务器申请新的客户端 ID，此时就难以实现去重了。

此机制不理解任何应用级逻辑。故应用级视为重复的多条请求，存储服务器无法实现幂等，需应用程序单独处理。

客户端会话不永久保存在服务器上。服务器可设置存储会话的最长生存时间。客户端会定期发送心跳信号，如果服务器在最长生存时间内没有收到来自客户端的心跳信号，可以删除服务器上的客户端状态。

服务器会启动定时任务，定期检查并清除过期会话。

```
class ReplicatedKVStore...

  private long sessionCheckingIntervalMs = TimeUnit.SECONDS.toMillis(10);
  private long sessionTimeoutNanos = TimeUnit.SECONDS.toNanos(30);

  private void startSessionCheckerTask() {
      scheduledTask = executor.scheduleWithFixedDelay(() -> {
          removeExpiredSession();
      }, sessionCheckingIntervalMs, sessionCheckingIntervalMs, TimeUnit.MILLISECONDS);
  }

  private void removeExpiredSession() {
      long now = System.nanoTime();
      for (Long clientId : clientSessions.keySet()) {
          Session session = clientSessions.get(clientId);
          long elapsedNanosSinceLastAccess
                  = now - session.getLastAccessTimestamp();
        if (elapsedNanosSinceLastAccess > sessionTimeoutNanos) {
            clientSessions.remove(clientId);
        }
    }
}
```

### 15.2.3 最多一次、至少一次和恰好一次操作

根据客户端与服务器的交互方式，服务器是否会执行某种操作应预先确定。客户端在发送请求后和接收响应前遇到故障，可能有三种情况。

情况一，如果客户端在发生故障的情况下没有重试请求，服务器可能已经处理了请求，或者在处理请求之前发生了故障。因此，请求在服务器上最多被处理一次。

情况二，如果客户端重试请求，服务器在发生故障之前已经处理了它，重试可能导致服务器会再次处理它。因此，请求至少被处理一次，也可多次。

情况三，在使用幂等接收器的情况下，即使客户端多次重试，服务器也只处理一次请求。

因此，要实现恰好处理一次请求，就需要使用幂等接收器。

## 15.3 示例

- Raft 的参考实现 LogCabin 具有可线性化操作的幂等性。
- Apache Kafka 支持幂等生产者，允许客户端重试请求并忽略重复的请求。
- ZooKeeper 有会话和事务 ID 的概念，这些机制允许客户端快速恢复。
- HBase 支持包装器，它按照 ZooKeeper 的错误处理指示实现了幂等操作。

第 16 章

# 由从节点处理读请求

由从节点处理读请求，以此来提高吞吐量并降低延迟。

## 16.1 问题的提出

在主从模式中，若向主节点发送太多请求，可能导致主节点过载。此外，在多数据中心的场景下，如果客户端位于远程数据中心，那么向主节点的请求将会产生额外的延迟。

## 16.2 解决方案

尽管出于保持一致性的需要，写请求必须发送至主节点，但只读请求则可以发送至最近的从节点，这在读操作较多的场景中尤其有效。需要注意的是，客户端从从节点读到的数据可能并非最新，即便是采用了 Raft 共识算法实现的系统，在主从节点间也存在复制滞后。这是因为即使主节点知道提交了哪些值，仍需将信息传达至从节点。因此，由从节点处理读请求仅适用于可以接受数据略微陈旧的情况（图 16.1）。

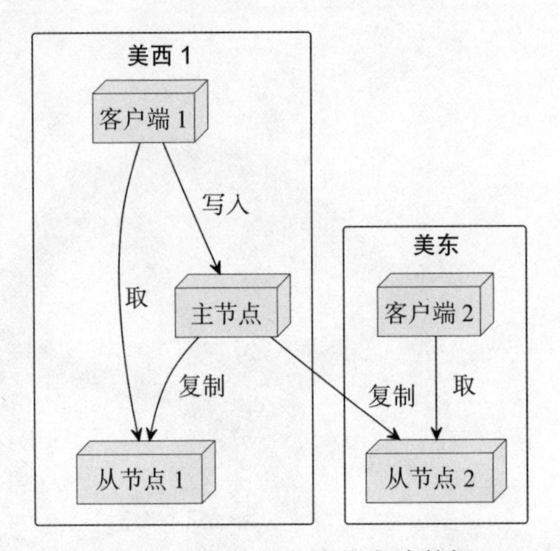


图 16.1 从最近的从节点读数据

### 16.2.1 寻找最近的副本

集群中的节点维护关于自己位置的额外元数据。

*class ReplicaDescriptor...*

```
public class ReplicaDescriptor {
    private InetAddressAndPort address;
    private String region;

    public ReplicaDescriptor(InetAddressAndPort address, String region) {
        this.address = address;
        this.region = region;
    }
```

```
    public InetAddressAndPort getAddress() {
        return address;
    }

    public String getRegion() {
        return region;
    }
}
```

然后，集群的客户端可以根据自己所在的地区获取本地副本。

```
class ClusterClient...

  public List<String> get(String key) {
      var allReplicas = allFollowerReplicas(key);
      var nearestFollower = findNearestFollowerBasedOnLocality(allReplicas,
              clientRegion);
      var getValueResponse = sendGetRequest(nearestFollower.getAddress(),
              new GetValueRequest(key));
      return getValueResponse.getValue();
  }

  ReplicaDescriptor findNearestFollowerBasedOnLocality(
                                  List<ReplicaDescriptor> followers,
                                  String clientRegion) {

      var sameRegionFollowers = matchLocality(followers, clientRegion);
      var finalList = sameRegionFollowers.isEmpty()
              ? followers
              : sameRegionFollowers;
      return finalList.get(0);
  }

  private List<ReplicaDescriptor> matchLocality(
                                      List<ReplicaDescriptor> followers,
                                      String clientRegion) {
      return followers
              .stream()
              .filter(rd -> clientRegion.equals(rd.getRegion()))
              .collect(Collectors.toList());
  }
```

例如，若一个客户端位于美东，而有两个从节点副本分别位于美西和美东，那么该客户端将会选择美东的副本进行连接。

```
class CausalKVStoreTest...

  @Test
  public void getFollowersInSameRegion() {
      var followers = createReplicas("us-west", "us-east");
      var nearestFollower =
              new ClusterClient(followers, "us-east")
                      .findNearestFollower(followers);
      assertEquals(nearestFollower.getRegion(), "us-east");
  }
```

客户端或集群的协调节点还可以追踪到各个集群节点的延迟，并通过发送周期性心跳来获取这些延迟。MongoDB 或 CockroachDB 等产品会计算延迟的滑动平均值，以实现更合理的选择。集群节点通常维护一个单套接字通道与集群其他节点通信，该通道需要心跳保持活跃的连接，因此捕获延迟并计算滑动平均值是很容易实现的。

*class WeightedAverage...*

```
public class WeightedAverage {
    long averageLatencyMs = 0;

    public void update(long heartbeatRequestLatency) {
        //Example implementation of weighted average as used in Mongodb
        //The running, weighted average round trip time for heartbeat
        // messages to the target node. Weighted 80% to the old round trip time,
        // and 20% to the new round trip time.
        averageLatencyMs = averageLatencyMs == 0
                ? heartbeatRequestLatency
                : (averageLatencyMs * 4 + heartbeatRequestLatency) / 5;
    }

    public long getAverageLatency() {
        return averageLatencyMs;
    }
}
```

*class ClusterClient...*

```
private Map<InetAddressAndPort, WeightedAverage> latencyMap
        = new HashMap<>();

private void sendHeartbeat(InetAddressAndPort clusterNodeAddress) {
    try {
        long startTimeNanos = System.nanoTime();
        sendHeartbeatRequest(clusterNodeAddress);
        long endTimeNanos = System.nanoTime();

        WeightedAverage heartbeatStats = latencyMap.get(clusterNodeAddress);
        if (heartbeatStats == null) {
            heartbeatStats = new WeightedAverage();
            latencyMap.put(clusterNodeAddress, new WeightedAverage());
        }
        heartbeatStats
                .update(endTimeNanos - startTimeNanos);

    } catch (NetworkException e) {
        logger.error(e);
    }
}
```

然后，客户端就可以根据延迟信息选择网络延迟最小的从节点。

*class ClusterClient...*

```
ReplicaDescriptor findNearestFollower(List<ReplicaDescriptor> allFollowers) {

    var sameRegionFollowers = matchLocality(allFollowers, clientRegion);
```

```
    var finalList
            = sameRegionFollowers.isEmpty() ? allFollowers
                                            :sameRegionFollowers;

    return finalList.stream().sorted((r1, r2) -> {
        if (!latenciesAvailableFor(r1, r2)) {
            return 0;
        }

        return Long.compare(latencyMap.get(r1).getAverageLatency(),
                            latencyMap.get(r2).getAverageLatency());

    }).findFirst().get();
}

private boolean latenciesAvailableFor(ReplicaDescriptor r1,
                                      ReplicaDescriptor r2) {

    return latencyMap.containsKey(r1) && latencyMap.containsKey(r2);
}
```

### 16.2.2　连接断开或慢速从节点

从节点可能与主节点断开连接，从而停止接收更新。有时，从节点的磁盘速度较慢可能会阻碍复制过程，导致它们落后于主节点。如果从节点在一段时间内未收到主节点的消息，可以追踪这一情况，并停止处理用户请求。

例如，像 MongoDB 这样的产品允许选择最大可滞后时间的副本。如果副本滞后于主节点超过这个时间，它就不会被选中来处理请求。在 Apache Kafka 中，如果从节点检测到消费者要求的偏移量过大，它将会回应 OFFSET_OUT OF RANGE 的错误信息。然后，消费者将与主节点进行沟通（Gustafson，2018）。

### 16.2.3　读写一致性

**因果一致性**

在一个系统中，当事件 A 在事件 B 之前发生时，我们认为两者具有因果关系。这意味着事件 A 可能对导致事件 B 的发生有一定作用。

对于数据存储系统来说，事件是写和读。为了保证因果一致性，存储系统需要追踪读、写事件之间的先后关系。为此使用了 Lamport 时钟及其变体。

直接读取从节点可能会带来问题，因为在客户端写入操作后立即进行读操作可能读到令人惊讶的结果。

考虑这样一个场景，客户端发现某本书的数据显示错误，键为“title”，值为“Nitroservices”。它通过将键“title”和值“Microservices”写入主节点来纠正这一错误。然后，客户端立即尝试读这个值，但读请求发到了从节点，该节点可能尚未完成更新（图 16.2）。

这是一个常见问题。例如，亚马逊 S3 直到最近才避免了这种情况。

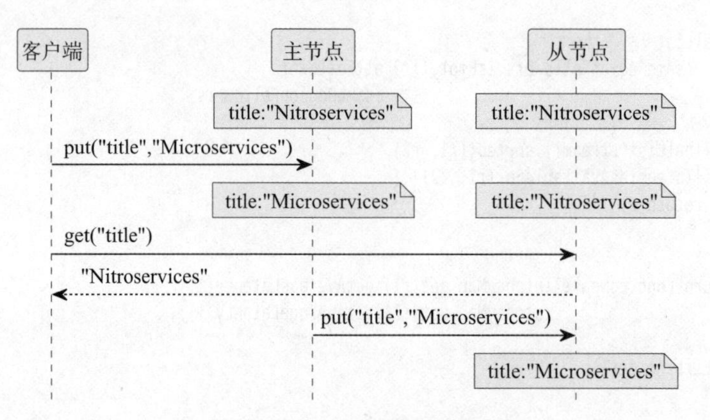


图 16.2 从从节点读取过时的值

为了解决这个问题，每次写操作不仅会在服务器上存储新值，还会存储一个单调递增的版本号。这个版本化值可以是高水位标记或混合时钟。服务器在对写请求的响应中返回存储值的版本号。如果稍后客户端想要读该值，它会在读请求中包含其版本号。从节点收到这个读请求后，会检查所存储的值是否比请求的版本号相同或更新。如果不是，从节点会等待直到获得数值最新的版本后再返回值。这种方法确保了客户端始终可以读到与其写入一致的值，通常称为读写一致性。

请求的流程如图 16.3 所示。为了纠正错误，要将键“title”和值“Microservices”写入主节点。主节点在向客户端的响应中返回版本号 2。当客户端尝试读键“title”的值时，它会在请求中附加版本号 2。接收请求的从节点检查自己的版本号是否为最新。由于从节点的版本号仍然是 1，因此它会等待到从主节点那里获取版本号为 2 的值。一旦从节点拥有匹配或更高的版本号，就能完成读请求并返回值“Microservices”。

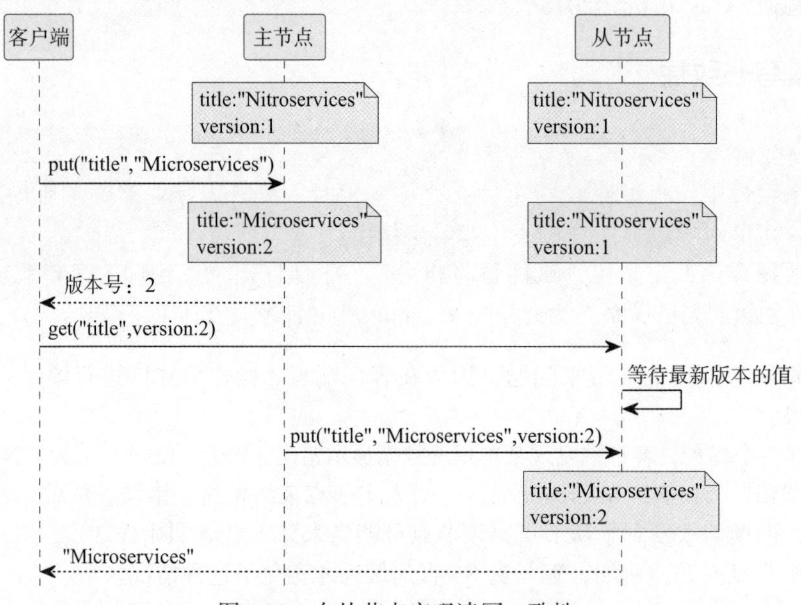


图 16.3 在从节点实现读写一致性

键值存储的代码如下。需要注意的是，从节点有可能滞后太多或与主节点断开连接。因此，需要配置超时确保其不会无限期等待。如果在规定的超时内无法获得更新，从节点将向客户端返回错误响应。然后客户端尝试重新从其他从节点那里读。

*class ReplicatedKVStore...*

```
 Map<Integer, CompletableFuture> waitingRequests = new ConcurrentHashMap<>();
 public CompletableFuture<Optional<String>> get(String key, int atVersion) {
     if(this.replicatedLog.getRole() == ServerRole.FOLLOWING) {
         //check if we have the version with us;
         if (!isVersionUptoDate(atVersion)) {
             //wait till we get the latest version.
             var future = new CompletableFuture<Optional<String>>();
             //Timeout if version does not progress to required version
             //before followerWaitTimeout ms.
             future.orTimeout(config.getFollowerWaitTimeoutMs(),
                     TimeUnit.MILLISECONDS);
             waitingRequests.put(atVersion, future);
             return future;
         }
     }
     return CompletableFuture.completedFuture(mvccStore.get(key, atVersion));
 }

 private boolean isVersionUptoDate(int atVersion) {
     return version >= atVersion;
 }
```

在键值存储进展到客户端请求的版本后，从节点就可以向客户端发送响应。

*class ReplicatedKVStore...*

```
 private Response applyWalEntry(WALEntry walEntry) {
     Command command = deserialize(walEntry);
     if (command instanceof SetValueCommand) {
         return applySetValueCommandsAndCompleteClientRequests(
                 (SetValueCommand) command);
     }
     throw new IllegalArgumentException("Unknown command type " + command);
 }

 private Response
     applySetValueCommandsAndCompleteClientRequests(SetValueCommand
                                                     setValueCommand) {
     version = version + 1;
     getLogger()
             .info(replicatedLog.getServerId() + " Setting key value "
                     + setValueCommand.getKey()
                     + " =" + setValueCommand.getValue() + " at " + version);
   mvccStore.put(new VersionedKey(setValueCommand.getKey(), version),
           setValueCommand.getValue());

   completeWaitingFuturesIfFollower(version, setValueCommand.getValue());

   var response = Response.success(RequestId.SetValueResponse, version);
```

```
    return response;
}

private void completeWaitingFuturesIfFollower(int version, String value) {
    CompletableFuture completableFuture = waitingRequests.remove(version);

    if (completableFuture != null) {
        logger.info("Completing pending requests for version "
                + version + " with " + value);
        completableFuture.complete(Optional.of(value));
    }
}
```

### 16.2.4 线性化读

有时，读请求需要获取最新且可用的数据，因此不能容忍复制延迟。在这种情况下，应将读请求重定向至主节点。在响应用户查询之前，主节点必须采取额外的预防措施确保自身的主节点状态，正如第 12 章“复制日志”中的“跳过日志读请求”部分所阐述的。这是一致性核心所解决的一个常见问题。

## 16.3 示例

- Neo4j 支持建立因果集群。每次写操作都会返回一个书签，该书签可在对读副本进行查询时传递。这个书签确保客户端总是能获取到在该书签上写入的值。
- MongoDB 在其副本集中维护因果一致性。写操作返回操作时间，并把该时间传递给后续的读请求，以确保读请求返回在该读请求之前发生的写操作。
- CockroachDB 允许客户端从从节点读数据。主节点发布在主节点上完成写入的最新时间戳，被称为关闭时间戳。如果从节点拥有关闭时间戳的值，那么就允许读数据。
- Apache Kafka 允许在从节点代理那里获得消息。从节点知道主节点的高水位标记。在 Kafka 的设计中，代理不等待最新的更新，而是向消费者返回 OFFSET_NOT_AVAILABLE 错误，并期望消费者重新提交请求。

第 17 章

# 版本化值

版本化值，用于解决数据操作的历史版本问题，每当数据更新，版本号随之递增，并允许通过旧版本号访问历史数据。

## 17.1 问题的提出

在分布式系统中，节点需要判断出某个键的哪个值是最新的，哪个值是历史的，对值的变化做出正确的反应。

## 17.2 解决方案

可以为每个值存储一个版本号，每次更新时递增版本号。这样，每次更新就变成了非阻塞性的写入操作，客户端能够通过指定的版本号来读取历史数据。

以一个简单的复制键值存储为例，集群的主节点处理对键值存储的所有写操作，并将写入请求保存在预写日志中。预写日志在主从节点之间复制。主节点将达到高水位标记的预写日志记录应用于键值存储中。这是一种被称为状态机复制的标准复制方法（Schneider, 1990）。大多数基于共识算法（如 Raft）的数据系统都是这样实现的。

在这种场景下，键值存储还会维护一个整数版本计数器。每次从预写日志中应用键值写入命令时，版本计数器就会递增。然后，系统会使用新的递增版本计数器创建新的键。这样，实际上并没有更新现有的值，每个写入请求都继续向副本存储中追加新值。

```
class ReplicatedKVStore...

  int version = 0;
  MVCCStore mvccStore = new MVCCStore();

  @Override
  public CompletableFuture<Response> put(String key, String value) {
      return replicatedLog.propose(new SetValueCommand(key, value));
  }
```

### 17.2.1 版本化键的排序

嵌入式数据存储（如 RocksDB 或 Bolt）通常作为数据库的存储层。在这些数据存储中，所有的数据都是按照键的顺序进行逻辑排列。由于这些存储使用基于字节数组的键和值，因此在键序列化为字节数组时，保持顺序非常重要。

快速定位到最匹配的版本是一个重要的实现问题，因此版本化键的排序方法是将版本号作为键的后缀，以实现自然排序。这样就保持了与底层数据结构非常吻合的顺序。例如，假如有两个版本的键，key.1 和 key.2，那么 key.1 将自然地排在 key.2 之前。

要存储版本化键值对，就必须使用一种数据结构，它能够快速地定位到最匹配的版本，比如跳表。在 Java 中，可以按照以下方式构建 MVCC（Multiversion Concurrency Control，多版本并发控制）存储。

*class MVCCStore...*

```
public class MVCCStore {
    NavigableMap<VersionedKey, String> kv = new ConcurrentSkipListMap<>();

    public void put(VersionedKey key, String value) {
        kv.put(key, value);
    }
```

为了使用可定位的映射，版本化键的实现如下，其内部包含了一个比较器，以实现键的自然排序。

*class VersionedKey...*

```
public class VersionedKey implements Comparable<VersionedKey> {
    private String key;
    private long version;

    public VersionedKey(String key, long version) {
        this.key = key;
        this.version = version;
    }

    public String getKey() {
        return key;
    }

    public long getVersion() {
        return version;
    }

    @Override
    public int compareTo(VersionedKey other) {
        int keyCompare = this.key.compareTo(other.key);
        if (keyCompare != 0) {
            return keyCompare;
        }
        return Long.compare(this.version, other.version);
    }
}
```

这样的实现支持通过可定位的映射 API 来获取特定版本的值。

*class MVCCStore...*

```
public Optional<String> get(final String key, final int readAt) {
    var entry = kv.floorEntry(new VersionedKey(key, readAt));
    return Optional
            .ofNullable(entry)
            .filter(e -> e.getKey().getKey().equals(key))
            .map(e -> e.getValue());
}
```

例如，一个键有四个版本号，分别为 1、2、3 和 5（图 17.1）。根据客户端提供的版本号，系统会返回最接近的匹配版本。

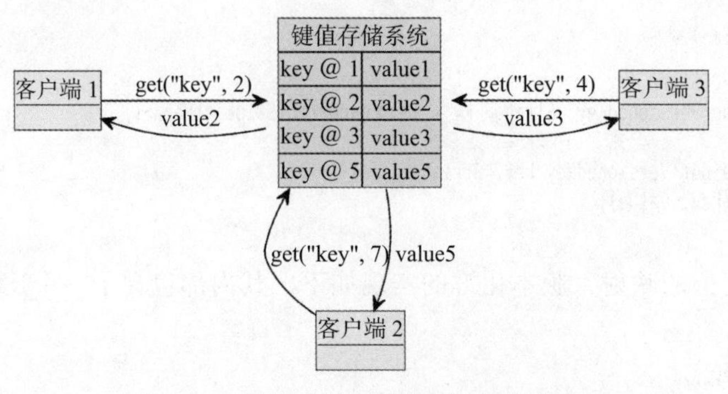


图 17.1 读请求返回最接近的匹配版本

当存储特定键值对时，版本号会返回给客户端。客户端可以使用这个版本号来读数据（图 17.2 与图 17.3）。

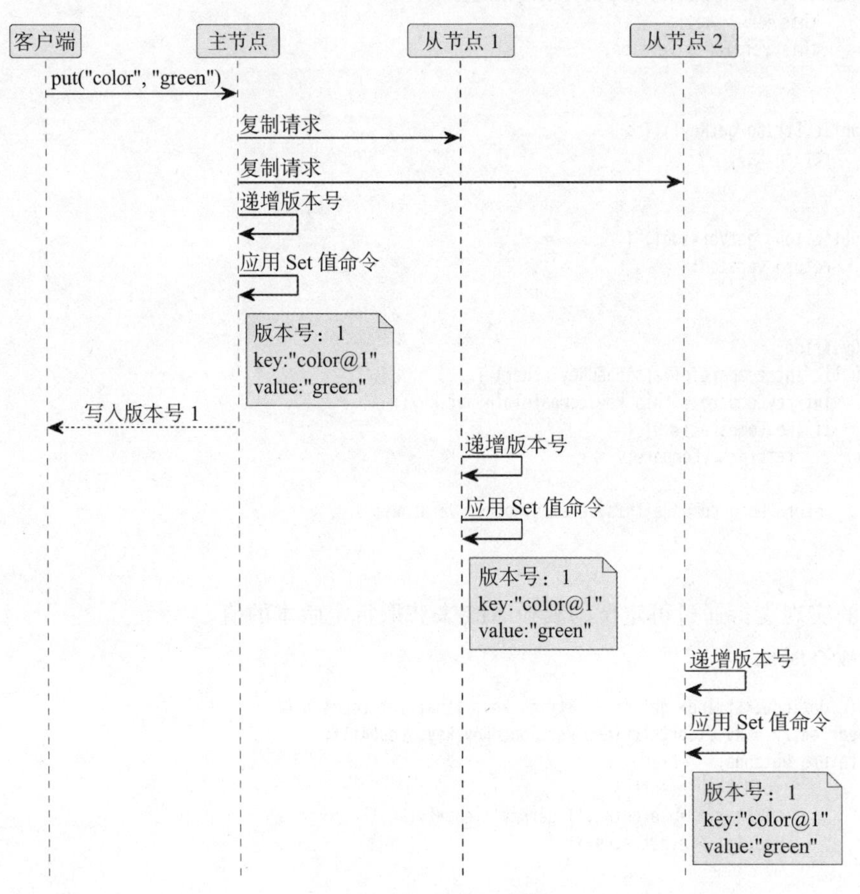


图 17.2 处理 put 请求

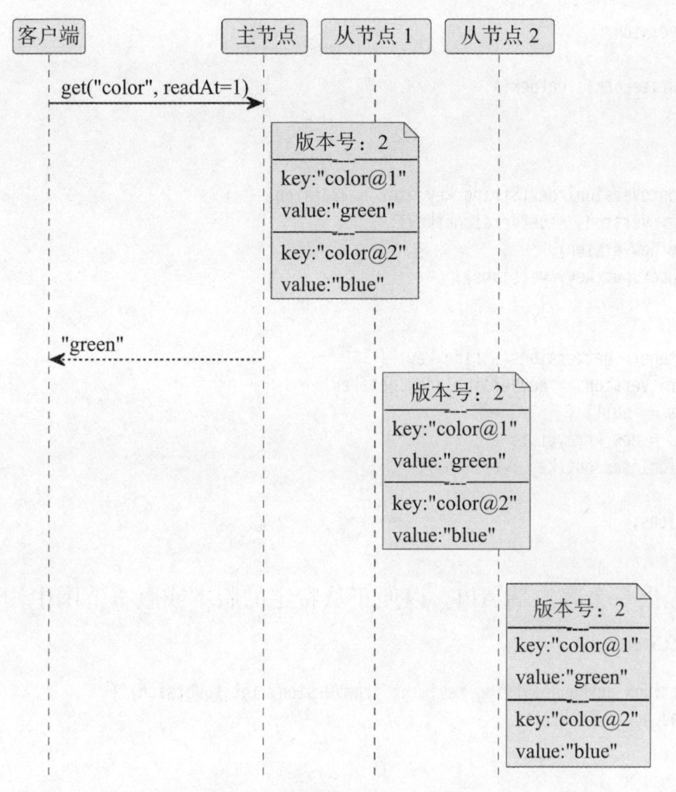


图 17.3　读特定版本的数据

## 17.2.2　读多个版本

客户端有时需要根据一个给定的版本号获取所有版本的数据，例如，在状态监控中，客户端需要根据特定版本获取所有事件。

集群节点可以通过额外的索引结构来存储某个键的所有版本。

*class IndexedMVCCStore...*

```
  public class IndexedMVCCStore {
      NavigableMap<String, List<Integer>> keyVersionIndex = new TreeMap<>();
      NavigableMap<VersionedKey, String> kv = new TreeMap<>();

      ReadWriteLock rwLock = new ReentrantReadWriteLock();

      int version = 0;
public int put(String key, String value) {
    rwLock.writeLock().lock();
    try {
        version = version + 1;
        kv.put(new VersionedKey(key, version), value);

        updateVersionIndex(key, version);
```

```
        return version;
    } finally {
        rwLock.writeLock().unlock();
    }
}

private void updateVersionIndex(String key, int newVersion) {
    List<Integer> versions = getVersions(key);
    versions.add(newVersion);
    keyVersionIndex.put(key, versions);
}

private List<Integer> getVersions(String key) {
    List<Integer> versions = keyVersionIndex.get(key);
    if (versions == null) {
        versions = new ArrayList<>();
        keyVersionIndex.put(key, versions);
    }
    return versions;
}
```

然后，可以提供一个客户端 API，以便于从特定的版本或版本范围中读取数据。

*class IndexedMVCCStore...*

```
  public List<String> getRange(String key, int fromVersion, int toVersion) {
      rwLock.readLock().lock();

      try {
          int maxVersionForKey = getMaxVersionForKey(key);
          int maxVersionToRead = Math.min(maxVersionForKey, toVersion);
          var versionMap = kv.subMap(
                  new VersionedKey(key, fromVersion),
                  new VersionedKey(key, maxVersionToRead)
          );
          return new ArrayList<>(versionMap.values());
      } finally {
          rwLock.readLock().unlock();
      }
  }

  private int getMaxVersionForKey(String key) {
      List<Integer> versions = keyVersionIndex.get(key);
    int maxVersionForKey = versions.stream()
                        .max(Integer::compareTo).orElse(0);
    return maxVersionForKey;
}
```

在更新和读取索引时，需要谨慎地使用锁。

另一种实现方式是，使用列表来保存键的所有版本化值，正如第 28 章中介绍的那样。

### 17.2.3 MVCC 和事务隔离性

数据库利用版本化值来实现 MVCC 和事务隔离性。

并发控制可防止并发线程破坏数据。当使用锁来同步访问时，其他所有请求都会被阻塞，直到持有锁的请求完成并释放锁。通过使用版本化值，每个写入请求都会添加一条新记录，这允许我们使用非阻塞的数据结构来存储值。

事务隔离级别（如快照隔离）能够轻松地利用版本化值来实现，正如在第21章中介绍的那样。当客户端读特定版本的值（图17.4）时，即便在读请求之间存在并发的写事务提交不同的值，它也能确保每次从数据库中读到相同的值。

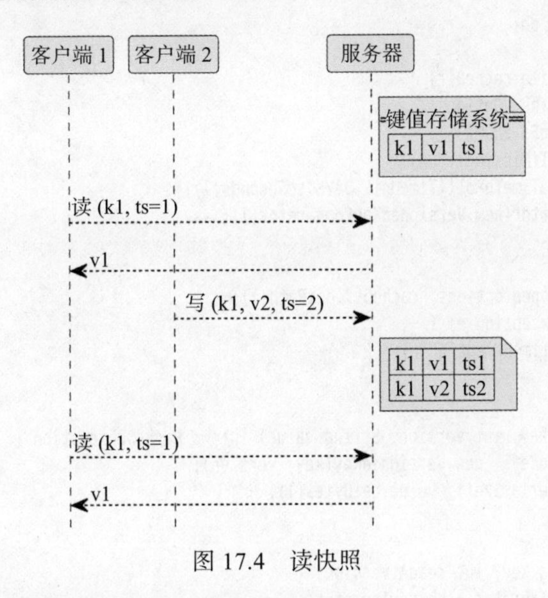


图17.4 读快照

### 17.2.4 使用类似RocksDB的存储引擎

使用RocksDB或类似的嵌入式存储引擎作为数据存储的存储后端是非常常见的。例如，etcd使用Bolt，CockroachDB之前使用RocksDB，现在则使用名为Pebble的RocksDB的Go语言克隆版本。

这些存储引擎适合存储版本化值。它们内部使用的跳表，与前文描述的方式相同，依赖于键的顺序。自定义的比较器对键进行排序的方法如下。

```
class VersionedKeyComparator...

  public class VersionedKeyComparator extends Comparator {
      public VersionedKeyComparator() {
          super(new ComparatorOptions());
      }

      @Override
      public String name() {
          return "VersionedKeyComparator";
      }

      @Override
      public int compare(Slice s1, Slice s2) {
          var key1 = VersionedKey.deserialize(ByteBuffer.wrap(s1.data()));
          var key2 = VersionedKey.deserialize(ByteBuffer.wrap(s2.data()));
```

```
            return key1.compareTo(key2);
        }
    }
```

使用 RocksDB 的参考实现如下。

```
class RocksDBStore...

  private final RocksDB db;

  public RocksDBStore(File cacheDir) {
      Options options = new Options();
      options.setKeepLogFileNum(30);
      options.setCreateIfMissing(true);
      options.setLogFileTimeToRoll(TimeUnit.DAYS.toSeconds(1));
      options.setComparator(new VersionedKeyComparator());

      try {
          db = RocksDB.open(options, cacheDir.getPath());
      } catch (RocksDBException e) {
          throw new RuntimeException(e);
      }
  }
public void put(String key, int version, String value) throws RocksDBException {
    VersionedKey versionKey = new VersionedKey(key, version);
    db.put(versionKey.serialize(), value.getBytes());
}

public String get(String key, int readAtVersion) {
    RocksIterator rocksIterator = db.newIterator();
    rocksIterator.seekForPrev(new VersionedKey(key, readAtVersion).serialize());

    byte[] valueBytes = rocksIterator.value();
    return new String(valueBytes);
}
```

## 17.3 示例

- ❑ etcd3 的 MVCC 后端使用单个整数来表示版本号。
- ❑ MongoDB 和 CockroachDB 的 MVCC 后端使用逻辑时钟来表示版本号。

# 第18章 版本向量

版本向量是一种为集群中的每个节点分别维护一个计数器列表的机制，其目的在于检测并发更新。

## 18.1 问题的提出

如果多个服务器允许更新相同的键，那么检测何时在一组副本上并发更新这些值是非常重要的。

## 18.2 解决方案

版本向量为集群中的每个节点维护一个计数，并且每个键值对都与一个版本向量相关联。它实际上是为每个节点配备的一组计数器。例如，一个拥有三个节点（Blue、Green、Black）的版本向量可能表示为 [Blue: 43, Green: 54, Black: 12]。节点在内部更新时会更新自己的计数器。因此，如果是 Green 节点进行了更新，版本向量将变为 [Blue: 43, Green: 55, Black: 12]。每当两个节点通信时，它们会同步各自的向量标记，这样就能够检测到任何并发进行的更新。

**版本向量与向量时钟的差异**

虽然与向量时钟的实现类似。但是向量时钟用于追踪发生在服务器上的每个事件。相比之下，版本向量用于检测对一组副本上同一键的并发更新。因此，每个键存储而不是每个服务器对应一个版本向量实例。像 Riak 这样的数据库在其实现中使用版本向量而不是向量时钟。

一个典型的版本向量实现如下：

```
class VersionVector...

  private final TreeMap<String, Long> versions;

  public VersionVector() {
      this(new TreeMap<>());
  }

  public VersionVector(TreeMap<String, Long> versions) {
      this.versions = versions;
  }

  public VersionVector increment(String nodeId) {
      TreeMap<String, Long> versions = new TreeMap<>();
      versions.putAll(this.versions);
      Long version = versions.get(nodeId);

      if(version == null) {
          version = 1L;
      } else {
          version = version + 1L;
      }
```

```
        versions.put(nodeId, version);
        return new VersionVector(versions);
    }
```

服务器上存储的每个值都与一个版本向量相关联。

```
class VersionedValue...

    String value;
    VersionVector versionVector;

    public VersionedValue(String value, VersionVector versionVector) {
        this.value = value;
        this.versionVector = versionVector;
    }

    @Override
    public boolean equals(Object o) {
        if (this == o) return true;
        if (o == null || getClass() != o.getClass()) return false;
        VersionedValue that = (VersionedValue) o;
        return Objects.equal(value, that.value)
                && Objects.equal(versionVector, that.versionVector);
    }

    @Override
    public int hashCode() {
        return Objects.hashCode(value, versionVector);
    }
```

## 18.2.1 版本向量比较

通过比较每个节点的版本号来比较版本向量。如果两个版本向量A和B含有同一个集群节点的版本号，并且A中的每个版本号都不低于B中对应的版本号，则认为版本向量A高于（或等于）B。如果并不是某个版本向量的所有版本号都不低于另一个，或者它们含有不同节点的版本号，则认为它们是并发的。

版本向量比较的示例如表18.1所示。

表18.1 版本向量比较的示例

| 版本向量A | 结果 | 版本向量B |
| --- | --- | --- |
| {Blue:2, Green:1} | 高于 | {Blue:1, Green:1} |
| {Blue:2, Green:1} | 并发 | {Blue:1, Green:2} |
| {Blue:1, Green:1, Red: 1} | 高于 | {Blue:1, Green:1} |
| {Blue:1, Green:1, Red: 1} | 并发 | {Blue:1, Green:1, Pink: 1} |

类似于Voldemort数据库中的版本向量比较实现如下：

```
public enum Ordering {
    Before,
    After,
    Concurrent
}
```

```
class VersionVector...

  public static Ordering compare(VersionVector v1, VersionVector v2) {
      validateNotNull(v1, v2);

      SortedSet<String> v1Nodes = v1.getVersions().navigableKeySet();
      SortedSet<String> v2Nodes = v2.getVersions().navigableKeySet();
      SortedSet<String> commonNodes = getCommonNodes(v1Nodes, v2Nodes);

      // Determine if v1 or v2 has more nodes than common nodes
      boolean v1Bigger = v1Nodes.size() > commonNodes.size();
      boolean v2Bigger = v2Nodes.size() > commonNodes.size();

      // Compare versions for common nodes
      for (String nodeId : commonNodes) {
          if (v1Bigger && v2Bigger) {
              break; // No need to compare further
          }
          long v1Version = v1.getVersions().get(nodeId);
          long v2Version = v2.getVersions().get(nodeId);
          if (v1Version > v2Version) {
              v1Bigger = true;
          } else if (v1Version < v2Version) {
              v2Bigger = true;
          }
      }

      return determineOrdering(v1Bigger, v2Bigger);
  }

  private static Ordering determineOrdering(boolean v1Bigger,
                                            boolean v2Bigger) {
      if (!v1Bigger && !v2Bigger) {
          return Ordering.Before;
      } else if (v1Bigger && !v2Bigger) {
          return Ordering.After;
      } else if (!v1Bigger && v2Bigger) {
          return Ordering.Before;
      } else {
          return Ordering.Concurrent;
      }
  }

  private static void validateNotNull(VersionVector v1, VersionVector v2) {
      if (v1 == null || v2 == null) {
          throw new IllegalArgumentException(
                  "Can't compare null vector clocks!");
      }
  }

  private static SortedSet<String> getCommonNodes(SortedSet<String> v1Nodes,
                                                  SortedSet<String> v2Nodes) {
    // get clocks(nodeIds) that both v1 and v2 has
    SortedSet<String> commonNodes = Sets.newTreeSet(v1Nodes);
    commonNodes.retainAll(v2Nodes);
```

```
    return commonNodes;
}
```

## 18.2.2 在键值存储中使用版本向量

在键值存储中使用版本向量时需要一个版本化值列表，以处理可能存在的多个并发值。

*class VersionVectorKVStore...*

```
public class VersionVectorKVStore {
    Map<String, List<VersionedValue>> kv = new HashMap<>();
```

当客户端想要存储一个值时，它首先读取给定键的最新已知版本。然后客户端根据键选择集群中的一个节点来存储该值。存储值时，客户端会将已知的版本向量一并传回。请求流程（图 18.1）中有名为 Blue 和 Green 的两个服务器。对于键"name"，Blue 节点是主节点。

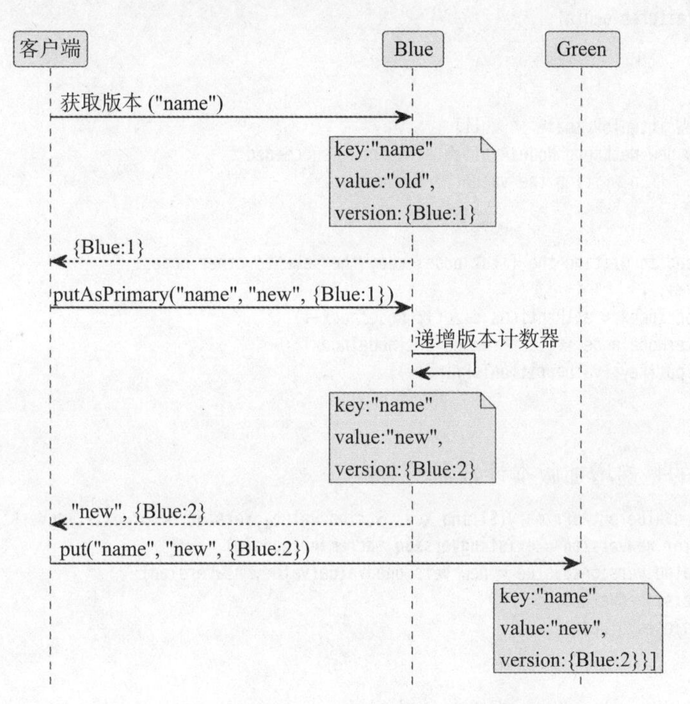


图 18.1 存储值时，主节点的版本计数器递增

在无主节点的复制方案中，客户端或协调者根据键挑选节点以写入数据。版本向量会根据该键映射到的主集群的节点进行更新。拥有相同版本向量的值将被复制到集群的其他节点。如果该键映射到的集群节点不可用，则选择下一个可用节点。版本向量仅为保存该值的第一个集群节点递增。所有其他节点都保存数据的副本。在类似 Voldemort 的数据库中，递增版本向量的代码如下所示：

*class ClusterClient...*

```
public void put(String key, String value, VersionVector existingVersion) {
    List<Integer> allReplicas = findReplicas(key);
```

```
        int nodeIndex = 0;
        List<Exception> failures = new ArrayList<>();
        VersionedValue valueWrittenToPrimary = null;

        for (; nodeIndex < allReplicas.size(); nodeIndex++) {
            try {
                ClusterNode node = clusterNodes.get(nodeIndex);
                //the node which is the primary holder of the key value is
                // responsible for incrementing version number.
                valueWrittenToPrimary = node.putAsPrimary(key,
                        value, existingVersion);
                break;

            } catch (Exception e) {
                //if there is exception writing the value to the node,
                // try other replica.
                failures.add(e);
            }
        }

        if (valueWrittenToPrimary == null) {
            throw new NotEnoughNodesAvailable("No node succeeded " +
                    "in writing the value.", failures);
        }

        //Succeeded in writing the first node, copy the same to other nodes.
        nodeIndex++;
        for (; nodeIndex < allReplicas.size(); nodeIndex++) {
            ClusterNode node = clusterNodes.get(nodeIndex);
            node.put(key, valueWrittenToPrimary);
        }
    }
```

充当主节点的是递增加版本计数器的节点。

```
public VersionedValue putAsPrimary(String key, String value, VersionVector existingVersion) {
    VersionVector newVersion = existingVersion.increment(nodeId);
    VersionedValue versionedValue = new VersionedValue(value, newVersion);
    put(key, versionedValue);
    return versionedValue;
}

public void put(String key, VersionedValue value) {
    versionVectorKvStore.put(key, value);
}
```

如上述代码所示，不同的客户端可能在不同的节点上更新同一键，例如当客户端无法访问某个节点时，就会造成不同节点上有不同的值，根据版本向量比较，认为它们是并发的。

客户端 1 和客户端 2 都试图写入键“ name”的值（图 18.2）。如果客户端 1 无法写入 Green 节点，则 Green 节点将缺少客户端 1 写入的数据。当客户端 2 试图写入但无法连接到 Blue 节点时，会在 Green 节点上执行写入操作。“ name”键的版本向量将反映出 Blue 和 Green 节点之间有并发的写入。

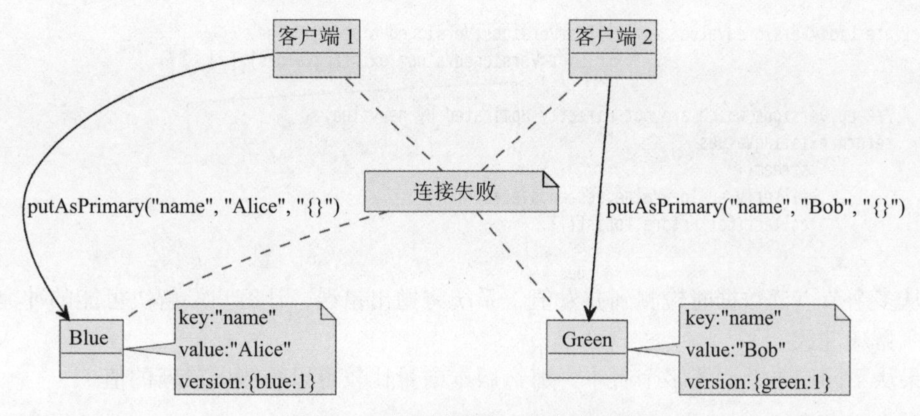


图 18.2 在不同副本上的并发更新

因此，当版本被认为是并发时，基于版本向量的存储系统会为每个键保存多个版本。

*class VersionVectorKVStore...*

```
public void put(String key, VersionedValue newValue) {
    List<VersionedValue> existingValues = kv.get(key);
    if (existingValues == null) {
        existingValues = new ArrayList<>();
    }

    rejectIfOldWrite(key, newValue, existingValues);
    List<VersionedValue> newValues = merge(newValue, existingValues);
    kv.put(key, newValues);
}

//If the newValue is older than the existing one, reject it.
private void rejectIfOldWrite(String key,
                              VersionedValue newValue,
                              List<VersionedValue> existingValues) {

    for (VersionedValue existingValue : existingValues) {
        if (existingValue.descendsVersion(newValue)) {
            throw new ObsoleteVersionException(
                    "Obsolete version for key '" + key
                    + "': " + newValue.versionVector);
        }
    }
}

//Merge new value with existing values. Remove values with
// lower version than the newValue. If the old value is neither
// before or after (concurrent) with the newValue. It will be preserved
private List<VersionedValue> merge(VersionedValue newValue,
                                   List<VersionedValue> existingValues) {

    var retainedValues = removeOlderVersions(newValue, existingValues);
    retainedValues.add(newValue);
    return retainedValues;
}
```

```
private List<VersionedValue> removeOlderVersions(VersionedValue newValue,
                                    List<VersionedValue> existingValues) {

    //keep versions which are not directly dominated by newValue.
    return existingValues
            .stream()
            .filter(v -> !newValue.descendsVersion(v))
            .collect(Collectors.toList());
}
```

当从多个节点读数据时检测到并发值，系统将抛出错误，让客户端解决可能的冲突。

（1）解决冲突

如果从不同副本返回了多个版本，那么版本向量比较可以检测出最新的值。

*class ClusterClient...*

```
public List<VersionedValue> get(String key) {
    List<Integer> allReplicas = findReplicas(key);

    List<VersionedValue> allValues = new ArrayList<>();
    for (Integer index : allReplicas) {
        ClusterNode clusterNode = clusterNodes.get(index);
        List<VersionedValue> nodeVersions = clusterNode.get(key);

        allValues.addAll(nodeVersions);
    }
    return latestValuesAcrossReplicas(allValues);
}

private List<VersionedValue>
        latestValuesAcrossReplicas(List<VersionedValue> allValues) {

    var uniqueValues = removeDuplicates(allValues);
    return retainOnlyLatestValues(uniqueValues);
}

private List<VersionedValue>
        retainOnlyLatestValues(List<VersionedValue> versionedValues) {

    for (int i = 0; i < versionedValues.size(); i++) {
        var v1 = versionedValues.get(i);
        versionedValues.removeAll(getPredecessors(v1, versionedValues));
    }
    return versionedValues;
}

private List<VersionedValue> getPredecessors(VersionedValue v1,
                                   List<VersionedValue> versionedValues) {

    var predecessors = new ArrayList<VersionedValue>();
    for (VersionedValue v2 : versionedValues) {
        if (!v1.sameVersion(v2) && v1.descendsVersion(v2)) {
            predecessors.add(v2);
        }
    }
```

```
        return predecessors;
    }
    private List<VersionedValue>
                removeDuplicates(List<VersionedValue> allValues) {

        return allValues
                .stream()
                .distinct()
                .collect(Collectors.toList());
    }
```

在并发更新的情况下，仅凭版本向量并不足以解决冲突。因此，让客户端提供针对特定应用程序的冲突解决策略是至关重要的。客户端可以在读数据时提供冲突解决策略。

```
public interface ConflictResolver {
    VersionedValue resolve(List<VersionedValue> values);
}
```

*class ClusterClient...*

```
  public VersionedValue getResolvedValue(String key, ConflictResolver resolver) {
      List<VersionedValue> versionedValues = get(key);
      return resolver.resolve(versionedValues);
  }
```

例如，Riak 支持应用程序提供冲突解决策略。

### 用最后写入者赢（LWW）[⊖]的策略来解决冲突

> **Cassandra 与 LWW**
>
> 尽管 Apache Cassandra 与 Riak 和 Voldemort 在架构上相同，但它根本不使用版本向量，仅支持最后写入者赢的冲突解决策略。Cassandra 是一个列族数据库而不是简单的键值存储，每列存储一个时间戳，而不是为整个数据库存储一个值。虽然这减轻了用户解决冲突的负担，但需要在 Cassandra 节点间配置 NTP 服务并确保正常工作。在最坏的情况下，时钟偏差可能会造成一些最新的值被较旧的值覆盖。

虽然版本向量允许检测跨一组服务器的并发写入，但在冲突的情况下，并不能帮助客户端确定选择哪些值。解决冲突的任务交给了客户端。有时，客户端希望键值存储根据时间戳来解决冲突。尽管已经知道跨服务器使用时间戳存在问题，但这种方法的简单性使其成为客户端的优先选择，即使存在因时钟偏差而丢失一些更新的风险。这依赖于配置诸如 NTP 这样的时间服务并跨集群工作。像 Riak 和 Voldemort 这样的数据库支持用户选择最后写入者赢的策略来解决冲突。

为支持最后写入者赢的冲突解决策略，每个值在写入时都会存储一个时间戳。

*class TimestampedVersionedValue...*

```
  class TimestampedVersionedValue {
      String value;
```

---

⊖ LWW（Last Writer Wins）。——编者注

```
    VersionVector versionVector;
    long timestamp;

    public TimestampedVersionedValue(String value, VersionVector versionVector,
                                     long timestamp) {
        this.value = value;
        this.versionVector = versionVector;
        this.timestamp = timestamp;
    }
```

客户端在读值时可以用时间戳来选取最新的值。在这种情况下，可以完全忽略版本向量。

*class ClusterClient...*

```
  public Optional<TimestampedVersionedValue>
                getWithLWW(List<TimestampedVersionedValue> values) {

    return values.stream().max(Comparator.comparingLong(v -> v.timestamp));
  }
```

（2）读修复

读修复让集群的任何节点都能接收写请求以提高可用性。然而，最终所有的副本具有相同的数据非常重要。当客户端读数据时进行副本修复是一种常见的方法。当冲突得到解决时，也可以检测到哪些节点的版本较旧。可以把最新版本数据发送给拥有较旧版本数据的节点作为处理客户端读请求的一部分任务，我们称之为读修复。

考虑图 18.3 所示的场景。Blue 和 Green 两个节点有键“name”的值。Green 节点拥有最新的数据，其版本向量为 [Blue: 1, Green: 1]。当从 Blue 和 Green 两个副本读值时，对其进行比较以找出哪个节点缺少最新版本，并把带有最新版本数据的 put 请求发送到那个集群节点。

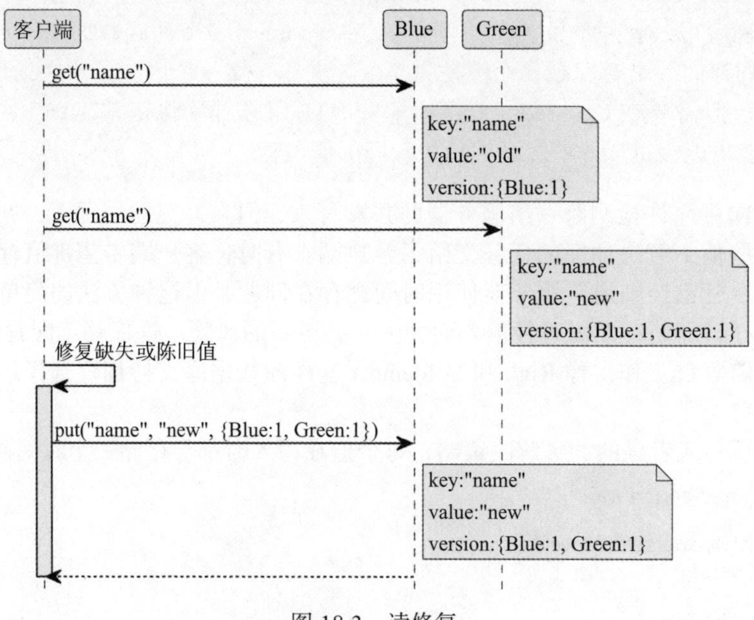


图 18.3 读修复

（3）允许对集群的同一节点进行并发更新

两个客户端可能同时向同一节点写入数据。在上述默认实现中，第二次写入将会被拒绝。在这种情况下，仅为集群中的每个节点维护一个版本号是不够的。

考虑以下情境：两个客户端试图更新同一个键，第二个客户端将收到一个异常信息，因为其 put 请求中传递的版本已过时（图 18.4）。

像 Riak 这样的数据库为客户端提供了灵活性，允许并发写入且不返回错误响应。

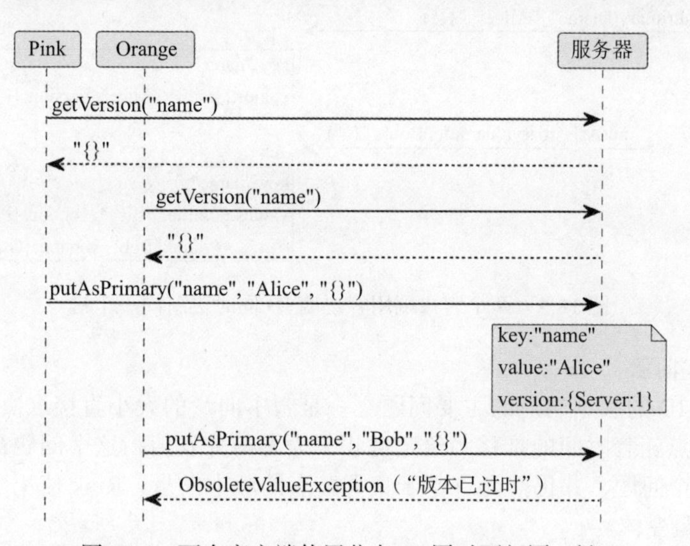


图 18.4　两个客户端使用节点 ID 同时更新同一键

1）使用客户端 ID 而不是节点 ID

如果集群中的每个客户端都有一个唯一的 ID，那么可以使用客户端 ID。每个客户端 ID 都存储一个版本号。每次客户端写入值时，会先读现有的版本，将与客户端 ID 相关联的版本号递增，然后将其写入服务器。

```
class ClusterClient...

  private VersionedValue putWithClientId(String clientId,
                                         int nodeIndex,
                                         String key,
                                         String value,
                                         VersionVector version) {
      var node = clusterNodes.get(nodeIndex);
      var newVersion = version.increment(clientId);
      var versionedValue = new VersionedValue(value, newVersion);
      node.put(key, versionedValue);
      return versionedValue;
  }
```

由于每个客户端都递增自己的计数器，所以尽管在服务器上并发写入会创建多个兄弟值，但并发写入永远不会失败。

图 18.5 展示了前面讨论的第二个客户端在写入时会报错的场景。

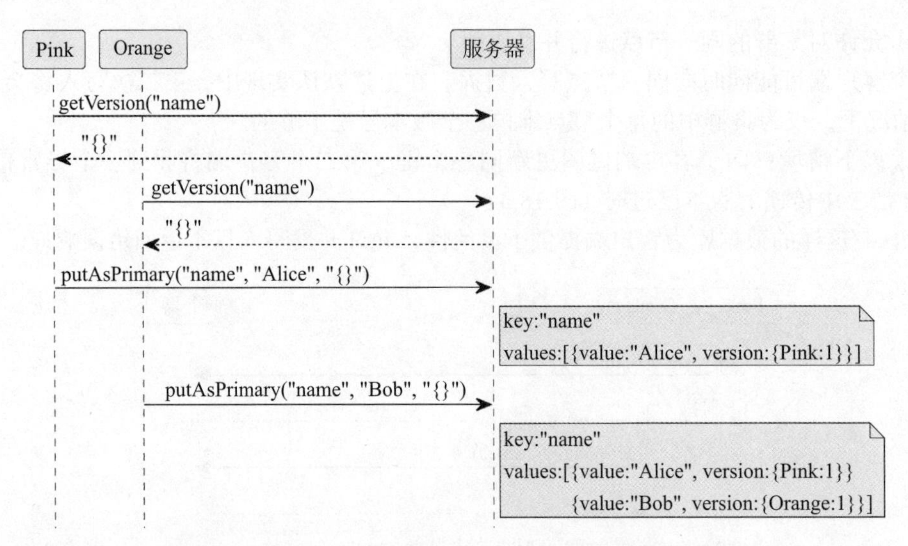


图 18.5 两个客户端用客户端 ID 同时更新同一个键

**2）点状版本向量**

基于客户端 ID 的版本向量的主要问题之一是版本向量的大小直接取决于客户端的数量。这将导致集群节点随着时间的推移为给定键积累太多的并发值，这个问题被称为兄弟节点爆炸。为了解决这个问题，并仍然允许基于集群节点的版本向量，Riak 使用了一种称为点状版本向量的版本向量变体。

## 18.3 示例

- Voldemort 使用了本章描述的版本向量，它支持基于时间戳的最后写入者赢的冲突解决策略。
- Riak 最初使用基于客户端 ID 的版本向量，但后来转向基于集群节点的版本向量，最终转向点状版本向量。Riak 还支持基于系统时间戳的最后写入者赢的冲突解决策略。
- Apache Cassandra 不使用版本向量，它仅支持基于系统时间戳的最后写入赢者的冲突解决策略。

第三部分 *Part 3*

# 数据分区模式

把数据分散在服务器之间对分布式系统的可扩展性至关重要。然而，这也带来了挑战。不仅需要确保客户端能够快速找到存储其数据的正确服务器，而且在添加或移除服务器时不需要大量移动数据。此外，当需要把数据添加到分布在不同服务器上的多个分区时，将面临如何进行原子操作的问题。

接下来的章节将探讨数据分区的常用模式。

虽然这些模式主要关注分区方案，但重要的是要记住，通常使用数据复制模式来复制每个分区以实现容错能力。

# 第19章 固定分区

固定分区是指分区的数量是不变的。在集群规模发生变化时，固定分区可使数据到分区的映射保持不变。

## 19.1 问题的提出

在一组集群节点上拆分数据，需要将每个数据项映射到相应的集群节点。数据映射到集群节点需要满足两个要求：

第一，数据分布要均匀。

第二，要能够知道哪个节点存储了某个特定数据项，而不必向所有节点发送请求。

考虑一个键值存储的示例，通过对键进行哈希处理，然后使用模运算映射到集群节点，就可以满足这两个要求。如果集群有三个节点，我们可以将键 Alice、Bob、Mary 和 Philip 映射到不同的节点，如表 19.1 所示。

表 19.1 三节点集群中的键映射

| 键 | 哈希值 | 节点索引 = 哈希值 %3 |
|---|---|---|
| Alice | 133299819613694460644197938031451912208 | 0 |
| Bob | 63479738429015246738359000453022047291 | 1 |
| Mary | 37724856304035789372490171084843241126 | 2 |
| Philip | 83980963731216160506671196398339418866 | 2 |

但是，这种方法在集群规模变化时会产生问题。假设集群新增两个节点，变成五个节点，映射如表 19.2 所示。

表 19.2 五节点集群中的键映射

| 键 | 哈希值 | 节点索引 = 哈希值 %5 |
|---|---|---|
| Alice | 133299819613694460644197938031451912208 | 3 |
| Bob | 63479738429015246738359000453022047291 | 1 |
| Mary | 37724856304035789372490171084843241126 | 1 |
| Philip | 83980963731216160506671196398339418866 | 1 |

这样，几乎所有键的映射都会发生改变。即便仅新增几个节点，所有数据都需要迁移。当数据量巨大时，这是不可接受的。

## 19.2 解决方案

像 Apache Kafka 这样的消息代理，对每个分区的数据顺序有严格要求。有了固定分区，即使集群新增了节点，分区在集群节点周围移动，每个分区的数据也不会改变，这就保证了每个分区数据依然有序。

最常用的解决方案是将数据映射到逻辑分区。逻辑分区被映射到集群节点。即使新增或移除了节点，数据到逻辑分区的映射保持不变。逻辑分区的数量可以预先设置，例如设置分区的数量为 1024，向集群添加新节点时，这个值不变。因此使用键的哈希值将数据映射到逻辑分区的方式也不变。

将分区均匀地分布在集群节点上是非常重要的。当分区移动到新节点时，应当尽可能快速地完成这个过程，并且只需迁移较小部分的数据。

一旦配置完成，逻辑分区的数量就不再变化。也就是说，这个数量应远大于节点数，以适应未来数据增长的需求。例如，Akka 建议分区数量为节点数量的 10 倍。Apache Ignite 的默认分区数量是 1024。对于小于一百个节点的集群，Hazelcast 的默认分区数量是 271。

数据存储或检索分为两步：

第一步，确定给定数据项的逻辑分区。

第二步，找到存储该逻辑分区的集群节点。

为了在添加新节点时保持集群节点间数据的平衡，可以将一些分区移动到新节点。

### 19.2.1　选择哈希函数

至关重要的是，要选择跨平台与跨运行环境能得到相同哈希值的哈希方法。像 Java 这样的语言，会为每个对象提供一个哈希值，但这个哈希值依赖于 JVM 运行时，因此两个不同的 JVM 运行时可能为相同的键生成不同的哈希值。

为了避免这个问题，可以采用 MD5 哈希或 Murmur 哈希等哈希算法。[⊖]

```
class HashingUtil...

  public static BigInteger hash(String key)
  {
      try {
          var messageDigest = MessageDigest.getInstance("MD5");
          return new BigInteger(messageDigest.digest(key.getBytes()));
      } catch (NoSuchAlgorithmException e) {
          throw new RuntimeException(e);
      }
  }
```

键映射到逻辑分区而非节点。若有九个分区，结果可能如表 19.3 所示。

表 19.3　使用固定逻辑分区的键映射

| 键 | 哈希值 | 映射分区 = 哈希值 %9 | 节点 |
|---|---|---|---|
| Alice | 133299819613694460644197938031451912208 | 0 | 0 |
| Bob | 63479738429015246738359000453022047291 | 1 | 1 |
| Mary | 37724856304035789372490171084843241126 | 5 | 1 |
| Philip | 83980963731216160506671196398339418866 | 2 | 2 |

向集群添加新节点时，键到分区的映射不会改变。

### 19.2.2　将分区映射到集群节点

分区映射到集群节点，这个映射关系需要存储下来，并供客户端访问。通常使用专门的

⊖ Murmur 哈希，是一种基于 Murmur3 的高性能哈希算法，可以将任意长度的字符串转化为 32 位整数，其哈希结果具备高度离散性与随机性。——译者注

一致性核心来处理这两项：它充当协调者，追踪所有节点，并将逻辑分区映射到节点。同时，它还通过使用复制日志以容错的方式存储映射关系。YugabyteDB 中的主集群和 Kafka 中的控制器（Mccabe，2021）都是使用类似的实现方法。

像 Akka 或 Hazelcast 这样的 P2P 系统也需要特定的集群节点充当协调者，它们使用应急主节点作为协调者。

像 Kubernetes 这样的系统使用通用一致性核心，如 etcd。正如第 6 章中所述，它们会选举出一个集群节点来扮演协调者的角色。

### 1. 追踪集群成员资格

每个集群节点会向一致性核心注册并定期发送心跳，通过这种方式让一致性核心检测节点故障（图 19.1）。

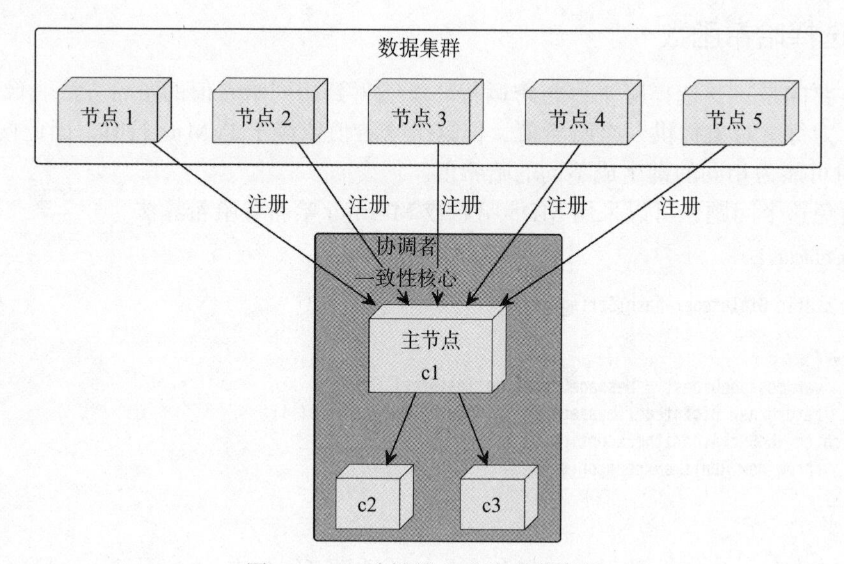


图 19.1 一致性核心追踪成员资格

```
class KVStore...

  public void start() {
      socketListener.start();
      requestHandler.start();
      network.sendAndReceive(coordLeader,
              new RegisterClusterNodeRequest(generateMessageId(),
                      listenAddress));
      scheduler.scheduleAtFixedRate(() -> {
          network
                  .send(coordLeader,
                          new HeartbeatMessage(generateMessageId(),
                                  listenAddress));
      }, 200, 200, TimeUnit.MILLISECONDS);
  }
```

协调者会处理成员的注册请求，并存储成员信息。

```
class ClusterCoordinator...

  ReplicatedLog replicatedLog;
  Membership membership = new Membership();
  TimeoutBasedFailureDetector failureDetector
        = new TimeoutBasedFailureDetector(Duration.ofMillis(TIMEOUT_MILLIS));

  private void handleRegisterClusterNodeRequest(Message message) {
      logger.info("Registering node " + message.from);
      var completableFuture = registerClusterNode(message.from);
      completableFuture.whenComplete((response, error) -> {
          logger.info("Sending register response to node " + message.from);
          network.send(message.from,
                  new RegisterClusterNodeResponse(message.messageId,
                          listenAddress));
      });
  }

  public CompletableFuture registerClusterNode(InetAddressAndPort address) {
      return replicatedLog.propose(new RegisterClusterNodeCommand(address));
  }
```

一旦在复制日志中提交注册，成员资格便更新了。

```
class ClusterCoordinator...

  private void applyRegisterClusterNodeEntry(
          RegisterClusterNodeCommand command) {

      updateMembership(command.memberAddress);
  }
class ClusterCoordinator...

  private void updateMembership(InetAddressAndPort address) {
      membership = membership.addNewMember(address);
      failureDetector.heartBeatReceived(address);
  }
```

协调者会维护所有集群节点的列表：

```
class Membership...

  List<Member> liveMembers = new ArrayList<>();
  List<Member> failedMembers = new ArrayList<>();

  public boolean isFailed(InetAddressAndPort address) {
      return failedMembers.stream().anyMatch(m -> m.address.equals(address));
  }

class Member...

  public class Member implements Comparable<Member> {
      InetAddressAndPort address;
      MemberStatus status;
```

协调者会用类似租约的机制检测节点故障。如果节点停止发送心跳，就会被标记为故障。

```
class ClusterCoordinator...

  @Override
  public void onBecomingLeader() {
      scheduledTask = executor.scheduleWithFixedDelay(this::checkMembership,
              1000,
              1000,
              TimeUnit.MILLISECONDS);
      failureDetector.start();
  }

  private void checkMembership() {
      var failedMembers = getFailedMembers();
      if (!failedMembers.isEmpty()) {
          replicatedLog.propose(new MemberFailedCommand(failedMembers));
      }
  }

  private List<Member> getFailedMembers() {
      var liveMembers = membership.getLiveMembers();
      return liveMembers.stream()
              .filter(m ->
                      failureDetector.isMonitoring(m.getAddress())
                              && !failureDetector.isAlive(m.getAddress()))
              .collect(Collectors.toList());
  }
```

一旦提交成员故障命令，协调者就会更新成员资格。

```
class ClusterCoordinator...

  private void applyMemberFailedCommand(MemberFailedCommand command) {
      membership = membership.failed(command.getFailedMember());
  }

class Membership...

  public Membership failed(List<Member> failedMembers) {
      List<Member> liveMembers = new ArrayList<>(this.liveMembers);
      liveMembers.removeAll(failedMembers);

      for (Member m : failedMembers) {
          m.markDown();
      }
      return new Membership(version + 1, liveMembers, failedMembers);
  }
```

### 2. 为集群节点分配分区

对于像 Apache Kafka 或 Hazelcast 拥有逻辑存储结构（如主题、缓存或表）的数据存储系统，分区是在这些逻辑结构创建的同时创建的。所有节点启动并向一致性核心注册后，便创建存储结构。

协调者会为当前已知的节点分配分区。如果每次添加新的集群节点都触发分区分配，那么它可能会在集群达到稳定状态之前过早地映射分区。这就是我们将协调者配置为等待达到集群的最小规模才会触发分区分配的原因。

首次分配分区时，可以简单地使用轮询法。Apache Ignite 采用了更复杂的汇合哈希映射方法。

```
class ClusterCoordinator...

  CompletableFuture assignPartitionsToClusterNodes() {
      if (!minimumClusterSizeReached()) {
          var e = new NotEnoughClusterNodesException(MINIMUM_CLUSTER_SIZE);
          return CompletableFuture.failedFuture(e);
      }
      return initializePartitionAssignment();
  }
  private boolean minimumClusterSizeReached() {
      return membership.getLiveMembers().size() >= MINIMUM_CLUSTER_SIZE;
  }

  private CompletableFuture initializePartitionAssignment() {
      partitionAssignmentStatus = PartitionAssignmentStatus.IN_PROGRESS;
      var partitionTable = arrangePartitions();
      return replicatedLog.propose(new PartitiontableCommand(partitionTable));
  }

  public PartitionTable arrangePartitions() {
      var partitionTable = new PartitionTable();
      var liveMembers = membership.getLiveMembers();

      for (int partitionId = 1; partitionId <= noOfPartitions;
           partitionId++) {

          var index = partitionId % liveMembers.size();
          var member = liveMembers.get(index);
          partitionTable.addPartition(partitionId,
                  new PartitionInfo(partitionId,
                                    member.getAddress(),
                                    PartitionStatus.ASSIGNED));
      }
      return partitionTable;
  }
```

分区表会被复制日志持久化。

```
class ClusterCoordinator...

  PartitionTable partitionTable;
  PartitionAssignmentStatus partitionAssignmentStatus
        = PartitionAssignmentStatus.UNASSIGNED;

  private void applyPartitionTableCommand(PartitiontableCommand command) {
      this.partitionTable = command.partitionTable;
      partitionAssignmentStatus = PartitionAssignmentStatus.ASSIGNED;
      if (isLeader()) {
          sendMessagesToMembers(partitionTable);
      }
  }
```

一旦分区表被持久化，协调者会向所有节点发送消息，告知它们负责的分区。

*class ClusterCoordinator...*

```
List<Integer> pendingPartitionAssignments = new ArrayList<>();

private void sendMessagesToMembers(PartitionTable partitionTable) {
    var partitionsTobeHosted = partitionTable.getPartitionsTobeHosted();
    partitionsTobeHosted.forEach((partitionId, partitionInfo) -> {
      pendingPartitionAssignments.add(partitionId);
      var message = new HostPartitionMessage(requestNumber++,
              this.listenAddress, partitionId);
      scheduler.execute(new RetryableTask(partitionInfo.hostedOn,
              network, this, partitionId, message));
  });
}
```

协调者会不断尝试与各节点联系，直到消息成功送达。

*class RetryableTask...*

```
static class RetryableTask implements Runnable {
    Logger logger = LogManager.getLogger(RetryableTask.class);
    InetAddressAndPort address;
    Network network;
    ClusterCoordinator coordinator;
    Integer partitionId;
    int attempt;
    private Message message;

    public RetryableTask(InetAddressAndPort address,
                         Network network,
                         ClusterCoordinator coordinator,
                         Integer partitionId,
                         Message message) {
        this.address = address;
        this.network = network;
        this.coordinator = coordinator;
        this.partitionId = partitionId;
        this.message = message;
    }

    @Override
    public void run() {
        attempt++;
        try {
            //stop trying if the node has failed.
            if (coordinator.isSuspected(address)) {
                return;
            }
            network.send(address, message);
        } catch (Exception e) {
            scheduleWithBackOff();
        }
    }

    private void scheduleWithBackOff() {
```

```
        scheduler.schedule(this, getBackOffDelay(attempt),
                TimeUnit.MILLISECONDS);
    }
    private long getBackOffDelay(int attempt) {
        long baseDelay = (long) Math.pow(2, attempt);
        long jitter = randomJitter();
        return baseDelay + jitter;
    }

    private long randomJitter() {
        int i = new Random(1).nextInt();
        i = i < 0 ? i * -1 : i;
        long jitter = i % 50;
        return jitter;
    }
}
```

当节点收到创建分区的请求后，它会使用给定的分区ID创建一个分区。在一个简单的键值存储中，这个过程的实现如下所示：

*class KVStore...*

```
Map<Integer, Partition> allPartitions = new ConcurrentHashMap<>();
private void handleHostPartitionMessage(Message message) {
    var partitionId = ((HostPartitionMessage) message).getPartitionId();
    addPartitions(partitionId);

    logger.info("Adding partition " + partitionId + " to " + listenAddress);

    network.send(message.from,
            new HostPartitionAcks(message.messageId,
                    this.listenAddress, partitionId));
}

public void addPartitions(Integer partitionId) {
    allPartitions.put(partitionId, new Partition(partitionId));
}
```

*class Partition...*

```
SortedMap<String, String> kv = new TreeMap<>();
private Integer partitionId;
```

协调者收到分区创建成功的消息后，会将此消息持久化到复制日志，并更新分区状态为在线。

*class ClusterCoordinator...*

```
private void handleHostPartitionAck(Message message) {
    var partitionId = ((HostPartitionAcks) message).getPartitionId();

    pendingPartitionAssignments.remove(Integer.valueOf(partitionId));

    var future =
            replicatedLog.propose(
                    new UpdatePartitionStatusCommand(partitionId,
```

```
                                PartitionStatus.ONLINE));
    future.join();
}
```

一旦达到高水位标记并应用了该记录，分区的状态也将被更新。

*class ClusterCoordinator...*

```
  private void updateParitionStatus(UpdatePartitionStatusCommand command) {
      removePendingRequest(command.partitionId);
      partitionTable.updateStatus(command.partitionId, command.status);
  }
```

**客户端接口**

仍以键值存储为例。客户端需要存储或检索某个键的值时，会执行以下步骤：

第一步，客户端对键应用哈希函数，并根据分区总数确定相关分区。

第二步，客户端从协调者那里获取分区表，找到托管该分区的节点，并定期刷新分区表。

Apache Kafka 在所有生产者和消费者同时获取分区元数据时，会出现性能问题，因为它们要从 ZooKeeper 检索所有元数据。作为一种解决方案，我们可以在所有代理上进行元数据缓存。

在 YugabyteDB 中也遇到了类似的问题。

客户端从协调者那里获取分区表可能会迅速出现性能瓶颈，特别是当所有请求都由单个协调者处理时。因此通常会在所有节点上保持元数据可用。协调者可以将元数据推送到所有节点或由节点从协调者那里拉取元数据。然后，客户端可以连接任意节点获取最新元数据。

这可以在键值存储提供的客户端库内部实现，也可以在节点收到客户端请求后，在处理请求中实现。

*class Client...*

```
  public void put(String key, String value) throws IOException {
      var partitionId = findPartition(key, noOfPartitions);
      var nodeAddress = getNodeAddressFor(partitionId);
      sendPutMessage(partitionId, nodeAddress, key, value);
  }

  private InetAddressAndPort getNodeAddressFor(Integer partitionId) {
      var partitionInfo = partitionTable.getPartition(partitionId);
      var nodeAddress = partitionInfo.getAddress();
      return nodeAddress;
  }

  private void sendPutMessage(Integer partitionId,
                              InetAddressAndPort address,
                              String key, String value) throws IOException {
      var partitionPutMessage = new PartitionPutMessage(partitionId, key, value);
      var socketClient = new SocketClient(address);
      socketClient
              .blockingSend(new RequestOrResponse(partitionPutMessage));
  }

  public String get(String key) throws IOException {
      var partitionId = findPartition(key, noOfPartitions);
```

```
        var nodeAddress = getNodeAddressFor(partitionId);
        return sendGetMessage(partitionId, key, nodeAddress);
    }

    private String sendGetMessage(Integer partitionId,
                                  String key,
                                  InetAddressAndPort address) throws IOException {
        var partitionGetMessage = new PartitionGetMessage(partitionId, key);
        var socketClient = new SocketClient(address);
        var response =
                socketClient
                        .blockingSend(new RequestOrResponse(partitionGetMessage));
        var partitionGetResponseMessage =
                        deserialize(response.getMessageBody(),
                        PartitionGetResponseMessage.class);
        return partitionGetResponseMessage.getValue();
    }
```

### 3. 将分区移至新增的节点

当集群新增节点时，部分分区可能移动至其他节点，这是新节点添加后系统自动完成的。但这有可能引起大量数据在集群中移动，因此管理员通常会触发重新分配分区。一种简单的方法是，计算每个节点应托管的分区的平均数，然后将这些数量的分区移动到新节点。

例如，如果分区数量是30，并且集群中有三个节点，那么每个节点应该托管10个分区。如果添加了一个新节点，每个节点应该托管7个左右的分区。因此，协调者将尝试从每个集群节点移动2～3个分区到新节点。

```
class ClusterCoordinator...

  List<Migration> pendingMigrations = new ArrayList<>();

  boolean reassignPartitions() {
      if (partitionAssignmentInProgress()) {
          logger.info("Partition assignment in progress");
          return false;
      }
      var migrations = repartition(this.partitionTable);
      var proposalFuture =
              replicatedLog.propose(new MigratePartitionsCommand(migrations));
      proposalFuture.join();
      return true;
  }

public List<Migration> repartition(PartitionTable partitionTable) {
    int averagePartitionsPerNode = getAveragePartitionsPerNode();
    List<Member> liveMembers = membership.getLiveMembers();
    var overloadedNodes = partitionTable
            .getOverloadedNodes(averagePartitionsPerNode, liveMembers);
    var underloadedNodes = partitionTable
            .getUnderloadedNodes(averagePartitionsPerNode, liveMembers);

    return tryMovingPartitionsToUnderLoadedMembers(averagePartitionsPerNode,
            overloadedNodes, underloadedNodes);
}

private List<Migration>
```

```
  tryMovingPartitionsToUnderLoadedMembers(int averagePartitionsPerNode,
          Map<InetAddressAndPort, PartitionList> overloadedNodes,
          Map<InetAddressAndPort, PartitionList> underloadedNodes) {

  List<Migration> migrations = new ArrayList<>();
  for (InetAddressAndPort member : overloadedNodes.keySet()) {
      var partitions = overloadedNodes.get(member);
      var toMove = partitions
              .subList(averagePartitionsPerNode, partitions.getSize());
      overloadedNodes.put(member,
              partitions.subList(0, averagePartitionsPerNode));
      var moveQ = new ArrayDeque<Integer>(toMove.partitionList());
      while (!moveQ.isEmpty() && nodeWithLeastPartitions(underloadedNodes,
              averagePartitionsPerNode).isPresent()) {
          assignToNodesWithLeastPartitions(migrations,
                  member, moveQ,
                  underloadedNodes, averagePartitionsPerNode);
      }
       if (!moveQ.isEmpty()) {
          overloadedNodes.get(member).addAll(moveQ);
       }
   }
   return migrations;
}

int getAveragePartitionsPerNode() {
    return noOfPartitions / membership.getLiveMembers().size();
}
```

协调者会将计算的迁移持久化到复制日志，并发送请求跨集群节点移动分区。

```
private void applyMigratePartitionCommand(
        MigratePartitionsCommand command) {

    logger.info("Handling partition migrations " + command.migrations);
    for (Migration migration : command.migrations) {
        var message = new RequestPartitionMigrationMessage(requestNumber++,
                this.listenAddress, migration);
        pendingMigrations.add(migration);
        if (isLeader()) {
            scheduler.execute(new RetryableTask(migration.fromMember,
                    network, this, migration.getPartitionId(), message));
        }
    }
}
```

集群节点接到迁移请求后，它会将分区标记为“迁移中”，这会阻止对该分区的进一步修改。然后，它会将整个分区数据发送到目标节点。

```
class KVStore...

  private void handleRequestPartitionMigrationMessage(
          RequestPartitionMigrationMessage message) {

      Migration migration = message.getMigration();
      Integer partitionId = migration.getPartitionId();
```

```
    InetAddressAndPort toServer = migration.getToMember();
    if (!allPartitions.containsKey(partitionId)) {
        return;// The partition is not available with this node.
    }
    Partition partition = allPartitions.get(partitionId);
    partition.setMigrating();
    network.send(toServer,
            new MovePartitionMessage(requestNumber++, this.listenAddress,
                    toServer, partition));
}
```

接收节点会将新分区添加到自身，并返回确认。

*class KVStore...*

```
private void handleMovePartition(Message message) {
    var movePartitionMessage = (MovePartitionMessage) message;
    var partition = movePartitionMessage.getPartition();
    allPartitions.put(partition.getId(), partition);
    network.send(message.from,
            new PartitionMovementComplete(message.messageId, listenAddress,
            new Migration(movePartitionMessage.getMigrateFrom(),
                    movePartitionMessage.getMigrateTo(),
                    partition.getId())));
}
```

之前拥有该分区的节点向集群协调者发送“迁移完成”的消息。

*class KVStore...*

```
private void handlePartitionMovementCompleteMessage(
        PartitionMovementComplete message) {

    allPartitions.remove(message.getMigration().getPartitionId());
    network.send(coordLeader,
            new MigrationCompleteMessage(requestNumber++, listenAddress,
            message.getMigration()));
}
```

集群协调者随后将迁移标记为“完成”，相关变更将被存储在复制日志中。

*class ClusterCoordinator...*

```
private void
        handleMigrationCompleteMessage(MigrationCompleteMessage message) {

    var command = new MigrationCompletedCommand(message.getMigration());
    var propose = replicatedLog.propose(command);
    propose.join();
}
```

*class ClusterCoordinator...*

```
private void applyMigrationCompleted(MigrationCompletedCommand command) {
    pendingMigrations.remove(command.getMigration());
    logger.info("Completed migration " + command.getMigration());
    logger.info("pendingMigrations = " + pendingMigrations);
    partitionTable.migrationCompleted(command.getMigration());
}
```

```
class PartitionTable...

  public void migrationCompleted(Migration migration) {
      this
              .addPartition(migration.partitionId,
                      new PartitionInfo(migration.partitionId,
                              migration.toMember,
                              ClusterCoordinator.PartitionStatus.ONLINE));
  }
```

### 4. 一个示例场景

集群有雅典、拜占庭和昔兰尼三个节点。假设有九个分区，分区分配流程如图 19.2 所示。其中，一致性核心的主从节点之间复制消息没有展示。

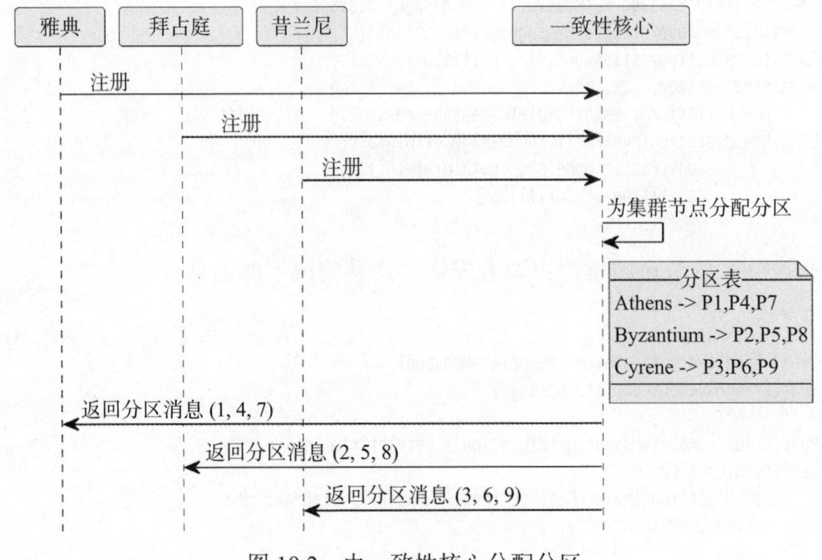


图 19.2 由一致性核心分配分区

客户端利用分区表将给定的键映射到特定节点（图 19.3）。

假设新节点以弗所加入集群，管理员触发重新分配，协调者通过检查分区表来确定哪些节点负载较低。它发现以弗所负载较低，便决定将分区 7 分配给它，并从雅典迁移过去。协调者存储迁移指令，然后向雅典发送请求，将分区 7 迁移到以弗所。迁移完成后，雅典通知协调者，协调者随后更新分区表（图 19.4）。

## 19.2.3 替代方案：分区数量与节点数量成比例

由 Apache Cassandra 推广的替代固定分区的方案是，分区数量与集群节点数成比例。集群新增节点时，分区数量相应增加。有时这被称为一致性哈希。它需要为每个分区存储一个随机生成的哈希值，并且需要搜索已排序的哈希列表。与哈希值 % 分区数量的时间复杂度 O(1) 相比，这种方案时间复杂度会增加。这种技术可能还存在分配给分区的数据不平衡问题，因此大多数数据系统使用固定分区技术。

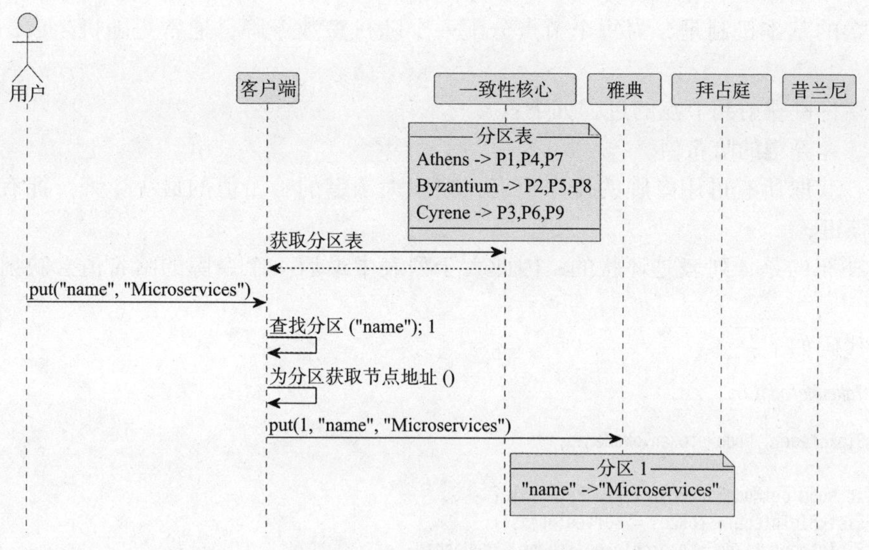


图 19.3 客户端写入分区

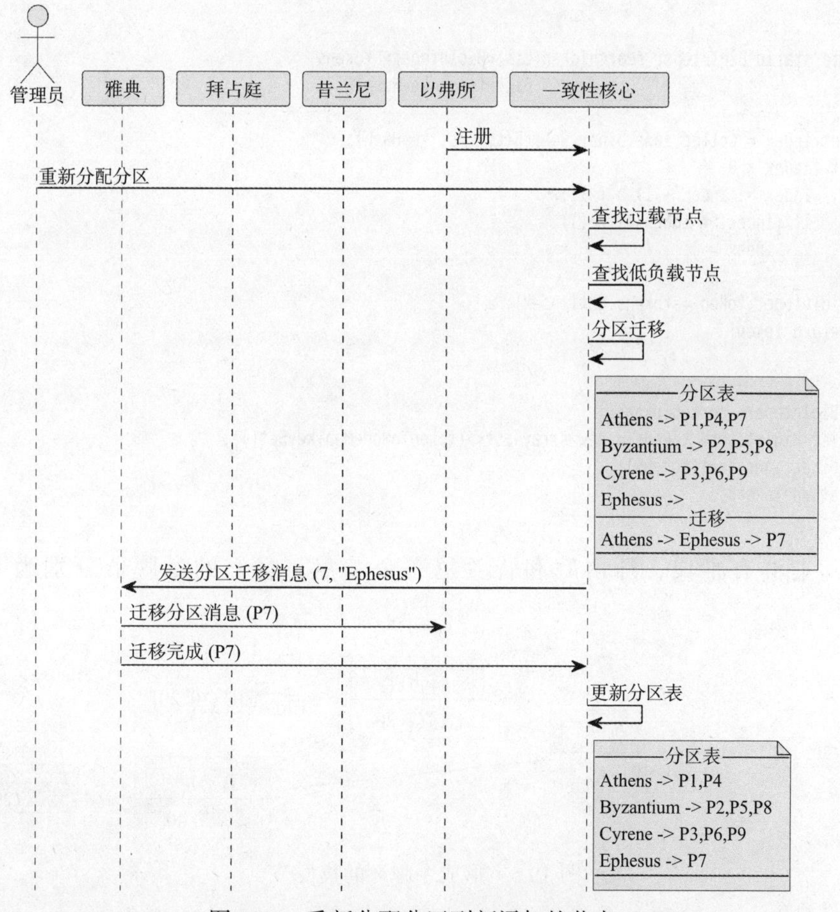


图 19.4 重新分配分区到新添加的节点

此方案的基本机制是，为每个节点分配一个随机整数令牌，通常是随机生成的 GUID 哈希值。

客户端将键映射到节点的过程如下：

首先，计算键的哈希值。

然后，获取所有可用令牌的排序列表，搜索大于键的哈希值的最小令牌，拥有该令牌的节点存储该键；

需要补充的是，列表是环状的，因此大于列表中最后一个令牌的哈希值会映射到第一个令牌。

参考代码如下：

```
class TokenMetadata...

  Map<BigInteger, Node> tokenToNodeMap;

  public Node getNodeFor(BigInteger keyHash) {
      List<BigInteger> tokens = sortedTokens();
      BigInteger token = searchToken(tokens, keyHash);
      return tokenToNodeMap.get(token);
  }

  private static BigInteger searchToken(List<BigInteger> tokens,
                                        BigInteger keyHash) {

      int index = Collections.binarySearch(tokens, keyHash);
      if (index < 0) {
          index = (index + 1) * (-1);
          if (index >= tokens.size())
              index = 0;
      }
      BigInteger token = tokens.get(index);
      return token;
  }

  List<BigInteger> sortedTokens() {
      List<BigInteger> tokens = new ArrayList<>(tokenToNodeMap.keySet());
      Collections.sort(tokens);
      return tokens;
  }
```

例如，集群有雅典、拜占庭和昔兰尼三个节点，它们的令牌值分别为 10、20、30（图 19.5）。

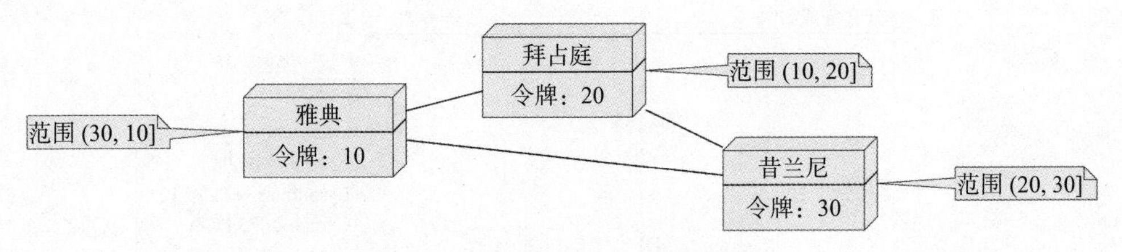


图 19.5 形成令牌环的集群节点

元数据存储在一致性核心中。客户端库获取令牌元数据，使用这些元数据将给定键映射到集群节点（图19.6）。

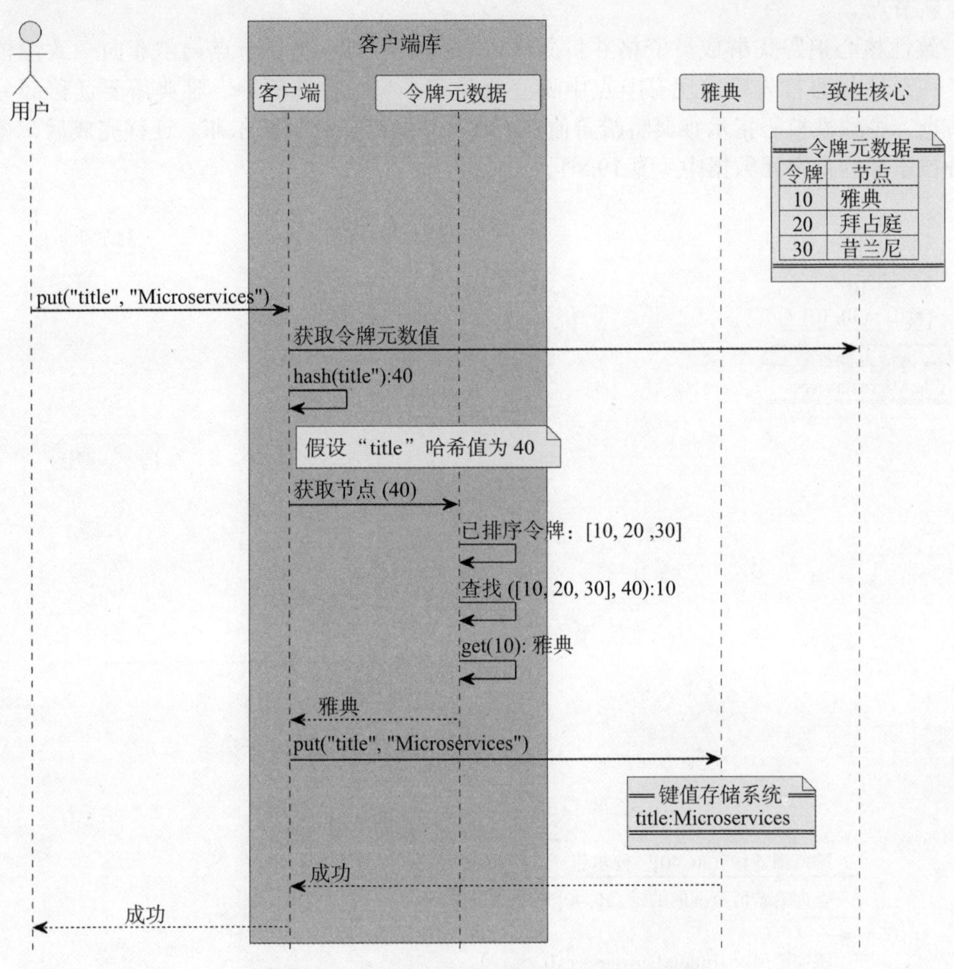


图19.6　客户端使用令牌环向分区写入数据

向集群中新增节点这种方法的优势是，新增节点使分区数量增多（图19.7）。

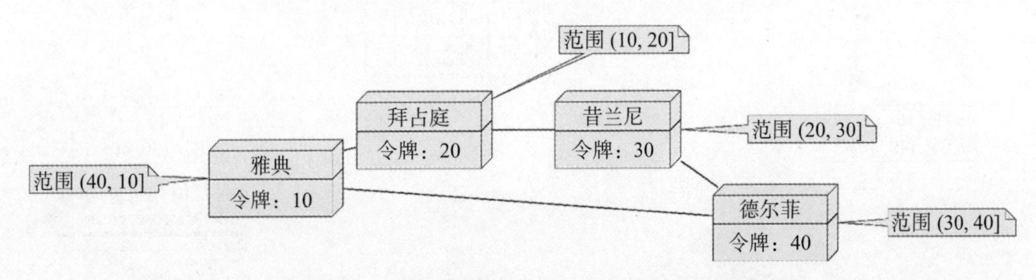


图19.7　新增节点拥有现有令牌范围的一部分

假设新节点德尔菲加入集群，随机令牌为40。雅典之前托管所有哈希值大于30的键，现在需要将哈希值在(30, 40]的键转移给德尔菲。这并不涉及所有键的迁移，只需要将一小部分键移至新节点。

一致性核心追踪集群成员资格并将分区映射到集群节点。新节点德尔菲向一致性核心注册后，一致性核心首先确定现有节点中哪些会受到影响。在此例中，雅典需要迁移部分数据给新节点。一致性核心指示雅典将哈希值在(30, 40]的键迁移到德尔菲。迁移完成后，德尔菲的令牌被添加到令牌元数据中（图19.8）。

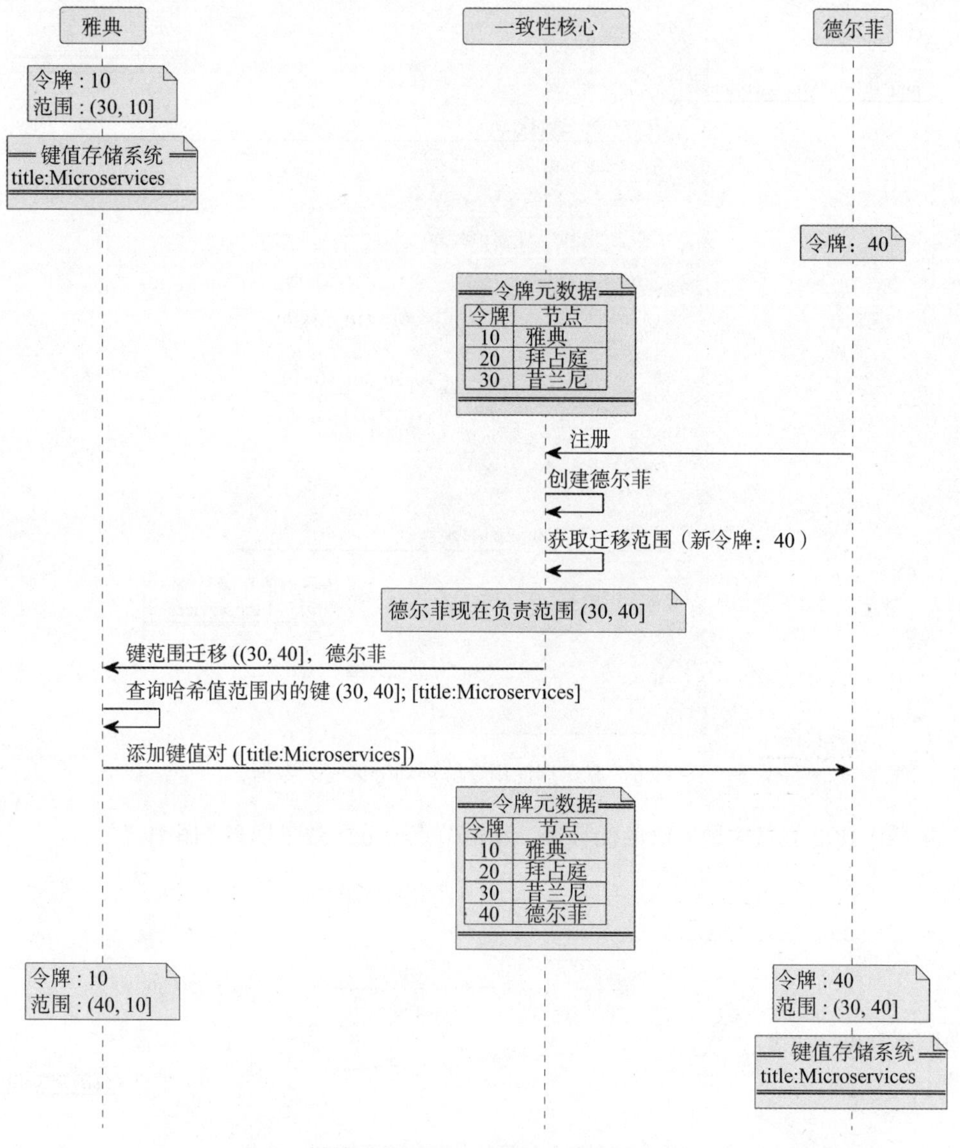


图19.8 将令牌范围的一部分移动到新添加的节点

这种为每个节点分配单个令牌的基础技术，已被证明会造成数据不平衡。当添加新节点时，所有移动数据的负担落到一个现有节点上。因此，Apache Cassandra 改变了设计，为每个节点分配了多个随机令牌，从而使得数据分布更均匀。新节点添加到集群时，将从多个现有节点中迁移少量数据，避免了单个节点过载。

在本例中，雅典、拜占庭和昔兰尼不是各分配一个令牌，而是每个节点有三个令牌。（选用三个是为了简化示例，Apache Cassandra 的默认值是 256。）令牌被随机分配给节点。需要注意的是，分配给节点的令牌是随机生成的 GUID 哈希值，因此它们不是连续的。如果是像 10、20、30 这样的连续数字分配给每个节点，那么在添加新节点时，仍然和每个节点单个令牌产生相同的问题（图 19.9）。

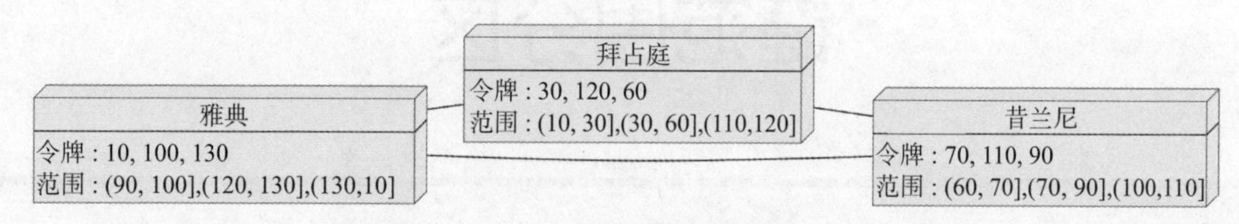


图 19.9　拥有多个令牌范围的节点

当新节点德尔菲加入集群，其令牌为 40、50、200 时，雅典和拜占庭的键范围将发生变动。雅典的范围 (130, 10] 与德尔菲分割，德尔菲现在拥有哈希在 (130, 200] 内的键。拜占庭的范围 (30, 60] 被分割，将哈希在 (40, 50] 内的键移交给德尔菲。所有在雅典的范围 (130, 200] 和拜占庭的 (40, 50] 内的键都被移至德尔菲（图 19.10）。

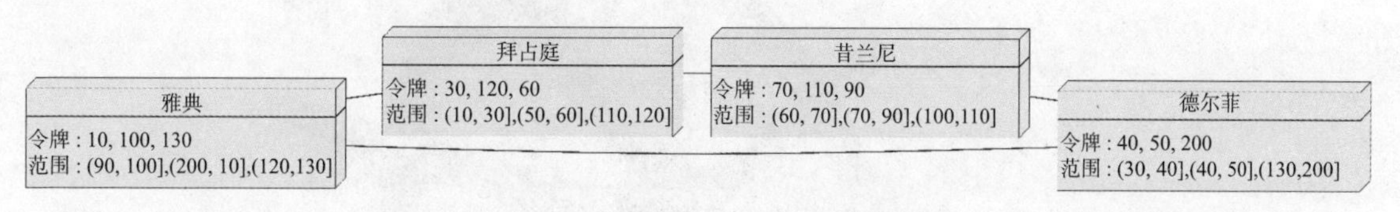


图 19.10　从多个节点移动的数据范围

## 19.3　示例

- 在 Apache Kafka 中，每个主题都是用固定数量的分区创建的。
- Akka 中的分区分配配置了固定数量的分区，指导原则是使分区数量是集群节点数量的 10 倍。
- 像 Apache Ignite 分区和 Hazelcast 分区这样的内存数据网格产品为其缓存配置了固定数量的分区。

# 第20章 键范围分区

键范围分区是指将数据按照已排序的键范围分配到不同的分区中，以便高效地处理范围查询。

## 20.1　问题的提出

在集群节点上分布数据时，每个数据项都需要映射到一个节点。若用户需要查询一定范围内的键，仅指明起止键，那么必须对所有分区进行查询才能获得结果。这种为响应单一请求而对每个分区进行查询的方法亟待优化。

以键值存储为例，作者姓名可通过基于哈希值的映射存储，如第19章所示（表20.1）。

表20.1　用键的哈希值将键映射到集群节点

| 键 | 哈希值 | 分区 = 哈希值 % 分区数量 (9) | 节点 |
|---|---|---|---|
| Alice | 133299819613694460644197938031451912208 | 0 | 0 |
| Bob | 63479738429015246738359000453022047291 | 1 | 1 |
| Mary | 37724856304035789372490171084843241126 | 5 | 1 |
| Philip | 83980963731216160506671196398339418866 | 2 | 2 |

若用户意图查询以“a”至“f”开头的名字，则无法知晓应从哪些分区获取数据，因为键的哈希值用于将键映射到分区，这就需要对所有分区进行查询。

## 20.2　解决方案

为按顺序排列的键创建逻辑分区，然后将分区映射到集群节点。若要查询一定范围的数据，客户端可以从给定范围内获取包含键的所有分区，并只对这些特定分区发起查询以获得所需的值。

### 20.2.1　预定义键范围

若已了解整个键的空间和分布情况，可以预先指定分区的范围。

以存储字符串类型的作者姓名及其著作的简单键值存储为例，若已知作者姓名的分布，便可在某些特定字母（如本例中的“b”和“d”）处划分分区。

需特别标出整个键范围的起始与终止边界。我们可以用空字符串标记最小和最大的键。分区范围可按表20.2所示进行划分。

范围由开始键和结束键表示：

```
class Range...

  private String startKey;
  private String endKey;
```

表20.2　键范围分区示例

| 键范围 | 描述 |
|---|---|
| ["","b") | 名字首字母从"a"到"b"，不包含"b" |
| ["b","d") | 名字首字母从"b"到"d"，不包含"d" |
| ["d","") | 其他所有 |

集群协调者根据指定的划分点创建范围，并

将分区分配至集群节点。

```
class ClusterCoordinator...

  PartitionTable createPartitionTableFor(List<String> splits) {
      var ranges = createRangesFromSplitPoints(splits);
      return arrangePartitions(ranges, membership.getLiveMembers());
  }

  List<Range> createRangesFromSplitPoints(List<String> splits) {
      var ranges = new ArrayList<Range>();
      String startKey = Range.MIN_KEY;
      for (String split : splits) {
          String endKey = split;
          ranges.add(new Range(startKey, endKey));
          startKey = split;
      }
      ranges.add(new Range(startKey, Range.MAX_KEY));
      return ranges;
  }

  PartitionTable arrangePartitions(List<Range> ranges,
                                   List<Member> liveMembers) {
      var partitionTable = new PartitionTable();
      for (int i = 0; i < ranges.size(); i++) {
          //simple round-robin assignment.
          var member = liveMembers.get(i % liveMembers.size());
          var partitionId = newPartitionId();
          var range = ranges.get(i);
          var partitionInfo = new PartitionInfo(partitionId,
                  member.getAddress(), PartitionStatus.ASSIGNED, range);
          partitionTable.addPartition(partitionId, partitionInfo);
      }
      return partitionTable;
  }
```

作为协调者的一致性核心使用复制日志以容错的方式存储映射信息。其具体实现与 19.2.2 节描述的类似。

### 1. 客户端接口

若客户端需在键值存储中存储或检索特定键的值，需按以下步骤操作：

```
class Client...

  public List<String> getValuesInRange(Range range) throws IOException {
      var partitionTable = getPartitionTable();
      var partitionsInRange = partitionTable.getPartitionsInRange(range);
      var values = new ArrayList<String>();

      for (PartitionInfo partitionInfo : partitionsInRange) {
          var partitionValues =
                  sendGetRangeMessage(partitionInfo.getPartitionId(),
                          range, partitionInfo.getAddress());
          values.addAll(partitionValues);
      }
```

```
        return values;
    }
```

*class PartitionTable...*

```
    public List<PartitionInfo> getPartitionsInRange(Range range) {
        var allPartitions = getAllPartitions();
        var partitionsInRange =
                allPartitions
                        .stream()
                        .filter(p -> p.getRange().isOverlapping(range))
                        .collect(Collectors.toList());
        return partitionsInRange;
    }
```

*class Range...*

```
    public boolean isOverlapping(Range range) {
        return this.contains(range.startKey)
                || range.contains(this.startKey)
                || contains(range.endKey);
    }

    public boolean contains(String key) {
        return key.compareTo(startKey) >= 0 &&
                (endKey.equals(Range.MAX_KEY) || endKey.compareTo(key) > 0);

    }
```

*class Partition...*

```
    public List<String> getAllInRange(Range range) {
        return kv.subMap(range.getStartKey(), range.getEndKey())
                .values().stream().toList();
    }
```

### 2. 存储值

为存储值，客户端需要定位给定键的正确分区。一旦确定了分区，即可向托管该分区的集群节点发送请求。

*class Client...*

```
    public void put(String key, String value) throws IOException {
        var partition = findPartition(key);
        sendPutMessage(partition.getPartitionId(),
                partition.getAddress(), key, value);
    }

    private PartitionInfo findPartition(String key) {
        return partitionTable.getPartitionFor(key);
    }
```

*class PartitionTable...*

```
    public PartitionInfo getPartitionFor(String key) {
        List<PartitionInfo> allPartitions = getAllPartitions();
```

```
    Optional<PartitionInfo> partition = allPartitions.stream()
            .filter(p -> !p.isMarkedForSplit() && p.containsKey(key))
            .findFirst();
    return partition
            .orElseThrow(()->
        new RuntimeException("No partition available for key " + key));
}
```

## 20.2.2 示例场景

以雅典、拜占庭和昔兰尼三个数据节点为例，分区在“b”与“d”处划分，形成三个范围（表 20.2）。

协调者为这些范围创建三个分区，并将它们映射到集群节点（图 20.1）。

现在，若客户端需获取所有以“a”与“c”开头的名字，它将定位所有包含这些键的键范围分区。随后，客户端将有针对性地对这些分区发起查询请求以获取值（图 20.2）。

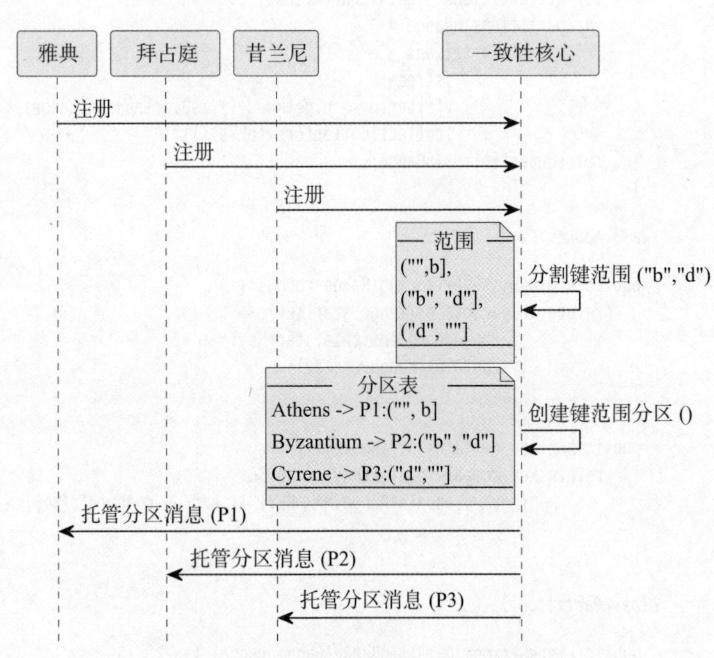


图 20.1 由一致性核心分配分区

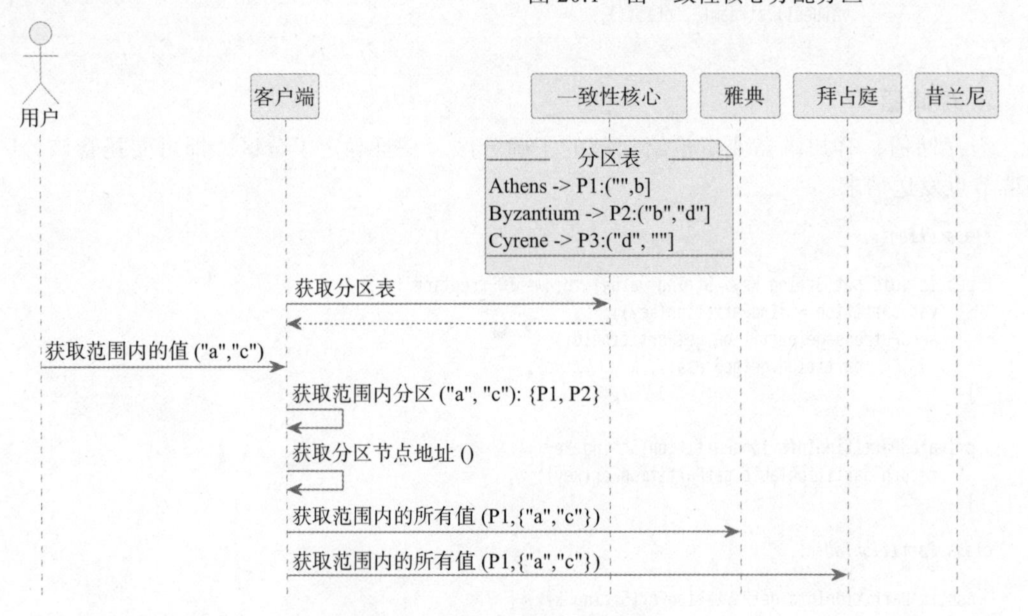


图 20.2 客户端读范围内的值

### 20.2.3　自动分割范围

通常很难预先知道合适的分割点。在这种情况下，可采用自动分割策略。此时，协调者只需创建一个包含所有键空间的分区。

```
class ClusterCoordinator...

  private CompletableFuture initializeRangePartitionAssignment(
          List<String> splits) {

      partitionAssignmentStatus = PartitionAssignmentStatus.IN_PROGRESS;
      var partitionTable = splits.isEmpty() ?
              createPartitionTableWithOneRange()
              :createPartitionTableFor(splits);

      return replicatedLog.propose(new PartitiontableCommand(partitionTable));
  }

  public PartitionTable createPartitionTableWithOneRange() {
      var partitionTable = new PartitionTable();
      var liveMembers = membership.getLiveMembers();
      var member = liveMembers.get(0);
      var firstRange = new Range(Range.MIN_KEY, Range.MAX_KEY);
      int partitionId = newPartitionId();
      partitionTable
              .addPartition(partitionId,
                      new PartitionInfo(partitionId,
                              member.getAddress(),
                              PartitionStatus.ASSIGNED, firstRange));
      return partitionTable;
  }
```

可以把每个分区的大小配置成固定的最大值。然后，在集群的每个节点上运行一个后台任务来追踪分区的大小。当分区的大小达到最大值时，该分区会被分裂成两个分区，每个新分区的大小大约是原来的一半。

```
class KVStore...

  public void scheduleSplitCheck() {
      scheduler.scheduleAtFixedRate(() -> {
          splitCheck();
      }, 1000, 1000, TimeUnit.MILLISECONDS);
  }

  public void splitCheck() {
      for (Integer partitionId : allPartitions.keySet()) {
          splitCheck(allPartitions.get(partitionId));
      }
  }
int MAX_PARTITION_SIZE = 1000;
public void splitCheck(Partition partition) {
    var middleKey = partition.getMiddleKeyIfSizeCrossed(MAX_PARTITION_SIZE);

    if (!middleKey.isEmpty()) {
```

```
            logger.info("Partition " + partition.getId()
                    + " reached size " + partition.size() + ". Triggering " +
                    "split");
            network.send(coordLeader,
                    new SplitTriggerMessage(partition.getId(),
                            middleKey, requestNumber++, listenAddress));

        }
    }
```

**计算分区大小并寻找中间键**

扫描完整的分区来寻找分割键非常耗费资源。这就是为什么像 TiKV 这样的数据库会在数据存储中存储分区的大小及其相应的键。这样可以在不扫描整个分区的情况下找到中间键。

像 YugabyteDB 或 HBase 这样每个分区使用一个存储的数据库，通过扫描存储文件的元数据来定位大致的中间键。

获取分区的大小和定位中间键取决于所用的存储引擎。一种简单的方法是扫描整个分区以计算其大小。TiKV 最初使用了这种方法。为了能够分割表格，也需要找到中间键。为了避免对分区扫描两次，可以在分区大小超过配置的最大值时获取中间键。

```
class Partition...

  public String getMiddleKeyIfSizeCrossed(int partitionMaxSize) {
      int kvSize = 0;
      for (String key : kv.keySet()) {
          kvSize += key.length() + kv.get(key).length();
          if (kvSize >= partitionMaxSize / 2) {
              return key;
          }
      }
      return "";
  }
```

处理分割触发消息的协调者会更新原始分区的键范围元数据，并为分割范围创建新的分区元数据。

```
class ClusterCoordinator...

  private void handleSplitTriggerMessage(SplitTriggerMessage message) {
      logger.info("Handling SplitTriggerMessage "
              + message.getPartitionId()
              + " split key " + message.getSplitKey());
      splitPartition(message.getPartitionId(), message.getSplitKey());
  }

  public CompletableFuture splitPartition(int partitionId, String splitKey) {
      logger.info("Splitting partition " + partitionId + " at key " +
              splitKey);

      var parentPartition = partitionTable.getPartition(partitionId);
      var originalRange = parentPartition.getRange();
      var splits = originalRange.split(splitKey);
```

```
        var shrunkOriginalRange = splits.get(0);
        var newRange = splits.get(1);
        return replicatedLog
                .propose(new SplitPartitionCommand(partitionId,
                        splitKey, shrunkOriginalRange, newRange));
    }
```

在分区元数据成功存储后，协调者会向托管该分区的父分区的集群节点发送消息，以分割父分区的数据。

```
class ClusterCoordinator...

  private void applySplitPartitionCommand(SplitPartitionCommand command) {
      var originalPartition =
              partitionTable.getPartition(command.getOriginalPartitionId());
      var originalRange = originalPartition.getRange();
      if (!originalRange
              .coveredBy(command.getUpdatedRange().getStartKey(),
                      command.getNewRange().getEndKey())) {
          logger.error("The original range start and end keys "
                  + originalRange + " do not match split ranges");
          return;
      }

      originalPartition.setRange(command.getUpdatedRange());
      var newPartitionInfo = new PartitionInfo(newPartitionId(),
              originalPartition.getAddress(),
              PartitionStatus.ASSIGNED, command.getNewRange());
      partitionTable.addPartition(newPartitionInfo.getPartitionId(),
              newPartitionInfo);

      //send requests to cluster nodes if this is the leader node.
      if (isLeader()) {
          var message
                  = new SplitPartitionMessage(
                          command.getOriginalPartitionId(),
                          command.getSplitKey(), newPartitionInfo,
                          requestNumber++, listenAddress);

          scheduler.execute(new RetryableTask(originalPartition.getAddress(),
                  network, this, originalPartition.getPartitionId(),
                  message));
      }
  }

class Range...

  public boolean coveredBy(String startKey, String endKey) {
      return getStartKey().equals(startKey)
              && getEndKey().equals(endKey);
  }
```

集群节点分割原始分区并创建一个新分区。原始分区的数据随后被复制到新分区。然后，节点响应协调者，告诉它分割已完成。

*class KVStore...*

```
private void handleSplitPartitionMessage(
        SplitPartitionMessage splitPartitionMessage) {

    splitPartition(splitPartitionMessage.getPartitionId(),
                        splitPartitionMessage.getSplitKey(),
                        splitPartitionMessage.getSplitPartitionId());
    network.send(coordLeader,
            new SplitPartitionResponseMessage(
                    splitPartitionMessage.getPartitionId(),
                    splitPartitionMessage.getPartitionId(),
                    splitPartitionMessage.getSplitPartitionId(),
                    splitPartitionMessage.messageId, listenAddress));
}

private void splitPartition(int parentPartitionId, String splitKey,
                            int newPartitionId) {

    var partition = allPartitions.get(parentPartitionId);
    var splitPartition = partition.splitAt(splitKey, newPartitionId);
    logger.info("Adding new partition "
            + splitPartition.getId()
            + " for range " + splitPartition.getRange());
    allPartitions.put(splitPartition.getId(), splitPartition);
}
```

*class Partition...*

```
public Partition splitAt(String splitKey, int newPartitionId) {
    var splits = this.range.split(splitKey);
    var shrunkOriginalRange = splits.get(0);
    var splitRange = splits.get(1);

    var partition1Kv =
            (range.getStartKey().equals(Range.MIN_KEY))
                    ? kv.headMap(splitKey)
                    : kv.subMap(range.getStartKey(), splitKey);

    var partition2Kv =
            (range.getEndKey().equals(Range.MAX_KEY))
                    ? kv.tailMap(splitKey)
                    : kv.subMap(splitKey, range.getEndKey());

    this.kv = partition1Kv;
    this.range = shrunkOriginalRange;

    return new Partition(newPartitionId, partition2Kv, splitRange);
}
```

*class Range...*

```
public List<Range> split(String splitKey) {
    return Arrays.asList(new Range(startKey, splitKey),
            new Range(splitKey, endKey));
}
```

一旦协调者收到消息，它将分区状态标记为“在线”。

```
class ClusterCoordinator...

  private void handleSplitPartitionResponse(
          SplitPartitionResponseMessage message) {

      replicatedLog
          .propose(new UpdatePartitionStatusCommand(message.getPartitionId(),
              PartitionStatus.ONLINE));
  }
```

在尝试修改当前分区时可能出现的一个问题是客户端无法缓存数据，并且总是需要获取最新的分区元数据才能向集群节点发送请求。数据存储使用分区的世代时钟，并在每次分割分区时更新世代时钟。世代较旧的客户端请求将被拒绝。客户端随后可以从协调者节点那里重新加载分区表并重新尝试发送请求。这确保了拥有较旧元数据的客户端不会得到错误的结果。YugabyteDB 选择创建两个单独的新分区，并将原始分区标记为已分割。正如在自动表分割设计文档中所解释的那样，已分割的分区停止接收任何来自客户端的读写请求。

（1）示例场景

考虑一个示例，集群节点雅典托管覆盖整个键范围的分区 P1（图 20.3）。将分区的大小配置为最大值 10B。splitCheck 检测到分区大小超过了 10B，并且找到大致的中间键 Bob。然后向集群协调者发送消息，要求其为分割的分区创建元数据。在协调者节点成功创建元数据后，协调者节点要求雅典分割 P1 分区，并将元数据中分区 ID（partitionId）传递给它。雅典可以缩小 P1 并创建一个新分区，然后将数据从 P1 复制到新分区。确认新分区创建成功后，雅典将结果通知协调者。协调者将新分区状态更新为“在线”。

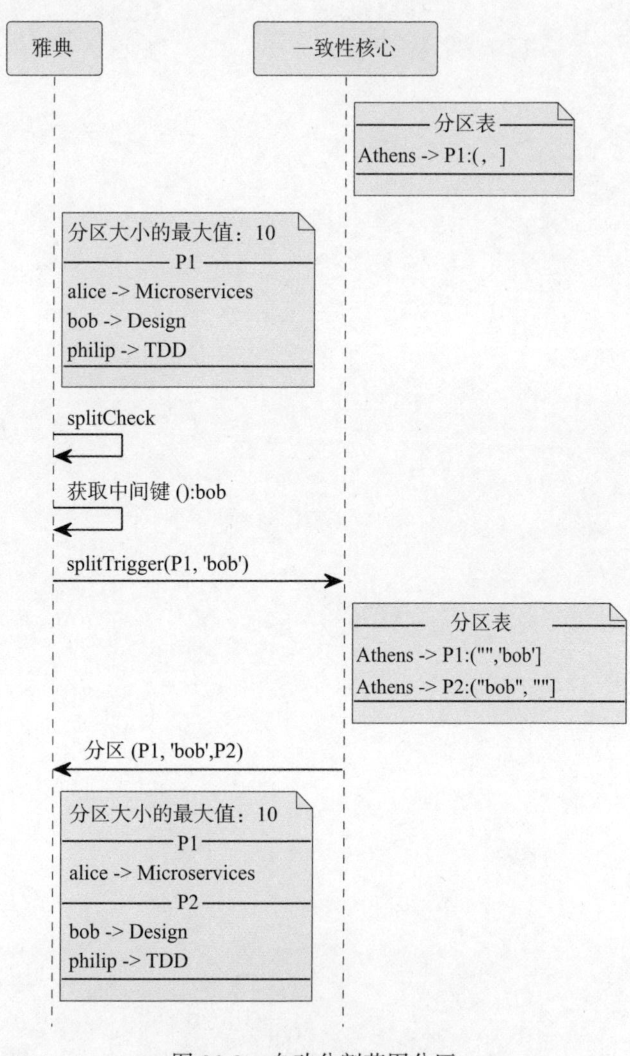


图 20.3　自动分割范围分区

（2）基于负载的分割

对于自动分割，我们从一个范围开始。这意味着即使集群中还有其他节点，所有客户端的请求也都将被发送到单服务器上。所有请求都会继续被发送到托管单个范围的单个服务器上，直到该范围被分割，并把分区移动到其他服务器为止。这是我们也基于参数（如总请求数、CPU 使用率或内存使用率）的分割的原因。像 CockroachDB 和 YugabyteDB 这样的现代数据库支持基于负载的分割。更多细节可以在它们的文档中找到。

## 20.3 示例

包括 HBase、CockroachDB、YugabyteDB 和 TiKV 在内的数据库支持范围分区。

第 21 章

# 两阶段提交

两阶段提交是在需要跨多个节点原子性更新资源时常用的协议。

## 21.1 问题的提出

当数据需要原子性地存储在多个集群节点上时，各节点在得知其他节点的决策前不能对客户端提供访问服务。每个节点都必须明确其他节点是成功存储数据还是失败了。

## 21.2 解决方案

**与 Paxos 和复制日志的比较**

Paxos 和复制日志实现也包括多个阶段。但它们的关键区别在于，这些共识算法用于在所有涉及的集群节点上存储相同的值。

两阶段提交则适用于跨多个集群节点存储不同的值的情形，比如跨数据库的不同分区。每个分区都可以通过复制日志来复制两阶段提交中涉及的状态。

不出所料，两阶段提交的本质在于分两个阶段执行更新：

准备阶段：询问每个节点是否承诺执行更新。

提交阶段：实际执行之前已承诺的更新。

在准备阶段，参与事务的每个节点都要获取所需的资源（例如锁），以确保其能在第二阶段提交。一旦节点确认自己在第二阶段能提交，它们就会向协调者发出通知并进行承诺。只要有一个节点不能承诺，协调者将通知所有节点回滚，释放它们拥有的所有锁，并中止事务。只有所有参与者都同意继续进行，才会进入第二阶段，此时预计所有参与者都会成功执行更新。对每个参与者来说，使用类似预写日志的模式确保它们的决定持久化是至关重要的。这意味着，即使一个节点崩溃后重启，它也能没有任何问题地完成协议。

在一个简单的分布式键值存储实现中，两阶段提交协议的工作流程如下。

事务客户端创建一个事务 ID 作为事务的唯一标识。客户端还会追踪其他细节，如事务的开始时间戳，这通常用于预防死锁的锁机制。事务 ID、开始时间戳等额外详细信息用于追踪跨集群节点的事务，作为事务引用在客户端向其他集群节点的请求中传递。

```
class TransactionRef...

  private UUID txnId;
  private long startTimestamp;


  public TransactionRef(long startTimestamp) {
      this.txnId = UUID.randomUUID();
      this.startTimestamp = startTimestamp;
  }

class TransactionClient...
```

```
    TransactionRef transactionRef;

    public TransactionClient(ReplicaMapper replicaMapper, SystemClock systemClock) {
        this.clock = systemClock;
        this.transactionRef = new TransactionRef(clock.now());
        this.replicaMapper = replicaMapper;
    }
```

其中一个集群节点充当协调者，代表客户端追踪事务状态。在键值存储中，它通常是保存其中某个键数据的节点。一般来说，客户端首次使用的键数据所对应的集群节点作为协调者。

在存储任何值之前，客户端会先与协调者通信，通知事务已开始。由于协调者是存储值的节点之一，客户端在执行不同键的 get 或 put 操作时会动态选择协调者。

```
class TransactionClient...

    private TransactionalKVStore coordinator;
    private void maybeBeginTransaction(String key) {
        if (coordinator == null) {
            coordinator = replicaMapper.serverFor(key);
            coordinator.begin(transactionRef);
        }
    }
```

事务协调者追踪事务状态，并在预写日志中记录每项变更，以确保在崩溃时可用。

```
class TransactionCoordinator...

    Map<TransactionRef, TransactionMetadata> transactions
            = new ConcurrentHashMap<>();
    WriteAheadLog transactionLog;

    public void begin(TransactionRef transactionRef) {
        var txnMetadata = new TransactionMetadata(transactionRef, systemClock,
                transactionTimeoutMs);
        transactionLog.writeEntry(txnMetadata.serialize());
        transactions.put(transactionRef, txnMetadata);
    }

class TransactionMetadata...

    private TransactionRef txn;
    private List<String> participatingKeys = new ArrayList<>();
    private TransactionStatus transactionStatus;
```

示例代码表明，每个 put 请求都发送到对应的服务器。但在事务提交前，这些值不会被访问，因此可以很好地在客户端进行缓存，以优化网络上的往返传输，直到客户端决定提交。

客户端会将事务涉及的所有键发送给协调者，以便协调者能追踪整个事务。协调者会在事务元数据中记录这些键，并通过它们了解涉及的各集群节点。由于每个键值通常都和复制日志一起被复制，而处理特定键请求的主节点在事务的生命周期中可能发生变化，因此追踪的是键，而非实际的服务器地址。客户端随后将 put 或 get 请求发送至保存相应键数据的服务器。服务器的选择依据分区策略来定。值得注意的是，客户端直接与服务器通信，而不经由协调者，这避免了数据在网络上的二次传输：从客户端到协调者，再从协调者到相应的服务器。

```
class TransactionClient...

  public CompletableFuture<String> get(String key) {
      maybeBeginTransaction(key);
      coordinator.addKeyToTransaction(transactionRef, key);
      TransactionalKVStore kvStore = replicaMapper.serverFor(key);
      return kvStore.get(transactionRef, key);
  }

  public void put(String key, String value) {
      maybeBeginTransaction(key);
      coordinator.addKeyToTransaction(transactionRef, key);
      replicaMapper.serverFor(key).put(transactionRef, key, value)
  }
```

```
class TransactionCoordinator...

  public void addKeyToTransaction(TransactionRef transactionRef,
                                  String key) {

      var metadata = transactions.get(transactionRef);
      if (!metadata.getParticipatingKeys().contains(key)) {
          metadata.addKey(key);
          transactionLog.writeEntry(metadata.serialize());
      }
  }
```

处理请求的集群节点检测到该请求是带有事务 ID 的事务的一部分。它管理事务的状态，事务中存储请求中的键和值。键值不直接提交给键值存储，而是单独存储。

```
class TransactionalKVStore...

  public void put(TransactionRef transactionRef, String key, String value) {
      TransactionState state = getOrCreateTransactionState(transactionRef);
      state.addPendingUpdates(key, value);
  }
```

### 21.2.1 锁和事务隔离性

**非串行化隔离性的问题**

串行化隔离级别对总体性能影响较大，主要是因为事务持续期间需要长时间持有锁。这就是为什么大多数数据库提供更宽松的隔离级别，允许提前释放锁。但当客户端需要执行读–改–写操作时，宽松的隔离级别可能导致事务隔离性问题，可能覆盖以前事务中的值。因此，像 Google Spanner 或 CockroachDB 等现代数据存储提供了串行化隔离级别。

在锁的实现中，请求会对键加锁。特别是，get 请求加一个读锁，put 请求加一个写锁。在读值时加读锁。

```
class TransactionalKVStore...

  public CompletableFuture<String> get(TransactionRef txn, String key) {
      CompletableFuture<TransactionRef> lockFuture
              = lockManager.acquire(txn, key, LockMode.READ);
      return lockFuture.thenApply(transactionRef -> {
          getOrCreateTransactionState(transactionRef);
          return kv.get(key);
      });
  }

  synchronized TransactionState getOrCreateTransactionState(
                                  TransactionRef txnRef) {

      TransactionState state = this.ongoingTransactions.get(txnRef);
      if (state == null) {
          state = new TransactionState();
          this.ongoingTransactions.put(txnRef, state);
      }
      return state;
  }
```

写锁在事务即将提交，且值将在键值存储中变得可见时才加锁。在此之前，节点只是将修改后的值作为待处理操作进行追踪。

```
class TransactionalKVStore...

  public void put(TransactionRef transactionRef, String key, String value) {
      TransactionState state = getOrCreateTransactionState(transactionRef);
      state.addPendingUpdates(key, value);
  }
```

关键的设计决策在于，哪些值对并发事务可见。不同的事务隔离级别提供不同的可见性级别。例如，在严格的可串行化事务中，直到写操作的事务完成前，读请求都会被阻塞。为了提高性能，数据库系统可能会绕开两阶段锁定，提前释放锁，即使这样可能会牺牲一些数据一致性。数据存储提供的不同隔离级别定义了众多选择。

需要注意的是，锁的生命周期较长，在请求完成时不会释放，只有当事务提交或回滚时才释放。这种在事务期间保持锁定，并仅在事务提交或回滚时释放的技术，被称为两阶段锁定。两阶段锁定对于提供可串行化的隔离级别是至关重要的。“可串行化”指事务的影响是可见的，就好像它们一次执行一个。

**死锁预防**

使用锁可能会导致死锁，即两个事务互相等待对方释放锁。如果不允许事务等待并在检测到冲突时中止事务，就可以避免死锁。有多种策略可以决定哪个事务继续，哪个事务中止。

锁管理器会根据以下方式实现等待策略：

```
class LockManager...

  WaitPolicy waitPolicy;
```

等待策略决定在出现冲突请求时采取什么行动。

```
public enum WaitPolicy {
    WoundWait,
    WaitDie,
    Error
}
```

锁是一个对象，它追踪当前拥有锁的事务和正在等待锁的事务。

*class Lock...*

```
  Queue<LockRequest> waitQueue = new LinkedList<>();
  List<TransactionRef> owners = new ArrayList<>();
  LockMode lockMode;
```

当事务请求获取锁时，如果没有其他冲突的事务已经拥有该锁，锁管理器会立即授予锁。

*class LockManager...*

```
  public synchronized CompletableFuture<TransactionRef>
                    acquire(TransactionRef txn, String key,
                            LockMode lockMode) {

      return acquire(txn, key, lockMode, new CompletableFuture<>());
  }

  CompletableFuture<TransactionRef>
                  acquire(TransactionRef txnRef,
                          String key,
                          LockMode askedLockMode,
                          CompletableFuture<TransactionRef> lockFuture) {

      var lock = getOrCreateLock(key);

      logger.debug("acquiring lock for = " + txnRef
              + " on key = " + key + " with lock mode = " + askedLockMode);
      if (lock.isCompatible(txnRef, askedLockMode)) {
          lock.addOwner(txnRef, askedLockMode);
          lockFuture.complete(txnRef);
          logger.debug("acquired lock for = " + txnRef);
          return lockFuture;
      }
      if (lock.isLockedBy(txnRef) && lock.lockMode == askedLockMode) {
          lockFuture.complete(txnRef);
          logger.debug("Lock already acquired lock for = " + txnRef);
          return lockFuture;
      }
```

*class Lock...*

```
  public boolean isCompatible(TransactionRef txnRef, LockMode lockMode) {
      if(hasOwner()) {
          return (inReadMode() && lockMode == LockMode.READ)
                  || isOnlyOwner(txnRef);
      }
      return true;
  }
```

若存在冲突，锁管理器将根据等待策略采取相应行动。

（1）锁冲突时提示出错

若等待策略设定为提示错误，则会立刻抛出错误，调用事务将回滚。错误会传播给客户端，客户端可以选择在经过一段随机时间后重试。

```
class LockManager...

  private CompletableFuture<TransactionRef>
          handleConflict(Lock lock,
                         TransactionRef txnRef,
                         String key,
                         LockMode askedLockMode,
                         CompletableFuture<TransactionRef> lockFuture) {

      switch (waitPolicy) {
          case Error: {
              var e = new WriteConflictException(txnRef, key, lock.owners);
              lockFuture
                      .completeExceptionally(e);
              return lockFuture;
          }
          case WoundWait: {
              return lock.woundWait(txnRef, key,  askedLockMode, lockFuture,
                          this);
          }
          case WaitDie: {
              return lock.waitDie(txnRef, key,  askedLockMode, lockFuture,
                      this);
          }
      }
      throw new IllegalArgumentException("Unknown waitPolicy " + waitPolicy);
  }
```

在竞争激烈的情况下，若大量用户事务尝试获取锁并需要重新启动时，这将严重限制系统的吞吐量。因此，数据存储应确保最小数量的事务重启，一种通用的做法是为事务分配唯一 ID 并按此排序。

例如，Google Spanner 为事务分配了可排序的唯一 ID（Malkhi，2013）。这种做法与 Paxos 算法中用于跨节点排序请求的方法极其相似。当事务可以排序时，有两种技术可以避免死锁，同时允许事务在无须重启的情况下继续执行。

事务引用的创建方式是，可以将其与其他事务引用进行比较并排序。最简单的方法是为每个事务分配一个时间戳，并依此进行比较。

```
class TransactionRef...

  boolean after(TransactionRef otherTransactionRef) {
      return this.startTimestamp > otherTransactionRef.startTimestamp;
  }
```

但在分布式系统中，系统时钟并非单调的，所以需要对事务分配唯一的 ID，以便对事务进行排序。结合可排序的 ID，事务的“年龄”也会被追踪，以便进行排序。Google Spanner 通过追踪系统内每个事务的“年龄”来实现排序。

为了能够对所有事务进行排序，集群中的每个节点都被分配了一个唯一 ID。客户端在事务开始时选择一个协调者并从其获取事务 ID。作为协调者的节点会以如下方式生成事务 ID：

```
class TransactionCoordinator...

  private int requestId;
  public MonotonicId begin() {
      return new MonotonicId(requestId++, config.getServerId());
  }

class MonotonicId...

  public class MonotonicId implements Comparable<MonotonicId> {
      public int requestId;
      int serverId;

      public MonotonicId(int requestId, int serverId) {
          this.serverId = serverId;
          this.requestId = requestId;
      }

      public static MonotonicId empty() {
          return new MonotonicId(-1, -1);
      }

      public boolean isAfter(MonotonicId other) {
          if (this.requestId == other.requestId) {
              return this.serverId > other.serverId;
          }
          return this.requestId > other.requestId;
      }

class TransactionClient...

  private void beginTransaction(String key) {
      if (coordinator == null) {
          coordinator = replicaMapper.serverFor(key);
          MonotonicId transactionId = coordinator.begin();
          transactionRef = new TransactionRef(transactionId, clock.nanoTime());
      }
  }
```

客户端通过记录事务开始后所经过的时间，来追踪事务的“年龄”：

```
class TransactionRef...

  public void incrementAge(SystemClock clock) {
      age = clock.nanoTime() - startTimestamp;
  }
```

客户端每次向服务器发送 get 或 put 请求时，“年龄”就会增加。然后，事务就可以根据它们的“年龄”进行排序。若事务年龄相同，则通过事务 ID 来比较。

```
class TransactionRef...

  public boolean isAfter(TransactionRef other) {
        return age == other.age?
```

```
            this.id.isAfter(other.id)
            :this.age > other.age;
}
```

（2）伤停等待法

在伤停等待法中，如果出现冲突，请求锁的事务将与当前拥有锁的所有事务进行比较。如果拥有锁的事务都比请求锁的事务年轻，说明后启动的多个事务反而先拿到了锁，那么这些事务将被中止。但是，如果请求锁的事务比拥有锁的事务年轻，说明先启动的事务先拿到了锁，那边请求锁的年轻事务将继续等待锁：

```
class Lock...

  public CompletableFuture<TransactionRef>
                woundWait(TransactionRef txnRef,
                          String key,
                          LockMode askedLockMode,
                          CompletableFuture<TransactionRef> lockFuture,
                          LockManager lockManager) {

      if (allOwningTransactionsStartedAfter(txnRef)
              && !anyOwnerIsPrepared(lockManager)) {

          abortAllOwners(lockManager, key, txnRef);
          return lockManager.acquire(txnRef, key, askedLockMode, lockFuture);
      }

      var lockRequest = new LockRequest(txnRef, key, askedLockMode,
              lockFuture);

      lockManager.logger.debug("Adding to wait queue = " + lockRequest);
      addToWaitQueue(lockRequest);
      return lockFuture;
  }
class Lock...

  private boolean allOwningTransactionsStartedAfter(TransactionRef txn) {
      return owners.
              stream().
              filter(o -> !o.equals(txn))
              .allMatch(owner -> owner.after(txn));
  }
```

需要注意的是，如果持有锁的事务已处于两阶段提交的准备阶段，则不会被中止。

（3）等待死亡法

等待死亡法与伤停等待法正好相反。如果持有锁的事务都比请求锁的事务年轻，那么请求锁的事务就会等待锁。但如果请求锁的事务比持有锁的事务年轻，那么请求锁的事务将被中止。

```
class Lock...

  public CompletableFuture<TransactionRef>
                waitDie(TransactionRef txnRef,
                        String key,
                        LockMode askedLockMode,
                        CompletableFuture<TransactionRef> lockFuture,
```

```
                                    LockManager lockManager) {

        if (allOwningTransactionsStartedAfter(txnRef)) {
            addToWaitQueue(new LockRequest(txnRef, key, askedLockMode, lockFuture));
            return lockFuture;
        }

        lockManager.abort(txnRef, key);
        lockFuture.completeExceptionally(
                new WriteConflictException(txnRef, key, owners));
        return lockFuture;
    }
```

伤停等待法通常比死亡等待法有更少的重启，因此像Google Spanner这样的数据存储使用伤停等待法。当事务的所有者释放锁时，等待中的事务被授予锁。

```
class LockManager...

  private void release(TransactionRef txn, String key) {
      Optional<Lock> lock = getLock(key);
      lock.ifPresent(l -> {
          l.release(txn, this);
      });
  }
class Lock...

  public void release(TransactionRef txn, LockManager lockManager) {
      removeOwner(txn);
      if (hasWaiters()) {
          var lockRequest = getFirst(lockManager.waitPolicy);
          lockManager.acquire(lockRequest.txn,
                  lockRequest.key, lockRequest.lockMode, lockRequest.future);
      }
  }
```

### 21.2.2 提交和回滚

客户端完成其读写操作后，会通过向协调者发送提交请求来启动提交请求。

```
class TransactionClient...

  public CompletableFuture<Boolean> commit() {
      return coordinator.commit(transactionRef);
  }
```

事务协调者会记录事务状态为“准备提交”。协调者分两阶段实现提交处理。

①向每个参与者发送准备请求。

②一旦收到所有参与者的成功响应，协调者将事务标记为“准备完成”。然后，向所有参与者发送提交请求。

```
class TransactionCoordinator...

  public CompletableFuture<Boolean> commit(TransactionRef transactionRef)  {
      var metadata = transactions.get(transactionRef);
      metadata.markPreparingToCommit(transactionLog);
```

```
        var allPrepared = sendPrepareRequestToParticipants(transactionRef);
        var futureList = sequence(allPrepared);
        return futureList.thenApply(result -> {
            if (!result.stream().allMatch(r -> r)) {
                logger.info("Rolling back = " + transactionRef);
                rollback(transactionRef);
                return false;
            }
            metadata.markPrepared(transactionLog);
            sendCommitMessageToParticipants(transactionRef);
            metadata.markCommitComplete(transactionLog);
            return true;
        });
    }
```

收到准备请求的集群节点会执行两个步骤：

①尝试为所有相关键获取写锁。

②在成功获取锁后，将所有更改写入预写日志。

成功完成这些步骤后，可以保证无冲突的事务存在，并确保即使在节点崩溃的情况下，节点也能恢复完成事务所需的所有状态。

```
class TransactionalKVStore...

  public CompletableFuture<Boolean>
                    handlePrepare(TransactionRef txn) {

      try {
          TransactionState state = getTransactionState(txn);
          if (state.isPrepared()) {
              //already prepared.
              return CompletableFuture.completedFuture(true);
          }

          if (state.isAborted()) {
              //aborted by another transaction.
              return CompletableFuture.completedFuture(false);
          }

          var pendingUpdates = state.getPendingUpdates();
          var prepareFuture = prepareUpdates(txn, pendingUpdates);
          return prepareFuture.thenApply(ignored -> {
              var locksHeldByTxn = lockManager.getAllLocksFor(txn);
              state.markPrepared();
              writeToWAL(new TransactionMarker(txn, locksHeldByTxn,
                      TransactionStatus.PREPARED));
              return true;
          });

      } catch (TransactionException| WriteConflictException e) {
          logger.error(e);
      }
      return CompletableFuture.completedFuture(false);
  }
```

```
  private CompletableFuture<Boolean> prepareUpdates(TransactionRef txn,
                             Optional<Map<String, String>> pendingUpdates)  {

      if (pendingUpdates.isPresent()) {
          var pendingKVs = pendingUpdates.get();
          var lockFuture = acquireLocks(txn, pendingKVs.keySet());
          return lockFuture.thenApply(ignored -> {
              writeToWAL(txn, pendingKVs);
              return true;
          });
      }
    return CompletableFuture.completedFuture(true);
}

TransactionState getTransactionState(TransactionRef txnRef) {
    return ongoingTransactions.get(txnRef);
}

private void writeToWAL(TransactionRef txn,
                        Map<String, String> pendingUpdates) {

    for (String key : pendingUpdates.keySet()) {
        var value = pendingUpdates.get(key);
        wal.writeEntry(new SetValueCommand(txn, key, value).serialize());
    }
}

private CompletableFuture<List<TransactionRef>>
                            acquireLocks(TransactionRef txn,
                                         Set<String> keys) {

    var lockFutures = new ArrayList<CompletableFuture<TransactionRef>>();
    for (String key : keys) {
        var lockFuture = lockManager.acquire(txn, key, LockMode.READWRITE);
        lockFutures.add(lockFuture);
    }
    return sequence(lockFutures);
}
```

当集群节点收到来自协调者的提交消息时，可以确定使键值修改可见是安全的。在提交更改时，节点将执行三个步骤：

①将事务标记为“已提交”。如果集群节点此时失效，它也知道事务的结果，并可重复以下步骤。

②将所有更改应用于键值存储。

③释放所有获取的锁。

*class TransactionalKVStore...*

```
  public void handleCommit(TransactionRef transactionRef,
                                        List<String> keys) {
      if (!ongoingTransactions.containsKey(transactionRef)) {
          return; //this is a no-op. Already committed.
      }
```

```
        if (!lockManager.hasLocksFor(transactionRef, keys)) {
            throw new IllegalStateException("Transaction " + transactionRef
                    + " should hold all the required locks for keys " + keys);
        }
        writeToWAL(new TransactionMarker(transactionRef,
                TransactionStatus.COMMITTED, keys));

        applyPendingUpdates(transactionRef);

        releaseLocks(transactionRef, keys);
    }

    private void removeTransactionState(TransactionRef txnRef) {
        ongoingTransactions.remove(txnRef);
    }

    private void applyPendingUpdates(TransactionRef txnRef) {
        var state = getTransactionState(txnRef);
        var pendingUpdates = state.getPendingUpdates();
        apply(txnRef, pendingUpdates);
    }

    private void apply(TransactionRef txnRef,
                       Optional<Map<String, String>> pendingUpdates) {
        if (pendingUpdates.isPresent()) {
            var pendingKv = pendingUpdates.get();
            apply(pendingKv);
        }
        removeTransactionState(txnRef);
    }

    private void apply(Map<String, String> pendingKv) {
        for (String key : pendingKv.keySet()) {
            String value = pendingKv.get(key);
            kv.put(key, value);
        }
    }
    private void releaseLocks(TransactionRef txn, List<String> keys) {
            lockManager.release(txn, keys);
    }

    private Long writeToWAL(TransactionMarker transactionMarker) {
       return wal.writeEntry(transactionMarker.serialize());
    }
```

回滚以类似的方式实现。若出现任何故障，客户端会与协调者通信以回滚事务。

```
class TransactionClient...

  public void rollback() {
      coordinator.rollback(transactionRef);
  }
```

事务协调者记录事务的状态为“准备回滚”。随后，它将回滚请求转发给存储了该事务值的所有服务器。一旦所有请求都成功完成，协调者就会将事务的回滚标记为“完成”。如果协调者在事务标记为“准备回滚”后崩溃并重启，它可以继续向参与的所有节点发送回滚消息。

```
class TransactionCoordinator...

  public void rollback(TransactionRef transactionRef) {
      var transactionMetadata = transactions.get(transactionRef);

      transactionMetadata.markPrepareToRollback(this.transactionLog);

      sendRollbackMessageToParticipants(transactionRef);

      transactionMetadata.markRollbackComplete(this.transactionLog);
  }

  private void sendRollbackMessageToParticipants(TransactionRef transactionRef) {

      var transactionMetadata = transactions.get(transactionRef);
      var participants
            = getParticipants(transactionMetadata.getParticipatingKeys());
      for (var kvStore : participants.keySet()) {
          var keys = participants.get(kvStore);
          kvStore.sendRollback(transactionMetadata.getTxn(), keys);
      }
  }
```

收到回滚请求的节点需要执行三个步骤：

①在预写日志中记录事务的状态为“已回滚”。

②丢弃事务状态。

③释放所有的锁。

```
class TransactionalKVStore...

  public void handleRollback(TransactionRef transactionRef,
                                             List<String> keys) {

      if (!ongoingTransactions.containsKey(transactionRef)) {
          return; //no-op. Already rolled back.
      }
      writeToWAL(new TransactionMarker(transactionRef,
              TransactionStatus.ROLLED_BACK, keys));
      this.ongoingTransactions.remove(transactionRef);
      this.lockManager.release(transactionRef, keys);
  }
```

**幂等操作**

在网络故障的情况下，协调者可以重试调用准备、提交或中止等操作。因此，这些操作必须是幂等的。

### 21.2.3 示例场景

#### 1. 原子写入

考虑以下场景。Paula Blue 拥有一辆卡车，Steven Green 拥有一台挖掘机。卡车和挖掘机的可用性和预订状态存储在一个分布式键值存储系统中。根据键与服务器的映射关系，Blue的卡车和 Green 的挖掘机的预订存放在不同的集群节点上。Alice 正为她打算于下周一进行的基建工作预订一辆卡车和挖掘机，而且这两者都必须是可用的。

预订过程如下。

Alice 通过读两个键：truck_booking_on_monday（图 21.1）和 backhoe_booking_on_monday（图 21.2），来检查 Blue 的卡车和 Green 的挖掘机的可用性。

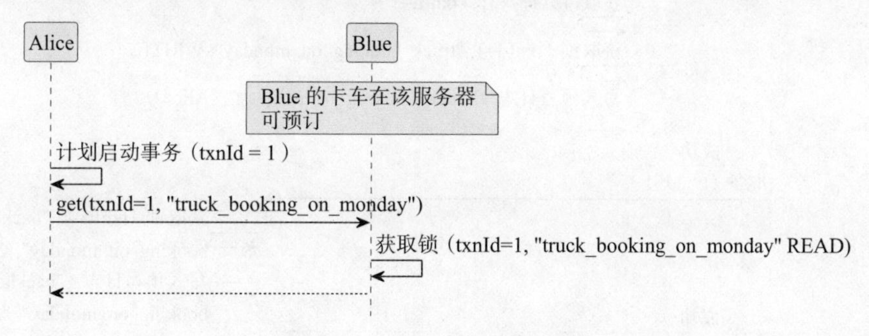


图 21.1 Blue 节点获得读锁

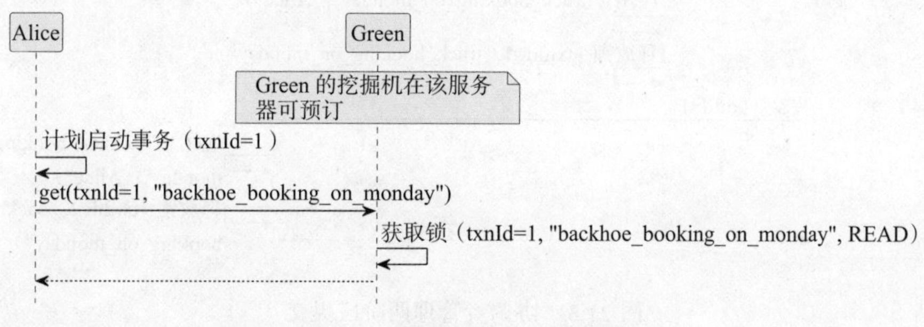


图 21.2 Green 节点获得读锁

如果这些值为空，则意味着可以预订。接下来 Alice 就可以预订卡车和挖掘机。关键是，卡车和挖掘机的预订状态必须被原子性设置。要么两项都设置成功，要么如果出现任何故障，则都不设置。

提交分为两个阶段。Alice 首次连接的服务器作为协调者，执行这两个阶段（图 21.3）。

协调者是协议中的一个独立参与者，如图 21.3 所示。然而，通常情况下，其中一个服务器（Blue 或 Green）将充当协调者，因此在交互中同时扮演两重角色。

### 2. 冲突事务

设想一个场景，另一人 Bob 也在尝试为同一天的基建工作预订卡车和挖掘机。

预订过程如下：

Alice 和 Bob 都读了键 truck_booking_on_monday 和 backhoe_booking_on_monday，两人都发现值为空，这意味着可以继续预订。因此，他们两人都尝试预订卡车和挖掘机。

我们的预期是，Alice 和 Bob 不可能同时（即只有一人）预订成功，因为他们的事务是冲突的。在出现错误的情况下，整个流程需要重试。理想的情况是，一个人可以继续预订。但是，在任何情况下都不应该进行部分预订。要么卡车和挖掘机都预订成功，要么都不成功。

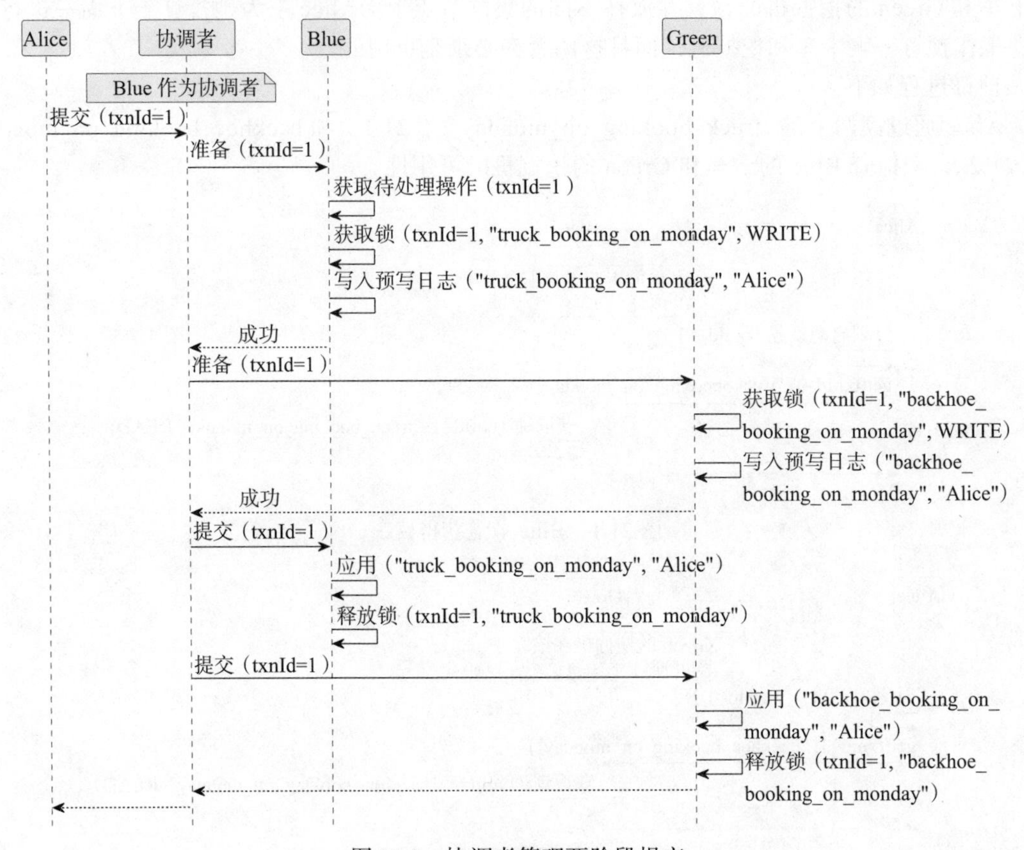


图 21.3 协调者管理两阶段提交

此场景可能导致死锁，因为两个事务都依赖于对方持有的锁，从而使事务退出并失败。一旦检测到一个冲突的事务持有特定键的锁，如下示例实现将使事务失败。

为了检查卡车和挖掘机是否可预订，Alice 和 Bob 都启动了一个事务，并分别访问 Blue 和 Green 服务器。Blue 对键 truck_booking_on_monday 持有一个读锁（图 21.4），Green 对键 backhoe_booking_on_monday 持有一个读锁（图 21.5）。由于读锁是可以共享的，Alice 和 Bob 都能读到这些值。

Alice 和 Bob 发现卡车和挖掘机都可以在周一预订。因此，他们通过向服务器发送 put 请求来进行预订。两个服务器将 put 请求保存在临时存储里（图 21.6 和图 21.7）。

假设 Blue 担任协调者，当 Alice 和 Bob 决定提交事务时，Blue 将启动两阶段提交协议，并向自己和 Green 发送准备请求。

对于 Alice 的请求，它尝试获取键 truck_booking_on_monday 的写锁，但因为另一个事务已经持有了冲突的读锁而无法获取。因此，Alice 的事务在准备阶段失败。Bob 的请求也发生了同样的情况（图 21.8）。

Alice
Bob
Blue
计划启动事务（txnId=1）
get(txnId=1, "truck_booking_on_monday")
获取锁（txnId=1, "truck_booking_on_monday", READ）
计划启动事务（txnId=2）
get(txnId=2, "truck_booking_on_monday")
获取锁（txnId=2, "truck_booking_on_monday", READ）

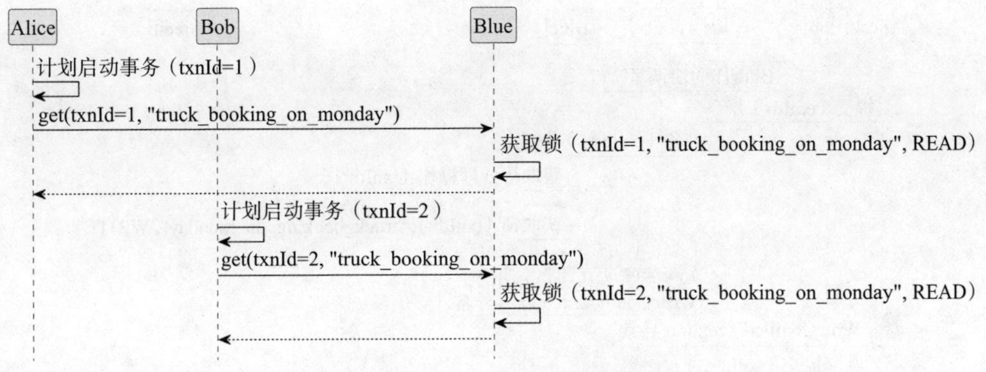

图 21.4　Blue 为 Alice 和 Bob 获取读锁

Alice
Bob
Green
计划启动事务（txnId=1）
get(txnId=1, "backhoe_booking_on_monday")
获取锁（txnId=1, "backhoe_booking_on_monday", READ）
计划启动事务（txnId=2）
get(txnId=2, "backhoe_booking_on_monday")
获取锁（txnId=2, "backhoe_booking_on_monday", READ）

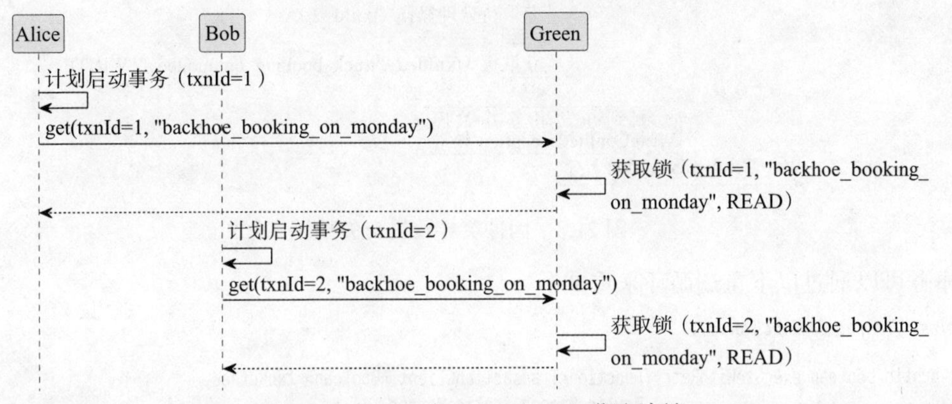

图 21.5　Green 为 Alice 和 Bob 获取读锁

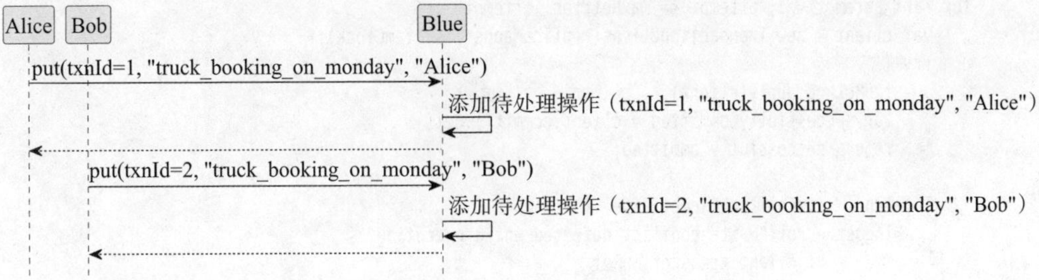

Alice
Bob
Blue
put(txnId=1, "truck_booking_on_monday", "Alice")
添加待处理操作（txnId=1, "truck_booking_on_monday", "Alice"）
put(txnId=2, "truck_booking_on_monday", "Bob")
添加待处理操作（txnId=2, "truck_booking_on_monday", "Bob"）

图 21.6　Blue 记录 Alice 和 Bob 的待处理操作

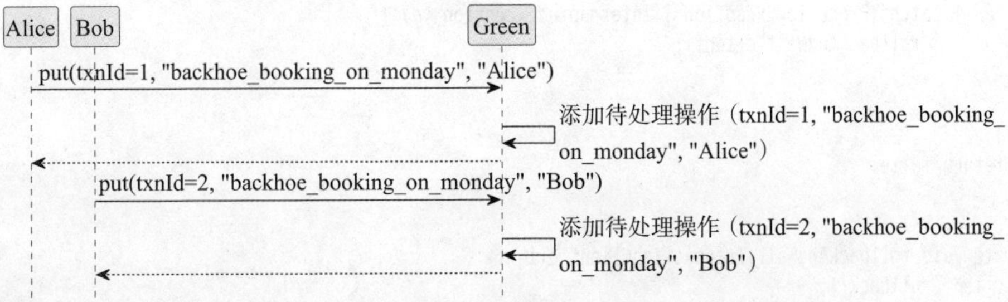

Alice
Bob
Green
put(txnId=1, "backhoe_booking_on_monday", "Alice")
添加待处理操作（txnId=1, "backhoe_booking_on_monday", "Alice"）
put(txnId=2, "backhoe_booking_on_monday", "Bob")
添加待处理操作（txnId=2, "backhoe_booking_on_monday", "Bob"）

图 21.7　Green 记录 Alice 和 Bob 的待处理操作

图 21.8 因冲突导致提交失败

事务可以通过以下重试循环来重试：

```
class TransactionExecutor...

  public boolean executeWithRetry(Function<TransactionClient, Boolean> txnMethod,
                                  ReplicaMapper replicaMapper,
                                  SystemClock systemClock) {
      for (int attempt = 1; attempt <= maxRetries; attempt++) {
          var client = new TransactionClient(replicaMapper, systemClock);
          try {
              txnMethod.apply(client);
              var successfullyCommitted = client.commit().get();
              return successfullyCommitted;

          } catch (WriteConflictException e) {
              logger.error("Write conflict detected while executing."
                      + client.transactionRef
                      + " Retrying attempt " + attempt);
              rollbackAndWait(client);
        } catch (ExecutionException | InterruptedException  e) {
            rollbackAndWait(client);
        }

    }
    return false;
}

private void rollbackAndWait(TransactionClient client) {
    client.rollback();
    randomWait(); //wait for random interval
}
```

尽管这种方法实现起来较为简单，但采用冲突即出错的策略会导致多次事务重启，从而降低整体的吞吐量。如果采用伤停等待策略，则会有更少的事务重启。在上述示例中，在发生冲突时，可能只有一个事务会重启，而不是两个事务都重启。

## 21.2.4　使用版本化值

所有读写操作都存在冲突的方案是非常受限的，尤其是在允许只读事务存在的情况下。理想的情况是，只读事务能够在不持有任何锁的情况下正常运行，并且确保事务中读的值不会因并发读写事务而变更。

数据存储通常存储值的多个版本，如第 17 章中所述。版本号可使用遵循 Lamport 时钟的时间戳，在 MongoDB 和 CockroachDB 等数据库中则采用了混合时钟。为了使其与两阶段提交协议协同工作，参与事务的每个服务器在处理准备请求时，都返回写入值的时间戳。协调者将从这些时间戳中选取最大值作为提交时间戳，并连同写入值一起发送。随后，参与的服务器在提交时间戳保存该值。这允许只读请求在不持有锁的情况下执行，因为系统能够确保在特定时间戳写入的值永远不会更改。

考虑一个简单的例子。Philip 正在运行一个任务，需要读时间戳 ts=2 之前发生的所有预订。如果这个操作持有锁且执行时间较长，那么正在尝试预订卡车的 Alice 就会被阻塞，直到 Philip 的任务完成且锁被释放。如果使用版本化值，Philip 可以在时间戳 ts=2 处执行 get 请求作为只读操作的一部分，而 Alice 可以在时间戳 ts=4 处继续她的预订（图 21.9）。

请注意，作为读写事务一部分的读请求仍然需要持有锁。使用 Lamport 时钟的示例代码如下所示：

```
class MvccTransactionalKVStore...

  public String readOnlyGet(String key, int readTimestamp) {
      adjustServerTimestamp(readTimestamp);
      waitForPendingWritesBelow(readTimestamp);

      return kv.get(new VersionedKey(key, readTimestamp));
  }
  public CompletableFuture<String> get(TransactionRef txn,
                                       String key, int requestTimestamp) {

      adjustServerTimestamp(requestTimestamp);
      var lockFuture = lockManager.acquire(txn, key, LockMode.READ);
      return lockFuture.thenApply(transactionRef -> {
          getOrCreateTransactionState(transactionRef);
          return getValue(key, this.timestamp);
          //read the latest value. no write can happen below this timestamp.
      });
  }

  private String getValue(String key, int timestamp) {
      var entry = kv.floorEntry(new VersionedKey(key, timestamp));
      return entry != null && entry.getKey().getKey().equals(key)
              ? entry.getValue() : null;
  }
```

```
private void adjustServerTimestamp(int requestTimestamp) {
    this.timestamp = requestTimestamp > this.timestamp
            ? requestTimestamp:timestamp;
}

public int put(TransactionRef txnId, String key, String value,
               int requestTimestamp) {

    adjustServerTimestamp(requestTimestamp);
    var transactionState = getOrCreateTransactionState(txnId);
    transactionState.addPendingUpdates(key, value);
    return this.timestamp;
}
```

*class MvccTransactionalKVStore...*

```
private int prepare(TransactionRef txn,
                    Optional<Map<String, String>> pendingUpdates)
        throws WriteConflictException, IOException {

    if (pendingUpdates.isPresent()) {
        var pendingKVs = pendingUpdates.get();

        acquireLocks(txn, pendingKVs);

        //increment the timestamp for write operation.
        timestamp = timestamp + 1;

        writeToWAL(txn, pendingKVs, timestamp);
    }
    return timestamp;
}
```

*class MvccTransactionCoordinator...*

```
public int commit(TransactionRef txn) {
        var commitTimestamp = prepare(txn);
        var transactionMetadata = transactions.get(txn);
        transactionMetadata.markPreparedToCommit(commitTimestamp, this.transactionLog);
        sendCommitMessageToAllTheServers(txn,
                commitTimestamp, transactionMetadata.getParticipatingKeys());
        transactionMetadata.markCommitComplete(transactionLog);
        return commitTimestamp;
}

public int prepare(TransactionRef txn) throws WriteConflictException {
    var transactionMetadata = transactions.get(txn);
    var keysToServers = getParticipants(transactionMetadata.getParticipatingKeys());
    var prepareTimestamps = new ArrayList<Integer>();
    for (var store : keysToServers.keySet()) {
        var keys = keysToServers.get(store);
        var prepareTimestamp = store.prepare(txn, keys);
        prepareTimestamps.add(prepareTimestamp);
    }
    return prepareTimestamps
            .stream()
```

```
            .max(Integer::compare)
            .orElse((int) txn.getStartTimestamp());
}
```

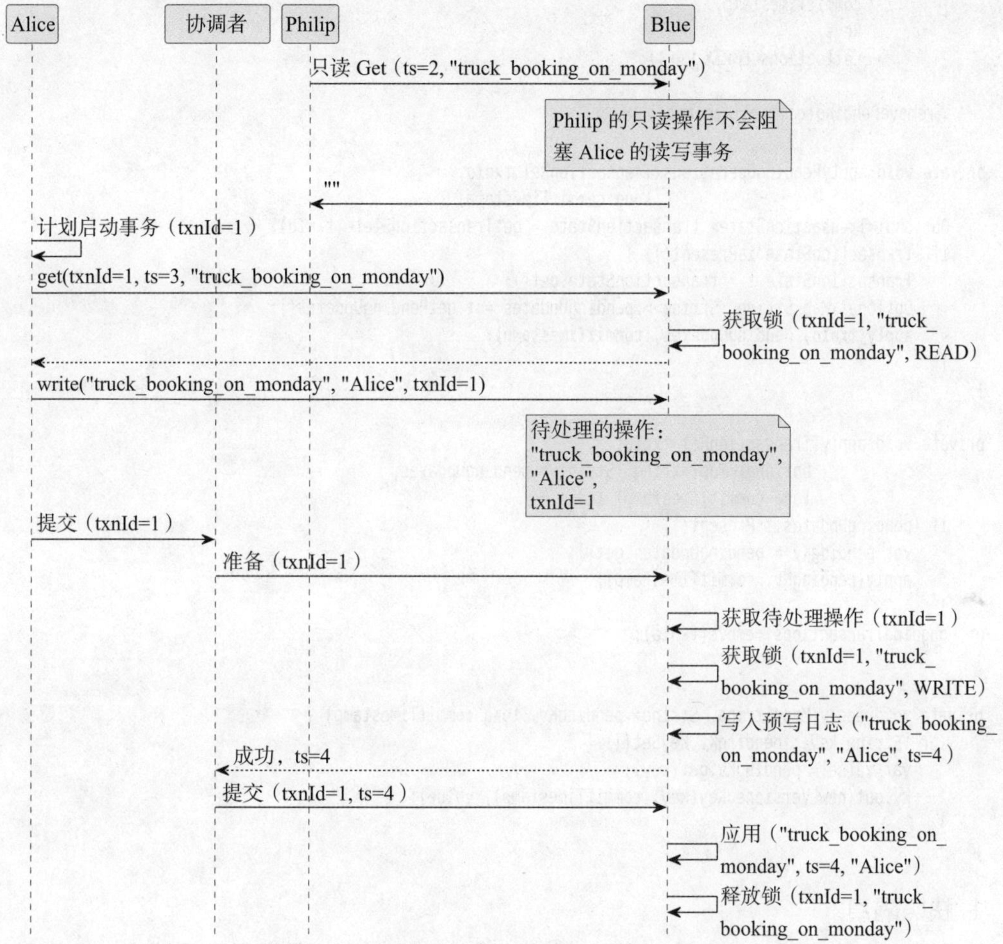

Alice
协调者
Philip
Blue
只读 Get（ts=2, "truck_booking_on_monday"）
Philip 的只读操作不会阻塞 Alice 的读写事务
""
计划启动事务（txnId=1）
get(txnId=1, ts=3, "truck_booking_on_monday")
获取锁（txnId=1, "truck_booking_on_monday", READ）
write("truck_booking_on_monday", "Alice", txnId=1)
待处理的操作：
"truck_booking_on_monday",
"Alice",
txnId=1
提交（txnId=1）
准备（txnId=1）
获取待处理操作（txnId=1）
获取锁（txnId=1, "truck_booking_on_monday", WRITE）
写入预写日志（"truck_booking_on_monday", "Alice", ts=4）
成功，ts=4
提交（txnId=1, ts=4）
应用（"truck_booking_on_monday", ts=4, "Alice"）
释放锁（txnId=1, "truck_booking_on_monday"）

图 21.9　使用版本化值进行非阻塞的只读事务

所有参与的集群节点随后都会在提交时间戳处存储键值记录。

```
class MvccTransactionalKVStore...

  public void commit(TransactionRef txn, List<String> keys, int commitTimestamp) {
      if (!lockManager.hasLocksFor(txn, keys)) {
          throw new IllegalStateException(
                  "Transaction should hold all the required locks");
      }

      adjustServerTimestamp(commitTimestamp);

      applyPendingOperations(txn, commitTimestamp);
```

```
        lockManager.release(txn, keys);

        logTransactionMarker(new TransactionMarker(txn,
                TransactionStatus.COMMITTED,
                commitTimestamp,
                keys,
                Collections.EMPTY_MAP));

        removePending(commitTimestamp);
    }
private void applyPendingOperations(TransactionRef txnId,
                                    long commitTimestamp) {
    Optional<TransactionState> transactionState = getTransactionState(txnId);
    if (transactionState.isPresent()) {
        TransactionState t = transactionState.get();
        Optional<Map<String, String>> pendingUpdates = t.getPendingUpdates();
        apply(txnId, pendingUpdates, commitTimestamp);
    }
}

private void apply(TransactionRef txnId,
                   Optional<Map<String, String>> pendingUpdates,
                   long commitTimestamp) {
    if (pendingUpdates.isPresent()) {
        var pendingKv = pendingUpdates.get();
        apply(pendingKv, commitTimestamp);
    }
    ongoingTransactions.remove(txnId);
}

private void apply(Map<String, String> pendingKv, long commitTimestamp) {
    for (String key : pendingKv.keySet()) {
        var value = pendingKv.get(key);
        kv.put(new VersionedKey(key, commitTimestamp), value);
    }
}
```

### 1. 快照隔离

上述实现仍然对读写事务中的读请求使用锁。如果工作负载主要是读请求，这将影响系统的整体吞吐量和延迟。实际上，在大多数现实情况中，即使在读写事务中，读请求的数量也远远多于写请求。因此，那些更注重性能的数据存储系统更倾向于采用另一种实现，即使在读写事务中也不持有读请求的锁。

但若在事务期间不持有锁，就可能出现各种异常（Berenson，1995），这可能导致数据不一致。

例如，让我们看看在使用版本化值的上述示例中，如果不持有读锁会发生什么。Alice 和 Bob 都在尝试预订周一的卡车。他们同时在时间戳 ts=1 读了键 truck_booking_on_monday。两人都看到卡车尚未被预订（图 21.10）。

Alice 率先发送写请求来设置键 truck_booking_on_monday，并提交了事务。这在时间戳 ts=2 为该键创建了一个新版本（图 21.11）。

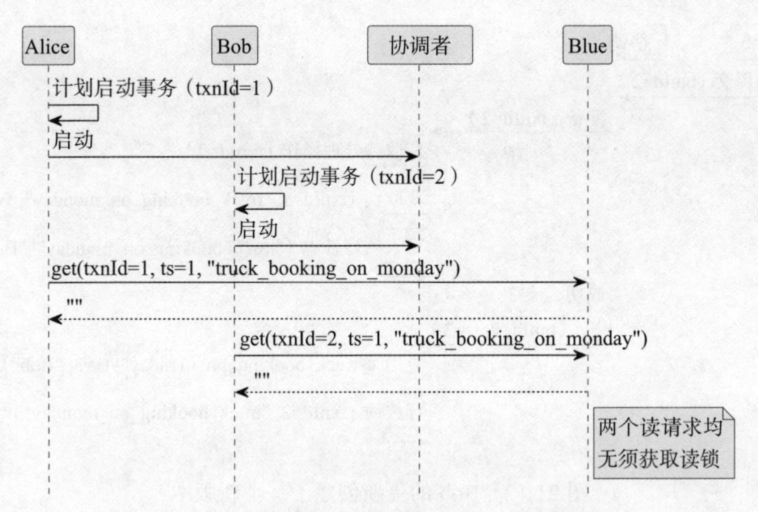


图 21.10　使用快照隔离执行的无读锁读操作

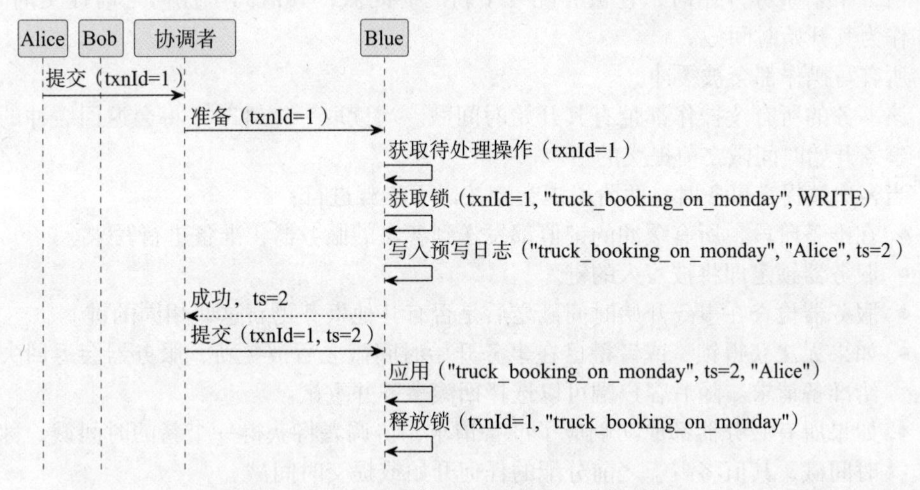


图 21.11　Alice 的更新创建了一个新版本

接着，Bob 发送写请求来设置键 truck_booking_on_monday。于是在时间戳 ts=3 处为该键创建了一个新版本（图 21.12）。

丢失更新的问题出现了：Bob 的预订覆盖了 Alice 的预订。发生这种情况的原因是，Alice 的事务无法得知来自 Bob 的并发事务已经读取了预订信息，并可能对其进行写入。

快照隔离仍然无法避免某些特定的异常，比如“写偏序”。因此，如果绝对需要可串行化的事务隔离，则应采用基于读锁的实现。类似 PostgresSQL 这样的单节点数据库实现了一种被称为可串行化快照隔离的快照隔离变体（Cahill，2009），它没有严格的读锁，并能在不影响性能的情况下达到平衡，以避免写偏序异常。

即使在读数据时不持有锁，快照隔离算法也避免了大多数异常，包括丢失更新。分布式数据存储系统，如 Percolator(Peng，2010)、TiDB 和 Dgraph 实现了快照隔离。该实现的工作原理如下。

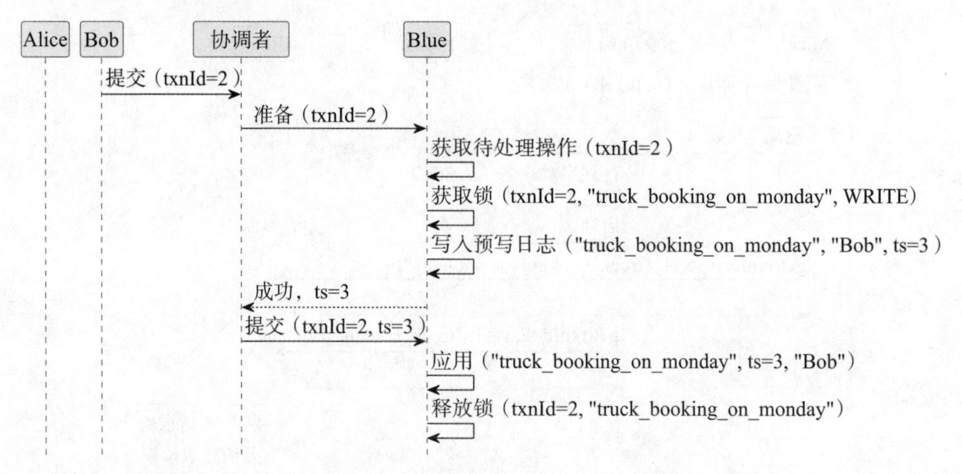


图 21.12 Bob 的更新创建了一个新版本

- 当一个新事务开始时，它被分配一个新的时间戳，其值高于任何之前提交的时间戳，作为其开始时间戳。
- 所有写操作都会被缓冲。
- 该事务的所有读操作都带有其开始时间戳。当读取一个键时，将会返回缓冲的值或在事务开始时间戳之前提交的值。
- 当客户端提交事务时，两阶段提交会按以下步骤进行：
  - 在准备阶段，所有缓冲的键值都发送到各自的服务器，准备进行写入。
  - 服务器锁定即将被写入的键。
  - 服务器检查在事务开始时间戳之后是否有其他事务更新这些相同的键。
  - 如果无法获得锁，或者键已在事务开始时间戳之后被更新，服务器会返回失败响应给准备请求。随后客户端可以选择回滚事务并重试。
  - 如果所有服务器都成功响应了准备请求，协调者将获得一个新的时间戳，称为提交时间戳，其值将高于之前分配的任何开始或提交时间戳。
  - 提交请求会被发送到所有参与服务器，在提交时间戳处写入相关的值。

### Oracle 时间戳

快照隔离算法的一个关键要求是，开始和提交时间戳在集群中的所有节点上都应是单调的。一旦在给定时间戳返回了特定响应，就不应在比该读请求中接收到的时间戳更低的时间戳上发生写入。系统时间戳不能使用，因为它不是单调的，并且不应该比较来自两个不同服务器的时钟值。简单的 Lamport 时钟也不能使用，因为 Lamport 时钟在一组服务器中也不是完全有序的（参见第 22 章“ Lamport 时钟”中“部分有序”部分）。因此，启动事务的服务器不能基于其自己的 Lamport 时钟值来分配开始时间戳。为了解决系统时间戳的问题，Google Percolator 和 TiKV（受 Percolator 启发）采用了一个单独的服务器，称为 Oracle 时间戳，它保证会提供单调的时间戳。

每个客户端都与 Oracle 时间戳服务通信，以便获取事务开始和提交时间戳。Oracle 时间戳服务有可能成为单点故障，因此它通常会通过自己的复制日志来实现。

前文示例在引入 Oracle 时间戳后，即便对读写事务中的读请求也无须加锁。

当一个新事务启动时，协调者从 Oracle 时间戳那里获取一个新的时间戳 ts=1（图 21.13）。

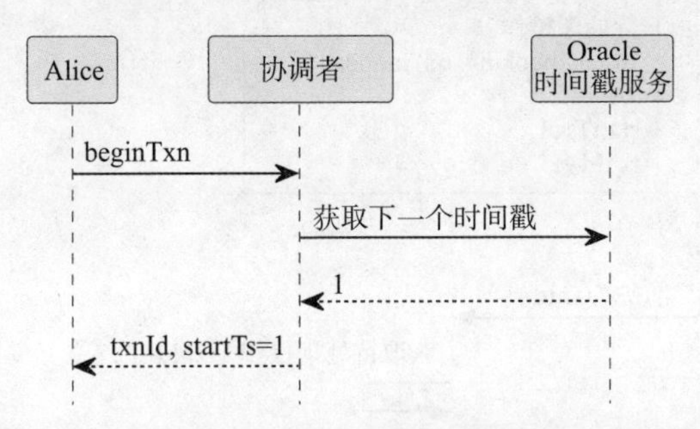


图 21.13 协调者使用 Oracle 时间戳获取新的时间戳

读操作会连同这个时间戳一起发送，服务器则返回低于此时间戳的最新值。需要注意的是，如果有并发事务的挂起写操作且其时间戳低于开始时间戳，此时读操作需要重试，因为这些挂起的写操作可能被提交，其对应的数据应对当前读请求可见（图 21.14）。

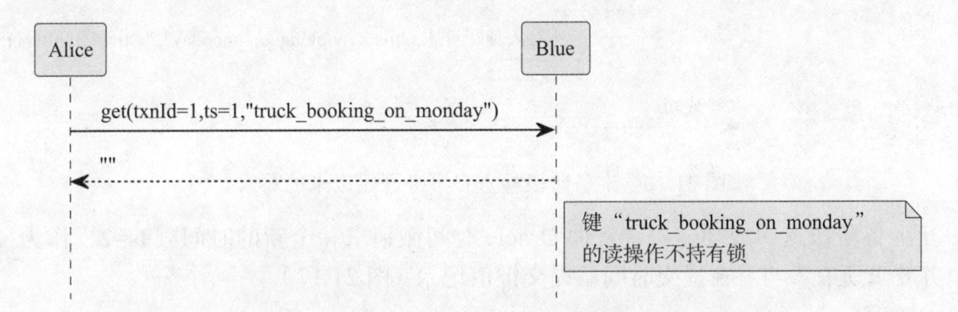


图 21.14 Alice 在不获取读锁的情况下读数据

写入请求会被缓冲（图 21.15）。

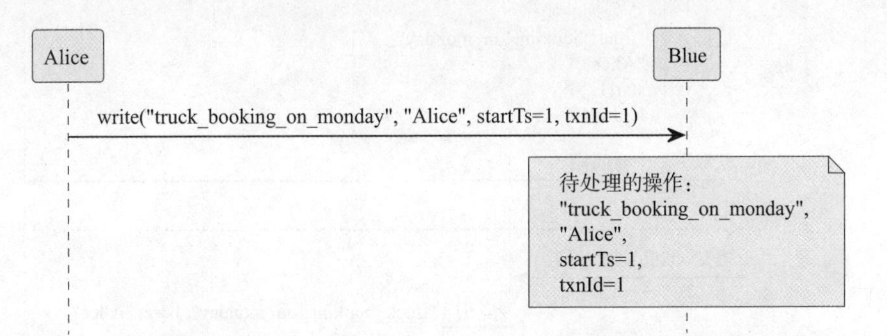


图 21.15 Alice 的更新被存储为待处理写入

当客户端提交事务时，会分两阶段进行，就像版本化值的示例一样。准备阶段会尝试锁定将要写入的键，并检查这些键自事务开始以来是否被更新（图 21.16）。

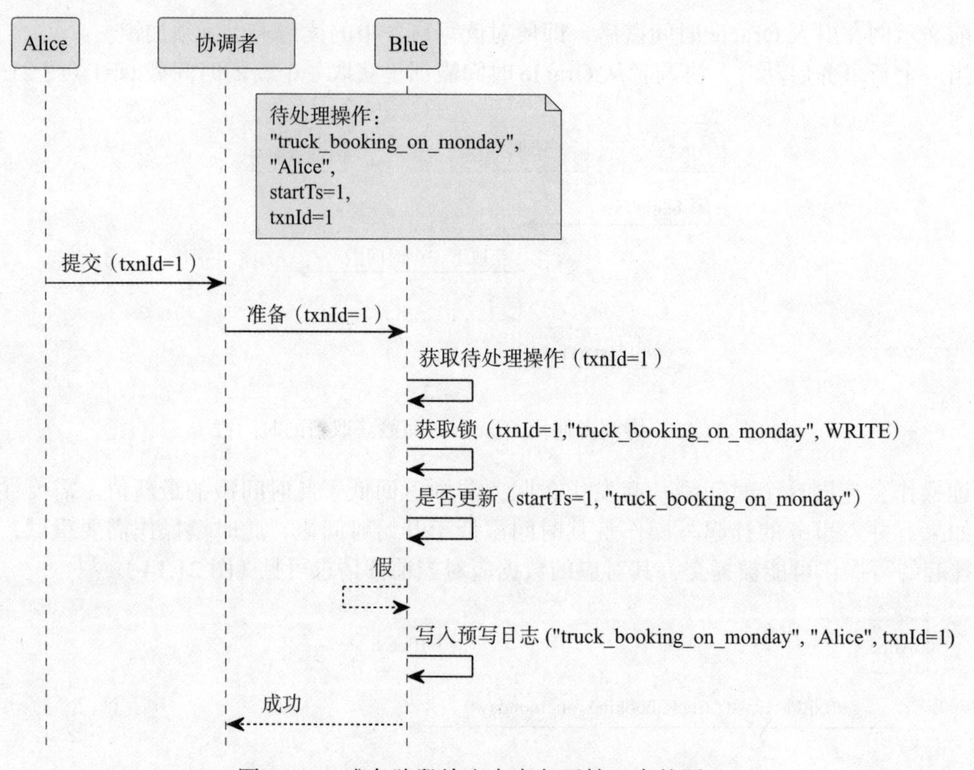


图 21.16 准备阶段检查自事务开始以来的写入

一旦准备阶段返回成功，协调者向 Oracle 时间戳请求一个新的时间戳 ts=2，作为提交时间戳，并要求所有参与者在提交时间戳提交键值记录（图 21.17）。

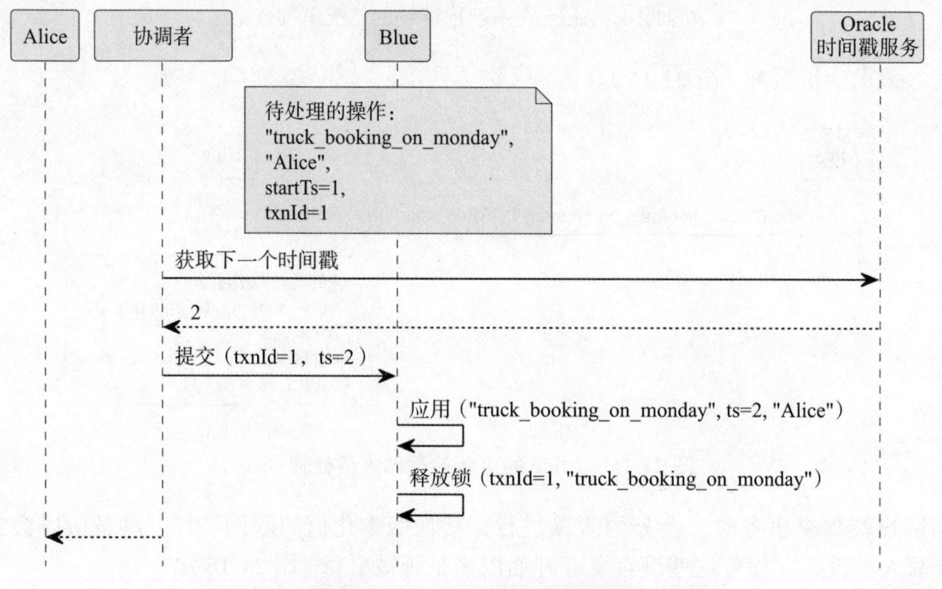


图 21.17 协调者从 Oracle 时间戳获得提交时间戳

再考虑前文中Bob遇到丢失更新的示例，假设Bob的事务在Alice之后开始（图21.18）。

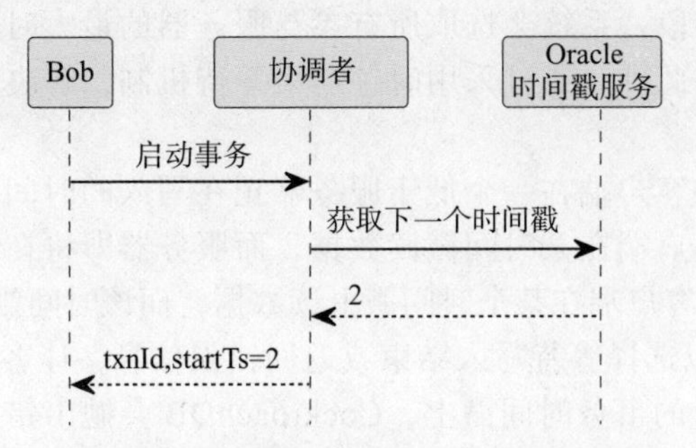


图21.18 Bob的事务获得新的开始时间戳

此刻，如果Alice提交了事务，提交时间戳ts=3。当Bob尝试提交事务时，准备阶段将失败，因为它检测到在Bob事务开始时间戳之后，键truck_booking_on_monday已经被更新（图21.19）。

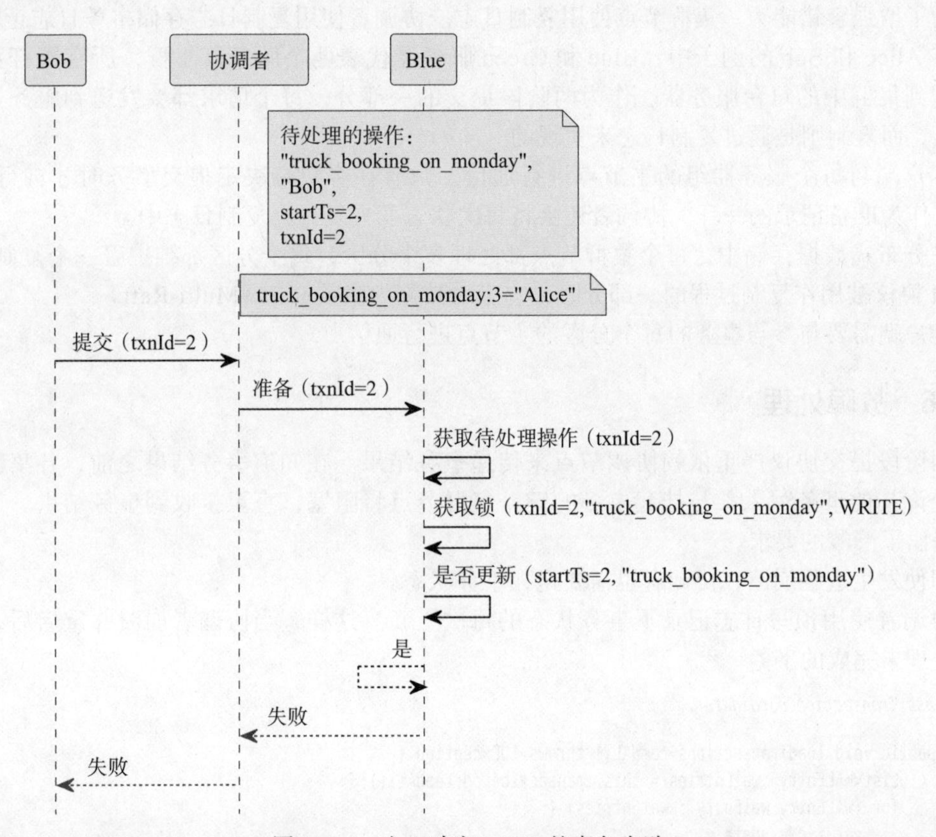


图21.19 由于冲突，Bob的事务失败

## 2. 使用混合时钟

像MongoDB或CockroachDB这类数据库采用混合时钟来确保事务的单调性。每个请求

都会调整对应服务器上的混合时钟，使其成为最新的。随着每次写请求的执行，时间戳也会单调递增。在最终提交阶段，系统会选取所有参与服务器的最大时间戳，以确保写操作总在先前的读操作之后完成。此外，通过采用时钟约束等待机制，解决了由时钟偏差引发的时间戳排序不确定问题。

需要注意的是，如果客户端在一个低于服务器正在写入的时间戳上进行读操作，这不会构成问题。但是，如果客户端在某时间戳读数据，而服务器即将在该时间戳写入，这会构成问题。如果服务器检测到客户端在某个时间戳上读数据，而该时间戳上可能有在途写入（正在准备的写入），服务器可以选择等待写入结束或返回错误信息，让客户端有机会重启事务。如果读操作发生在正在进行的事务时间戳上，CockroachDB 会抛出错误。而 Google Spanner 在读数据时有一个阶段，在该阶段客户端会获取特定分区最后一次成功写入的时间。如果客户端试图在一个更高的时间戳上读数据，读请求将会等待，直到该时间戳上的写入完成。

### 21.2.5 使用复制日志

为了增强容错能力，集群节点使用复制日志。协调者使用复制日志存储事务日志记录。

在 Alice 和 Bob 的例子中，Blue 和 Green 服务器代表两个服务器集群，所有预订数据都会复制到集群中的每台服务器。作为两阶段提交的一部分，每个请求都会发送到服务器组的主节点，而复制则是通过复制日志来实现的。

客户端与每个服务器组的主节点进行通信。只有在客户端决定提交事务时才进行复制，因此它作为准备请求的一环。协调者还会将每次状态变更复制到复制日志中。

在分布式数据存储中，每个集群节点都处理多个分区，每个分区都维护着一个复制日志。当 Raft 协议被用作复制过程的一部分时，它有时被称为多重 Raft（Multi-Raft）。

客户端需要与参与事务的每个分区的主节点进行通信。

### 21.2.6 故障处理

两阶段提交协议严重依赖协调节点来传递事务结果。在知道事务结果之前，各集群节点不得允许其他事务写入参与挂起事务的键。集群节点将阻塞，直至接收到事务结果。这对协调者提出了严峻的要求。

即使发生进程崩溃，协调者也需要记住事务状态。

协调者使用预写日志记录下事务状态的每次更新。这样，当协调者崩溃并重启后，它能继续处理未完成的事务。

```
class TransactionCoordinator...

  public void loadTransactionsFromWAL() throws IOException {
      List<WALEntry> walEntries = this.transactionLog.readAll();
      for (WALEntry walEntry : walEntries) {
          var txnMetadata =
                  (TransactionMetadata)
                          Command.deserialize(
                                  new ByteArrayInputStream(
                                          walEntry.getData()));
```

```
            transactions.put(txnMetadata.getTxn(), txnMetadata);
        }
        startTransactionTimeoutScheduler();
        completePreparedTransactions();
    }
    private void completePreparedTransactions() throws IOException {
        var preparedTransactions
                = transactions
                    .entrySet()
                    .stream()
                    .filter(entry -> entry.getValue().isPrepared())
                .collect(Collectors.toList());

        for (var preparedTransaction : preparedTransactions) {
            TransactionMetadata txnMetadata = preparedTransaction.getValue();
            sendCommitMessageToParticipants(txnMetadata.getTxn());
        }
    }
```

客户端可能在向协调者发送提交消息之前失效。事务协调者追踪每个事务状态被更新的时间。如果在配置的超时时间内未收到状态更新，它将触发事务回滚。为了避免不必要的回滚，客户端定期向协调者发送心跳。

```
class TransactionCoordinator...

  private ScheduledThreadPoolExecutor scheduler = new ScheduledThreadPoolExecutor(1);
  private ScheduledFuture<?> taskFuture;
  private long transactionTimeoutMs = Long.MAX_VALUE; //for now.

  public void startTransactionTimeoutScheduler() {
      taskFuture = scheduler.scheduleAtFixedRate(() -> timeoutTransactions(),
              transactionTimeoutMs,
              transactionTimeoutMs,
              TimeUnit.MILLISECONDS);
  }

private void timeoutTransactions() {
    for (var txnRef : transactions.keySet()) {
        var transactionMetadata = transactions.get(txnRef);
        long now = systemClock.nanoTime();
        if (transactionMetadata.hasTimedOut(now)) {
            sendRollbackMessageToParticipants(transactionMetadata.getTxn());
            transactionMetadata.markRollbackComplete(transactionLog);
        }
    }
}
```

### 事务意图

在第一阶段，某些写入的键值记录需与其他事务可见的实际数据分开存储。这些记录可存储在现有键值存储系统（例如 RocksDB）中，而不是直接操作原始文件，这些待处理的记录本身可作为锁。可通过额外的记录找出哪个服务器作为协调者，它可用于处理待处理的事务，这在未能向参与事务的各服务器传达提交或回滚决定时很有用。

这些临时记录被称作“事务意图”。YugabyteDB、CockroachDB 和 TiKV 等数据库使用事务意图来实现两阶段提交。

要理解其工作原理，继续看 Alice 分别向 Blue 和 Green 服务器写入 truck_booking_on_monday 和 backhoe_booking_on_monday 的例子。事务启动时，需选定一个协调者。一如前述，协调者通常是承载事务第一个键的服务器。协调者记录新事务，并将其状态标记为“待处理”(图 21.20)。

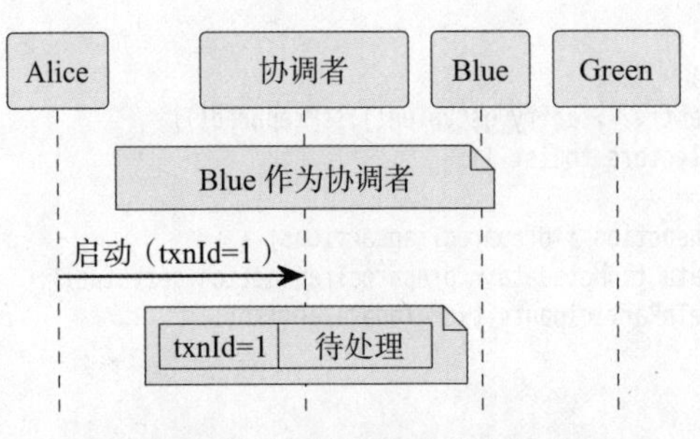


图 21.20 协调者追踪事务状态

Alice 随后向 Blue 和 Green 服务器发送写入请求，为这两次写入建立了临时记录，临时记录中还包含了作为协调者的服务器的地址。通常，不直接存储服务器地址，而是存储用于查找协调者的第一个键，通过该键可以确定服务器地址。为了简化说明，图 21.21 和图 21.22 中直接显示了服务器名称。

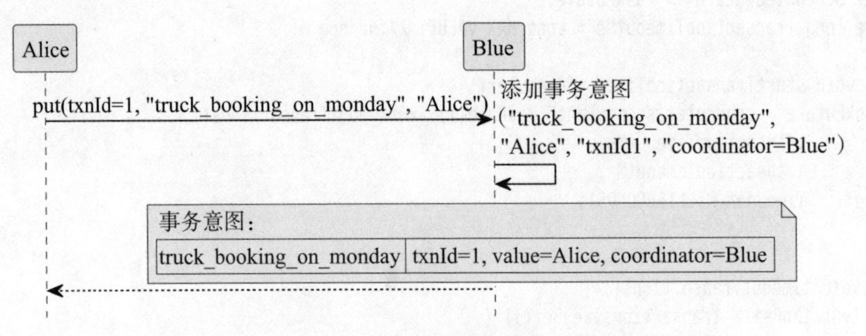


图 21.21 Blue 节点添加待处理写入作为事务意图

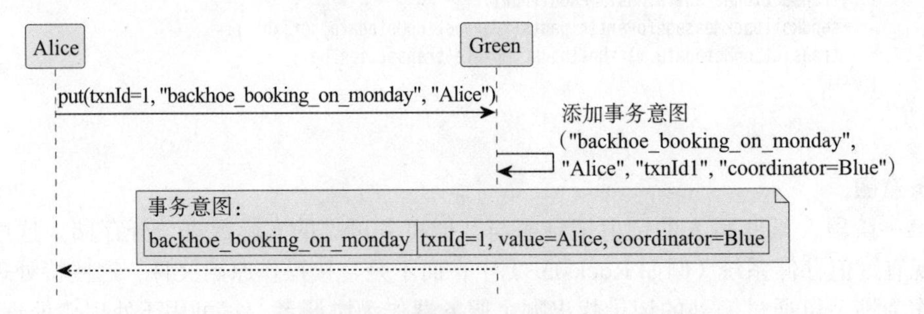


图 21.22 Green 节点将待处理写入标记为事务意图

当 Alice 决定提交事务时，她向协调者发送提交请求（图 21.23）。

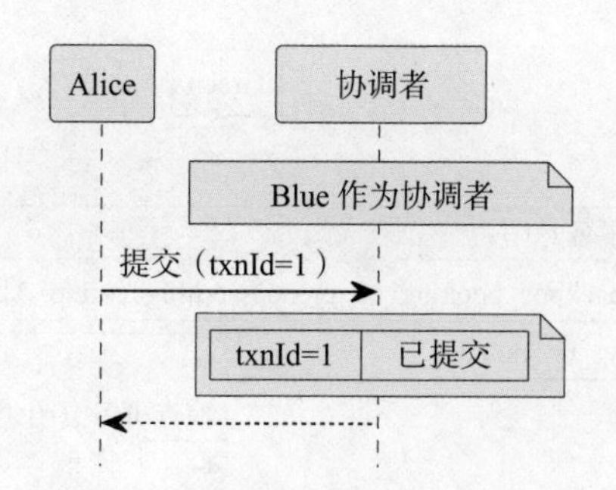


图 21.23 协调者将事务标记为已提交

一旦协调者成功更新事务状态，客户端就可以向 Blue 和 Green 发送 truck_booking_on_monday 和 backhoe_booking_on_monday 键的提交请求（图 21.24）。拥有协调者详细信息的临时记录的主要优势是，提交请求可以异步发送，无须客户端等待结果。即使请求无法到达服务器，也没有关系。

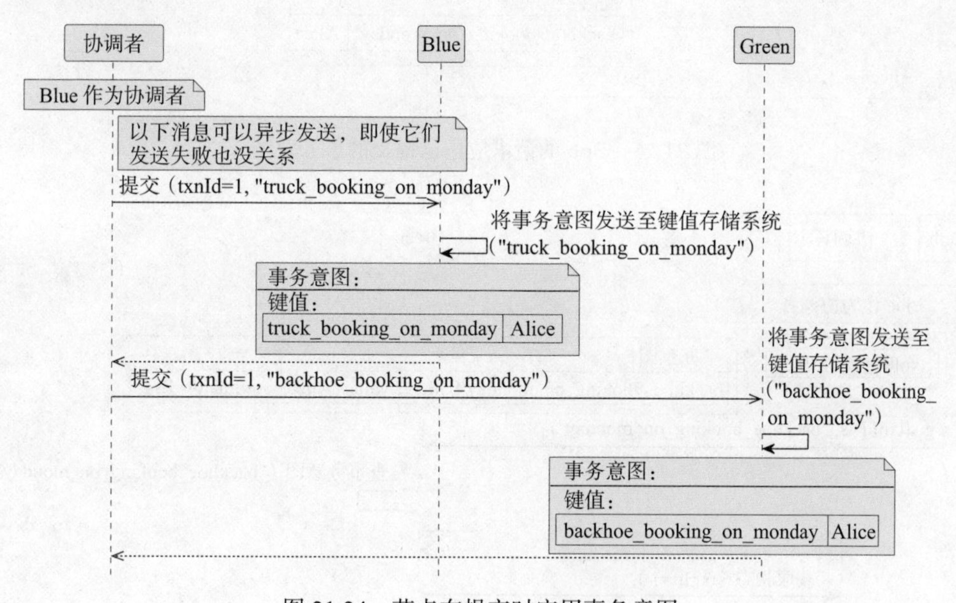


图 21.24 节点在提交时应用事务意图

让我们看看事务意图如何作为锁使用，以及它们如何恢复待处理的事务。设想另一用户 Bob，在 Green 服务器上读取键 backhoe_booking_on_monday，而此时存在一个待处理的意图记录。Bob 的请求发现该键有待处理的意图记录，获取了事务 ID 及作为事务协调者的服务器的地址。

接着，他将请求发送至协调者，以获知事务状态（图 21.25）。如果事务已被提交或回滚，请求处理程序将提交或回滚事务，并移除意图记录。随后，Bob 的请求得以继续。

若事务状态为“待处理”，Bob 将收到错误提示，表明存在待处理的事务。Bob 必须重试（图 21.26）。

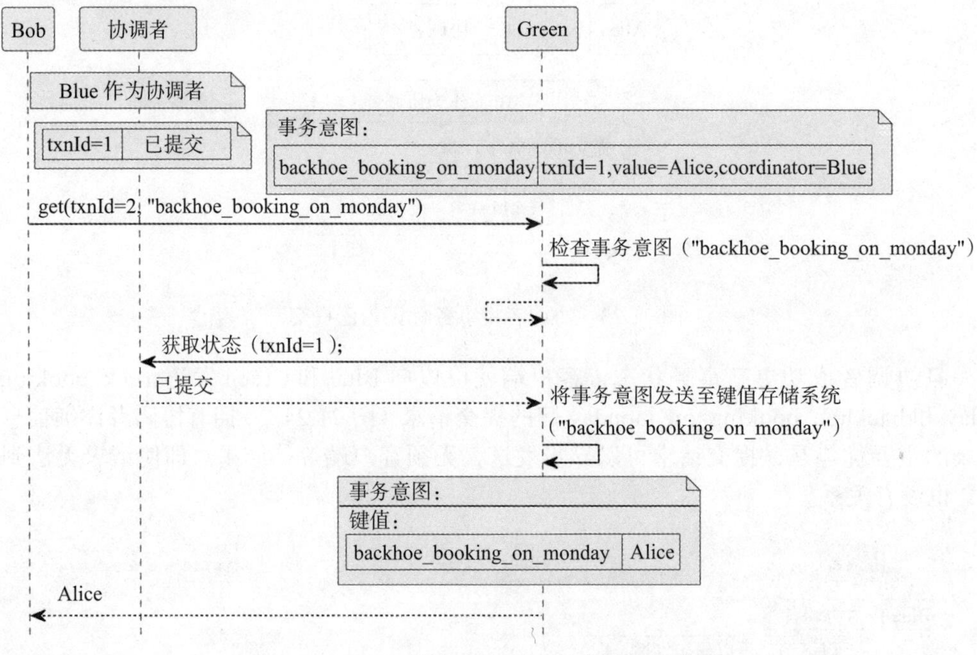


图 21.25 Bob 的请求应用已提交的事务意图

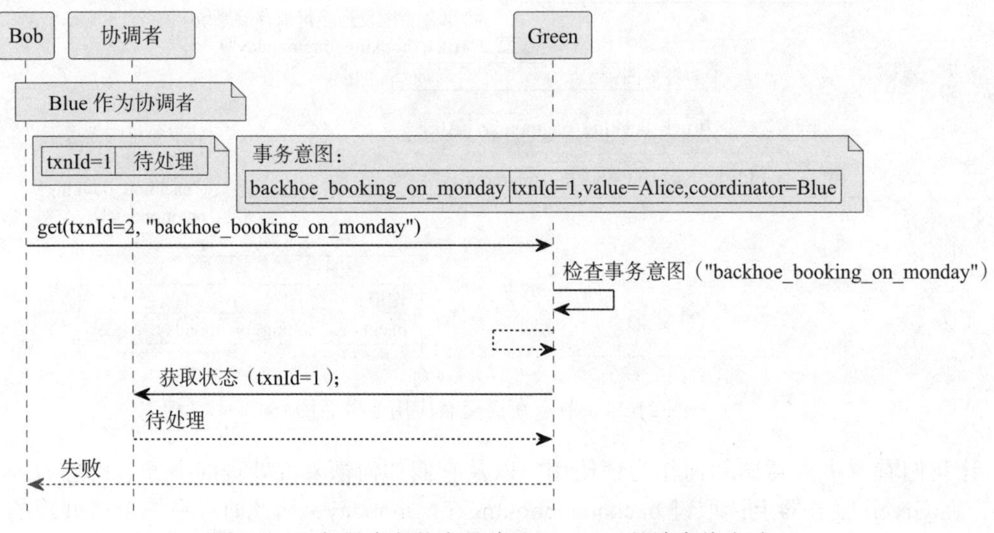


图 21.26 如果事务状态是待处理，Bob 的请求将失败

通过这种方式，事务意图充当锁，并允许解决待处理的事务，即使提交或回滚决定未能传达到参与两阶段提交执行的服务器。

### 21.2.7 异构系统中的事务

这里概述的解决方案演示了同质系统中两阶段提交的实现。同质节点意味着所有集群节点都是同一系统的一部分，并存储相同类型的数据。例如，像MongoDB这样的分布式数据存储或像Kafka这样的分布式消息代理。

历史上，两阶段提交主要是在异构系统背景下讨论的。最常见的是两阶段提交与XA（XA，1991）事务一起使用。在J2EE服务器中，通常会跨消息代理和数据库使用两阶段提交。最常见的使用模式是，在消息代理（如ActiveMQ或JMS）上生成消息，并在数据库中插入或更新记录。

正如本章所述，协调者的容错能力在两阶段提交实现中至关重要。在XA事务中，协调者是一个进行数据库和消息代理调用的应用程序进程。在大多数现代场景中，该应用程序作为一个无状态的微服务，在容器化环境中运行。这并非真正适合协调者部署的地方。协调者需要保持状态，并能在提交或回滚失败后迅速恢复，而这在容器化环境中难以实现。

因此，尽管XA事务看似有吸引力，但在实际应用中常常遇到问题，最好避免使用。在微服务领域中，更倾向于使用事务性发件箱这类模式，而不是XA事务。

另外，大多数分布式存储系统跨分区实现了两阶段提交，并已在实践中证明其有效性。

## 21.3 示例

- 像CockroachDB、MongoDB等分布式数据库实现了两阶段提交，以跨分区原子性地存储值。Apache Kafka允许跨分区原子性地生成消息，其实现类似于两阶段提交。

第四部分 Part 4

# 分布式时间的模式

服务器通常需要有对时间顺序的感知，以确定哪个服务器的数据最新，以及哪个服务器的数据已经过时。乍看起来好像可以用系统时间戳来为消息排序，但实际上并不可行。不能用系统时钟的主要原因是跨服务器的系统时钟无法保证同步。

计算机中的时钟根据石英晶体的振荡来测量时间。这种机制容易出错：石英晶体可以振荡得更快或更慢，因此不同服务器的时间可以不同。跨服务器的时钟通过 NTP 服务进行同步。该服务定期检查一组全球时间服务器，并据此调整计算机的时钟。由于该服务是通过网络完成的，而不同网络的延迟可能会有所不同，因此时钟同步可能因网络问题而延迟。这可能会导致服务器时钟相互偏移。在 NTP 同步发生后，时钟甚至会回到过去的时间。由于计算机时钟存在的这些问题，因此通常不用时间来对事件进行排序。

即使是 Google 用 GPS 时钟构建的 TrueTime 时钟也存在着时钟偏差。然而，这种时钟偏差有上限。当时钟偏差有边界时，可以通过“时钟约束等待”技术来使用系统时钟。

但是，时钟偏差几乎总是没有边界，因此，分布式系统通常采用一种被称为“逻辑时间戳”的技术。接下来的章节将探讨实现逻辑时间戳的模式。

# 第22章 Lamport 时钟

Lamport 时钟是利用逻辑时间戳作为版本控制信息，实现跨服务器的值排序。

## 22.1 问题的提出

当多个服务器存储了数据，我们需要确定数据存储的先后顺序。由于系统时间戳并不单调，因此不能使用系统时间戳。此外，也不应比较不同服务器的时钟值。

系统时间戳代表一天中的时间，通常由晶体振荡器构建的时钟机械来测量。这种机制存在的问题是，它可能会与实际时间产生偏差。为了解决这个问题，计算机通常使用网络时间协议（NTP）这类服务，将计算机时钟与互联网上的参考时间源同步。因此，在同一服务器上连续两次读取的系统时间有可能出现倒退现象。

由于服务器之间的时钟偏差没有上限，导致两个不同服务器上的时间戳无法进行比较。

## 22.2 解决方案

Lamport 时钟维护一个单一的数字来表示时间戳：

*class LamportClock...*

```
public class LamportClock {
    int latestTime;
public LamportClock(int timestamp) {
    latestTime = timestamp;
}
```

集群中每个节点都维护了一个 Lamport 时钟实例。

*class Server...*

```
MVCCStore mvccStore;
LamportClock clock;

public Server(MVCCStore mvccStore) {
    this.clock = new LamportClock(1);
    this.mvccStore = mvccStore;
}
```

每当服务器执行写操作时，它都要使用 tick() 方法递增 Lamport 时钟：

*class LamportClock...*

```
public int tick(int requestTime) {
    latestTime = Integer.max(latestTime, requestTime);
    latestTime++;
    return latestTime;
}
```

通过这种方式，服务器能确保写操作在请求之后以及自客户端发起请求以来服务器执行的任何其他操作之后都有序。服务器将用于写入值的时间戳返回客户端。客户端随后使用此时间戳向其他服务器发起进一步的写入请求，以此维护请求的因果链。

### 22.2.1 因果关系、时间和先后关系

如果系统中事件 A 在事件 B 之前发生，它们之间就可能存在因果关系。因果关系意味着 A 可能对 B 的发生有所影响。我们通过为每个事件分配时间戳来建立"A 发生在 B 之前"的关系。如果 A 在 B 之前发生，那么 A 的时间戳应低于 B 的时间戳。但由于我们无法依赖系统时间，我们需要某种方法来确保事件的时间戳能反映这种先后关系。Leslie Lamport 在其开创性的论文"Time，Clocks，and the Ordering of Events in a Distributed System"（Lamport，1978）中提出了使用逻辑时间戳追踪事件的先后关系。因此，这种用逻辑时间戳追踪因果关系的技术被称为 Lamport 时间戳。

在数据库中，事件通常与存储数据相关联。因此，Lamport 时间戳被附加在存储的值上。这种方法非常适合之前章节讨论的版本化值的存储机制。

### 22.2.2 键值存储示例

以一个简单的键值存储为例，假设有多个服务器节点（图 22.1）。Blue 和 Green 两个服务器各自负责一组特定的键。这是数据在一组服务器上进行分区的典型场景。用 Lamport 时间戳作为版本号，以版本化值的形式存储。

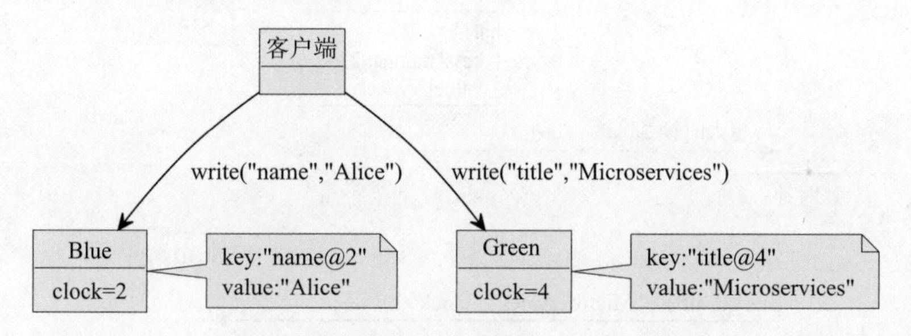


图 22.1 两个服务器分别负责特定的键

接收服务器会比较并更新自己的时间戳，然后用更新后的时间戳写入版本化键值。

```
class Server...

  public int write(String key, String value, int requestTimestamp) {
      //update own clock to reflect causality
      int writeAtTimestamp = clock.tick(requestTimestamp);
      mvccStore.put(new VersionedKey(key, writeAtTimestamp), value);
      return writeAtTimestamp;
  }
```

写入操作使用的时间戳返回给客户端，客户端通过更新自己的时间戳来追踪最大时间戳，再用这个时间戳发出进一步的写入请求。

```
class Client...

  LamportClock clock = new LamportClock(1);
```

```
  public void write() {
      int server1WrittenAt
              = server1.write("name",
              "Alice", clock.getLatestTime());

    clock.updateTo(server1WrittenAt);

    int server2WrittenAt
            = server2.write("title", "Microservices", clock.getLatestTime());
    clock.updateTo(server2WrittenAt);

    assertTrue(server2WrittenAt > server1WrittenAt);
}
```

图 22.2 显示了请求顺序。

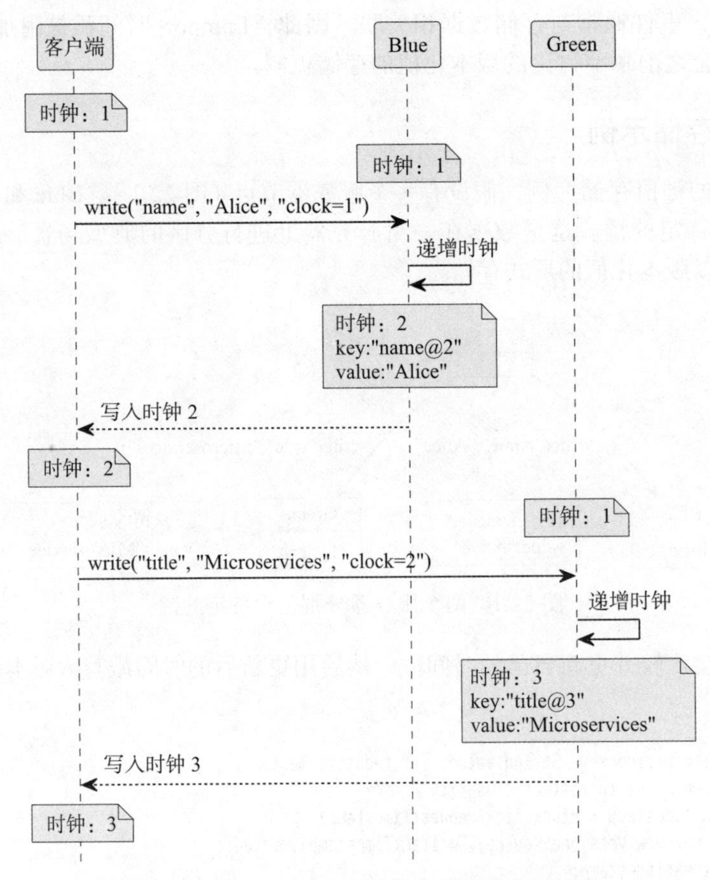


图 22.2 用 Lamport 时钟来追踪写操作的顺序

即便客户端与多个主从模式组的主节点进行通信，每组负责特定的键，该技术依然适用。客户端向组的主节点发送请求。Lamport 时钟实例由组的主节点维护，其更新方式与前文介绍的完全相同（图 22.3）。

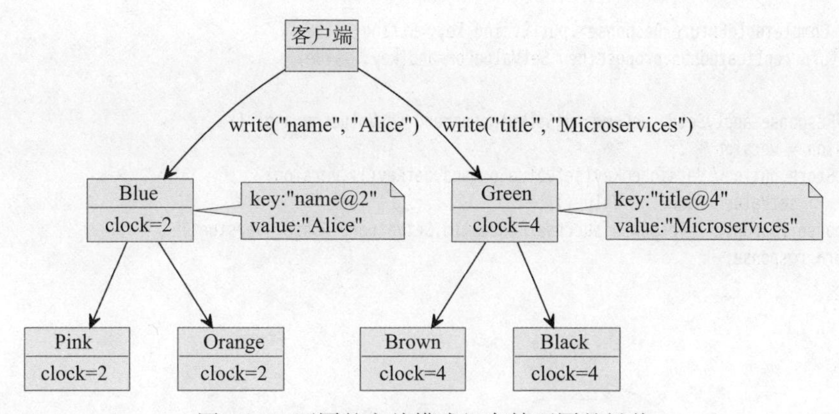


图 22.3 不同的主从模式组存储不同的键值

### 22.2.3 部分有序

由 Lamport 时钟存储的值只是部分有序的。如果两个客户端在不同的服务器上存储值，则这些带时间戳的值不能用来跨服务器对值排序。例如，Bob 在 Green 服务器上存储的"title"具有时间戳 2。但我们无法确定 Bob 存储"title"是在 Alice 在 Blue 节点上存储"name"之前还是之后（图 22.4）。

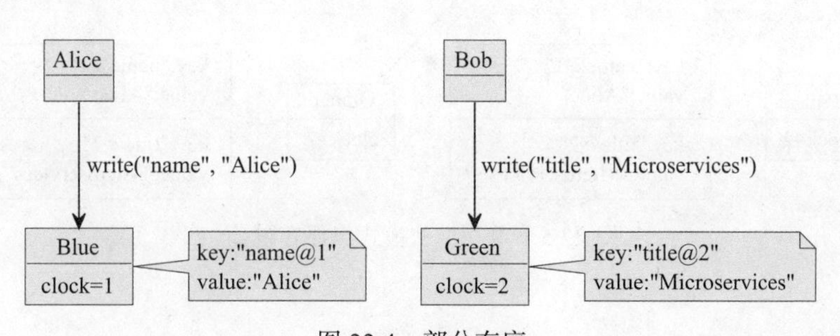


图 22.4 部分有序

### 22.2.4 单个主节点更新值

对于单一主从模式服务器组的场景，其中主节点始终负责存储值，在版本化值中讨论的基础实施足以保持因果关系（图 22.5）。

在此场景中，键值存储维护一个整数版本号计数器。每当从预写日志执行键值写命令时，版本计数器都会递增。随后，使用递增后的版本计数器构造新键。主节点和从节点在执行命令时递增版本计数器，如复制日志模式中所讨论的那样。

```
class ReplicatedKVStore...

  int version = 0;
  MVCCStore mvccStore = new MVCCStore();

  @Override
```

```
  public CompletableFuture<Response> put(String key, String value) {
      return replicatedLog.propose(new SetValueCommand(key, value));
  }
private Response applySetValueCommand(SetValueCommand setValueCommand) {
    version = version + 1;
    mvccStore.put(new VersionedKey(setValueCommand.getKey(), version),
            setValueCommand.getValue());
    Response response = Response.success(RequestId.SetValueResponse, version);
    return response;
}
```

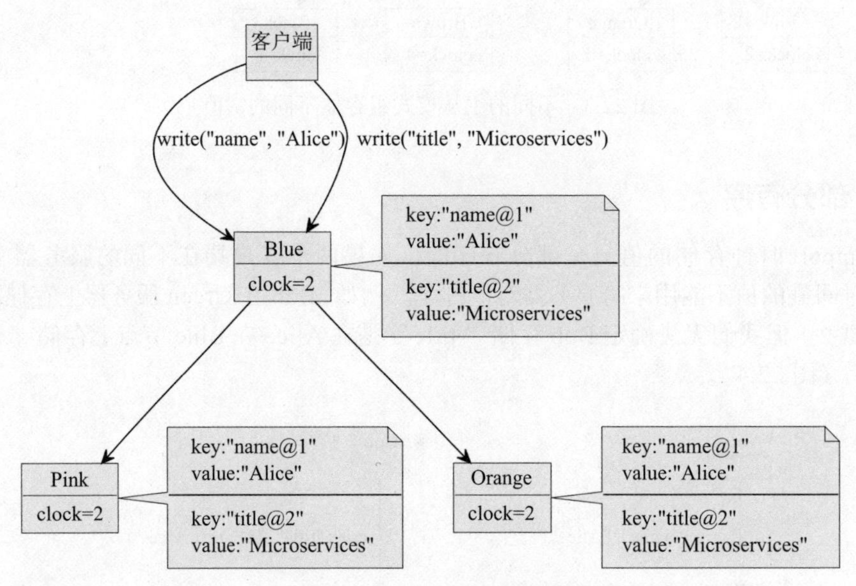


图 22.5 单一主从模式组保存键值

## 22.3 示例

- 像 MongoDB 和 CockroachDB 这样的数据库用 Lamport 时钟的变体来实现 MVCC 存储。
- 世代时钟是 Lamport 时钟的一个例子。

第 23 章

# 混合时钟

混合时钟结合了系统时间戳与逻辑时间戳，使版本具有可以排序的日期和时间。

## 23.1 问题的提出

在将Lamport时钟用作版本化值中的版本号时，客户端无法得知存储某个版本的实际日期时间。对客户端而言，直接使用类似“01-01-2020”这样的日期时间来访问数据版本，会比使用“1、2、3”这样的整数更加方便。

## 23.2 解决方案

混合时钟（Demirbas，2014）提出了一种生成版本号的方法，该方法不仅确保版本号如同简单整数般单调递增，同时也与实际日期时间相关联。诸如MongoDB或CockroachDB等数据库在实践中均采用了混合时钟。

混合时钟的实现如下所示：

*class HybridClock...*

```
  public class HybridClock {
      private final SystemClock systemClock;
      private HybridTimestamp latestTime;
      public HybridClock(SystemClock systemClock) {
          this.systemClock = systemClock;
    this.latestTime = new HybridTimestamp(systemClock.now(), 0);
}
```

它将最新时间作为混合时钟的实例来维护，混合时钟是由系统时间和一个整数计数器构造而来的。

*class HybridTimestamp...*

```
  public class HybridTimestamp implements Comparable<HybridTimestamp> {
      private final long wallClockTime;
      private final int ticks;

      public HybridTimestamp(long systemTime, int ticks) {
          this.wallClockTime = systemTime;
          this.ticks = ticks;
      }

      public static HybridTimestamp fromSystemTime(long systemTime) {
          //initializing with -1 so that addTicks resets it to 0
          return new HybridTimestamp(systemTime, -1);
      }

      public HybridTimestamp max(HybridTimestamp other) {
          if (this.getWallClockTime() == other.getWallClockTime()) {
              return this.getTicks() > other.getTicks()? this:other;
          }
          return this.getWallClockTime() > other.getWallClockTime()?this:other;
      }
```

```
    public long getWallClockTime() {
        return wallClockTime;
    }

    public HybridTimestamp addTicks(int ticks) {
        return new HybridTimestamp(wallClockTime, this.ticks + ticks);
    }

    public int getTicks() {
        return ticks;
    }

    @Override
    public int compareTo(HybridTimestamp other) {
        if (this.wallClockTime == other.wallClockTime) {
            return Integer.compare(this.ticks, other.ticks);
        }
        return Long.compare(this.wallClockTime, other.wallClockTime);
    }
```

混合时钟可以以 Lamport 时钟那样完全相同的方式使用。每个服务器维护一个混合时钟实例。

```
class Server...

  HybridClockMVCCStore mvccStore;
  HybridClock clock;

  public Server(HybridClockMVCCStore mvccStore) {
      this.clock = new HybridClock(new SystemClock());
      this.mvccStore = mvccStore;
  }
```

每次数据写入时，都会关联一个混合时钟。关键是检测系统时间是否出现回溯，若是，则增加一个表示组件逻辑部分的数字以反映时钟前进。

```
class HybridClock...

  public synchronized HybridTimestamp now() {
      long currentTimeMillis = systemClock.now();
      if (latestTime.getWallClockTime() >= currentTimeMillis) {
           latestTime = latestTime.addTicks(1);
      } else {
          latestTime = new HybridTimestamp(currentTimeMillis, 0);
      }
      return latestTime;
  }
```

服务器从客户端接收到的每个写请求都带有时间戳。接收服务器将自己的时间戳与请求时间戳比较，并将自己的时间戳设置为两者中的较大值。

```
class Server...

  public HybridTimestamp write(String key, String value,
```

```
                            HybridTimestamp requestTimestamp) {
    //update own clock to reflect causality
    var writeAtTimestamp = clock.tick(requestTimestamp);
    mvccStore.put(key, writeAtTimestamp, value);
    return writeAtTimestamp;
}
```

*class HybridClock...*

```
public synchronized HybridTimestamp tick(HybridTimestamp requestTime) {
    long nowMillis = systemClock.now();
    //set ticks to -1, so that, if this is the max,
    // the next addTicks resets it to zero.
    HybridTimestamp now = HybridTimestamp.fromSystemTime(nowMillis);
    latestTime = max(now, requestTime, latestTime);
    latestTime = latestTime.addTicks(1);
    return latestTime;
}
private HybridTimestamp max(HybridTimestamp ...times) {
   HybridTimestamp maxTime = times[0];
   for (int i = 1; i < times.length; i++) {
      maxTime = maxTime.max(times[i]);
   }
   return maxTime;
}
```

写入操作所使用的时间戳会返回客户端。请求的客户端更新自己的时间戳，然后使用此时间戳发出进一步的写入请求。

*class Client...*

```
HybridClock clock = new HybridClock(new SystemClock());
public void write() {
    HybridTimestamp server1WrittenAt = server1
            .write("name", "Alice", clock.now());
    clock.tick(server1WrittenAt);

    HybridTimestamp server2WrittenAt = server2
            .write("title", "Microservices", clock.now());

    assertTrue(server2WrittenAt
                            .compareTo(server1WrittenAt) > 0);
}
```

### 23.2.1 使用混合时钟的多版本存储

当值存储在键值存储中时，混合时钟可以用作版本号。值的存储方式如版本化值中所述的一致。

*class HybridClockReplicatedKVStore...*

```
private Response applySetValueCommand(
                    VersionedSetValueCommand setValueCommand) {

    mvccStore.put(setValueCommand.getKey(), setValueCommand.timestamp,
```

```
            setValueCommand.value);

    Response response =
            Response.success(RequestId.SetValueResponse,
                    setValueCommand.timestamp);
    return response;
  }
```

*class HybridClockMVCCStore...*

```
  ConcurrentSkipListMap<HybridClockKey, String> kv
        = new ConcurrentSkipListMap<>();

  public void put(String key, HybridTimestamp version, String value) {
      kv.put(new HybridClockKey(key, version), value);
  }
```

*class HybridClockKey...*

```
  public class HybridClockKey implements Comparable<HybridClockKey> {
      private String key;
      private HybridTimestamp version;

      public HybridClockKey(String key, HybridTimestamp version) {
          this.key = key;
          this.version = version;
      }

      public String getKey() {
          return key;
      }

      public HybridTimestamp getVersion() {
          return version;
      }

      @Override
      public int compareTo(HybridClockKey o) {
          int keyCompare = this.key.compareTo(o.key);
          if (keyCompare == 0) {
              return this.version.compareTo(o.version);
          }
          return keyCompare;
      }
```

值的读取方式与第 17 章所讨论的完全相同。版本化键的排列方式是使用混合时钟作为键的后缀来形成一个自然排序。这种实现使我们能够使用可定位的映射 API 获取特定版本的值。

*class HybridClockMVCCStore...*

```
  public Optional<String> get(String key, HybridTimestamp atTimestamp) {
      var versionEntry = kv.floorEntry(new HybridClockKey(key, atTimestamp));
      return Optional.ofNullable(versionEntry)
              .filter(entry -> entry.getKey().getKey().equals(key))
              .map(entry -> entry.getValue());
  }
```

### 23.2.2 使用时间戳读取值

使用混合时钟存储值允许用户使用过去的系统时间戳读取。例如，CockroachDB 允许使用“AS OF SYSTEM TIME”子句执行查询，以指定像“2016-10-03 12:45:00”这样的日期和时间。通过如下方式可以很容易地读取值。

```
class HybridClockMVCCStore...

  public Optional<String> getAtSystemTime(String key,
                                          String asOfSystemTimeClause) {
      long time = Utils.parseDateTime(asOfSystemTimeClause);
      HybridTimestamp atTimestamp = new HybridTimestamp(time, 0);
      return get(key, atTimestamp);
  }
```

### 23.2.3 为分布式事务分配时间戳

MongoDB 和 CockroachDB 等数据库使用混合时钟来保持分布式事务的因果关系。在分布式事务中，需要注意的是，当事务提交时，所有作为事务一部分存储的值应该在所有服务器上以相同的时间戳存储。收到请求的服务器在后续的写请求中可能遇到更高的时间戳，它们需要以已知的最高时间戳来提交事务，以符合事务实现的标准两阶段提交协议。

图 23.1 展示了如何在事务提交时确定最高时间戳。假设有三台服务器：Blue 存储 name，Green 存储 title，另有一台充当协调者。每台服务器的本地时钟值都不同，它可能是单个整数或混合时钟。

协调者向 Blue 服务器写入，带有已知的时钟值 1，但 Blue 的时钟为 2，因此它选择较大值后递增，并在时间戳 3 处写入数据。时间戳 3 随响应返回给协调者。对于所有后续请求，协调者均使用时间戳 3。

Green 在请求中收到时间戳 3，但它的时钟为 4，因此选择更高值 4，将其递增，并在时间戳 5 处写入数据，然后将时间戳 5 返回给协调者。当事务提交时，协调者使用收到的最高时间戳 5 来提交事务。这样，事务中所有更新的值都将存储在最高时间戳 5 下。

处理事务时间戳的简化代码如下：

```
class TransactionCoordinator...

  public Transaction beginTransaction() {
      return new Transaction(UUID.randomUUID().toString());
  }

  public void putTransactionally() {
      Transaction txn = beginTransaction();
      var coordinatorTime = new HybridTimestamp(1);
      var server1WriteTime = server1.write("name", "Alice",
                                           coordinatorTime, txn);

      var server2WriteTime
            = server2.write("title", "Microservices",
                            server1WriteTime, txn);
```

```
    var commitTimestamp = server1WriteTime.max(server2WriteTime);
    commit(txn, commitTimestamp);
}

private void commit(Transaction txn, HybridTimestamp commitTimestamp) {
    server1.commitTxn("name", commitTimestamp, txn);
    server2.commitTxn("title", commitTimestamp, txn);
}
```

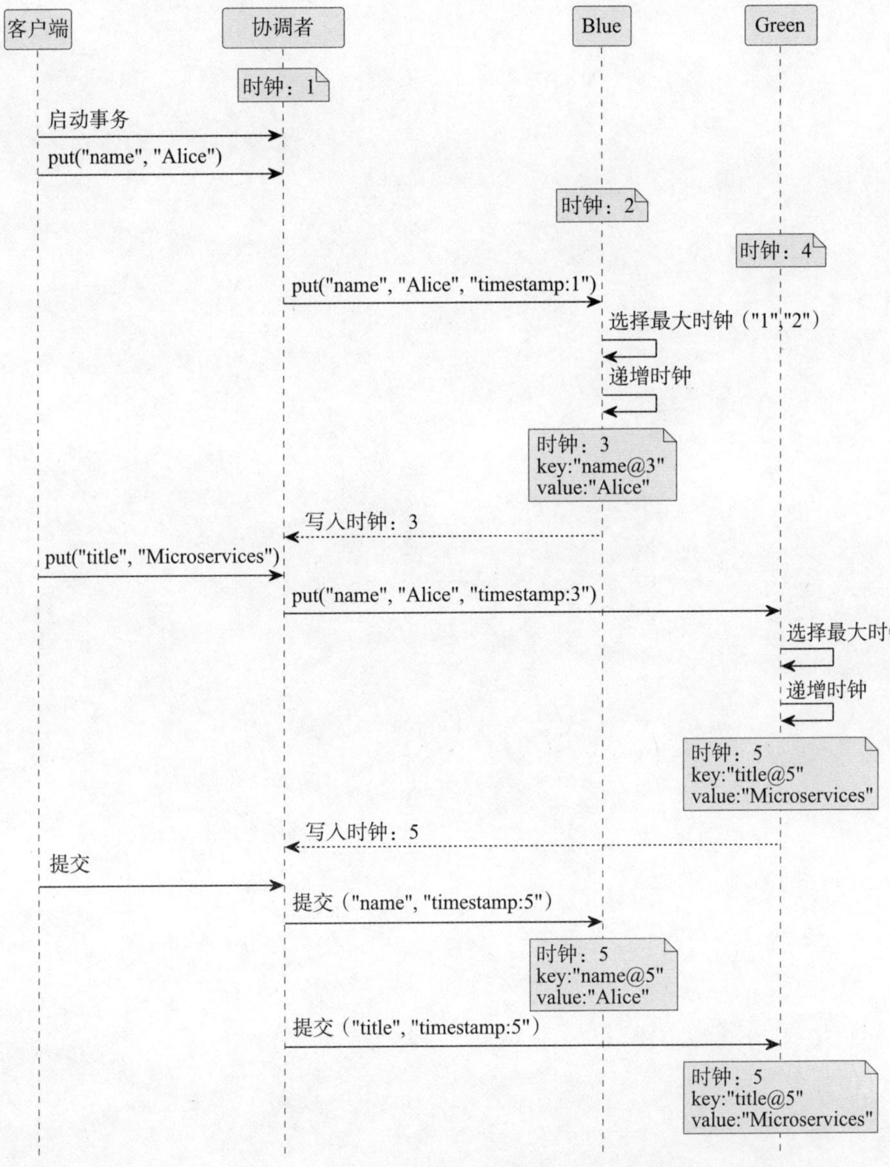

图 23.1 跨服务器传播提交时间戳

事务实现还可以在两阶段提交的准备阶段了解每个参与服务器使用的最高时间戳。

## 23.3 示例

- MongoDB 使用混合时钟在其 MVCC 存储中维护版本号。
- CockroachDB 和 YugabyteDB 使用混合时钟来维护分布式事务的因果关系。

# 第24章 时钟约束等待

时钟约束等待指的是等待集群节点间的时间不确定性被覆盖后再进行读写操作，以确保节点间排序的正确性。

## 24.1 问题的提出

虽然 Alice 和 Bob 可以向服务器 Green 查询所要读键的最新版本时间戳。但需要额外的操作。

如果 Alice 和 Bob 想跨服务器读多个键，那么需要询问每个键的最新版本，并且选择其中最大的值。

设想一个带有时间戳的键值存储系统，其中时间戳指定每个版本。集群节点处理客户端请求时，将使用当前时间戳读取最新版本的值。如图 24.1 所示，根据 Green 节点的时钟，在时钟值 2，值“Before Dawn”被更新为“After Dawn”。Alice 和 Bob 都尝试读取键“title”的最新值。Alice 的请求由 Amber 节点处理，而 Bob 的请求由 Blue 节点处理。由于 Amber 的时钟 1 滞后时钟 2，Alice 读到的是“Before Dawn”。而 Blue 的时钟为 2，Bob 读到的则是“After Dawn”。

这违背了所谓的外部一致性原则。如果 Alice 和 Bob 通信，Alice 会感到困惑，因为 Bob 告诉她最新的值是“After Dawn”，但她在自己的集群节点上看到的却是“Before Dawn”。

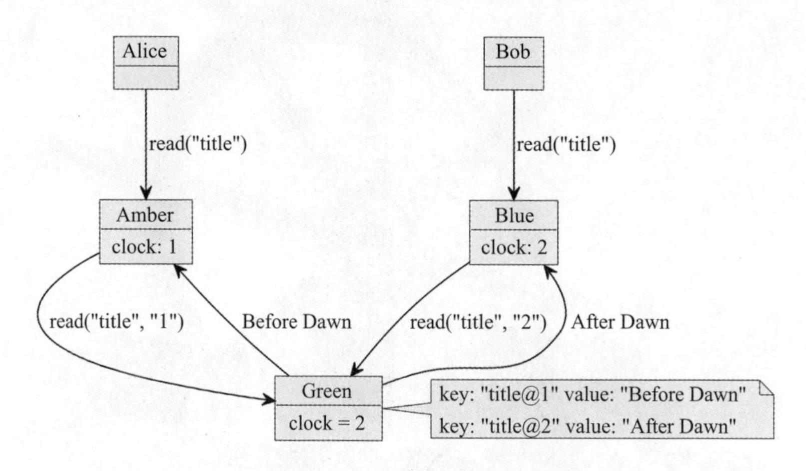


图 24.1 时钟偏差导致两个用户读的结果不同

同样，如果 Green 的时钟快，那么从 Amber 的时钟看，写操作似乎发生在未来。

使用系统时间戳作为存储值的版本号存在问题，因为系统时间戳不是单调的，且来自不同服务器的时钟值不应相互比较。使用混合时钟作为版本化值时，它允许在单服务器上，以及在有因果关系的不同服务器上对值进行排序。然而，混合时钟（或任何其他类型的 Lamport 时钟）只能提供部分有序。这意味着，如果两个不同的客户端跨节点存储没有因果关系的值，这些值是无法排序的。当使用时间戳跨节点读取值时就存在一个问题：如果读请求的来源节点时钟滞后，它可能无法读取给定值的最新版本。

## 24.2 解决方案

在进行读或写操作时，集群节点会等待直到确认集群中的每个节点时钟都已经超过了分配给该值的时间戳。

如果时钟差异较小，写请求可以等待，而不会增加太多开销。例如，假设集群节点间的最大时钟偏差是10ms，那么在时间点 $t$，处理任何写操作的节点将等待直到 $t$+10ms后再开始存储该值。

考虑一个带有版本化值的键值存储，其中每次更新都作为新值添加，并用时间戳作为版本控制。在Alice和Bob的示例中，只有当集群中所有节点的时钟都达到2时，才会执行存储title@2的写操作。这可以确保即使Alice集群节点的时钟滞后，她仍能看到“title”的最新值。

考虑Philip将键“title”的值更新为“After Dawn”的场景。Green的时钟显示为2，但它知道可能会有1个服务器的时钟滞后最多1个时间单位，因此，它将在写操作中等待1个时间单位（图24.2）。

当Philip更新“title”时，Bob的读请求由时钟为2的Blue节点处理，它试图在时间戳2处读取“title”。此时，Green尚未开始处理该值，因此Bob得到的是最高时间戳低于2的值，“Before Dawn”（图24.3）。

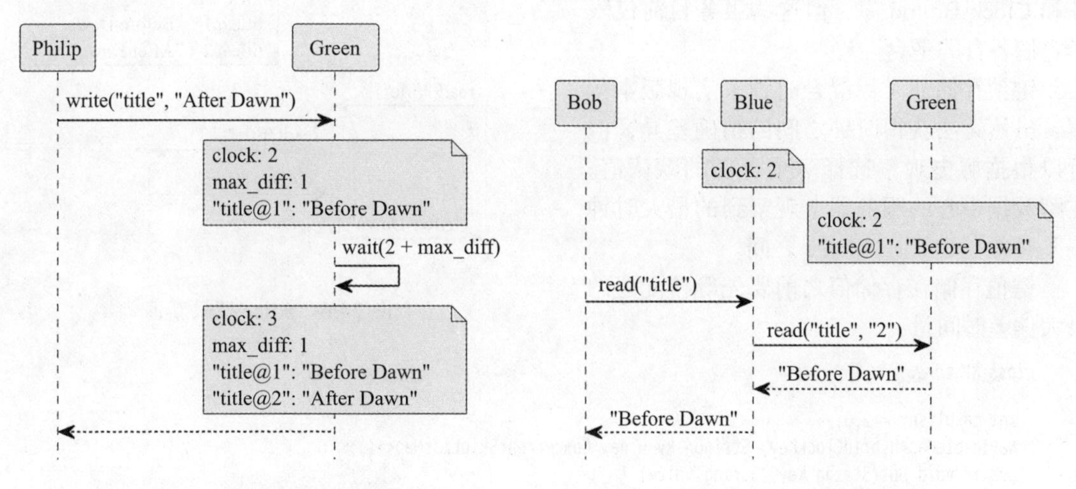


图24.2 写请求等待时钟偏差

图24.3 Bob读初始值

Alice的读请求由服务器Amber处理。Amber的时钟是1，所以它试图在时间戳1处读“title”的值。Alice得到的值是“Before Dawn”（图24.4）。

一旦Philip的写请求完成（在等待max_diff结束后），如果Bob现在发送新的读请求，服务器Blue将尝试根据其时钟（已经到3）读最新值，返回值将是“After Dawn”（图24.5）。

如果Alice发起新的读请求，服务器Amber将根据其时钟（当前是2）试图读最新值。因此，返回的值也将是“After Dawn”（图24.6）。

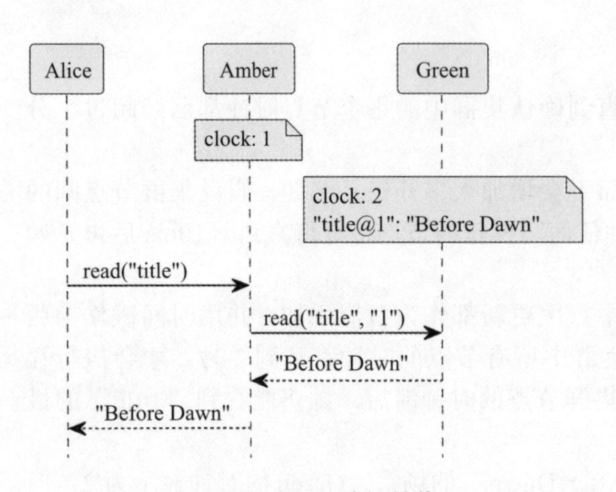


图 24.4 Alice 读初始值

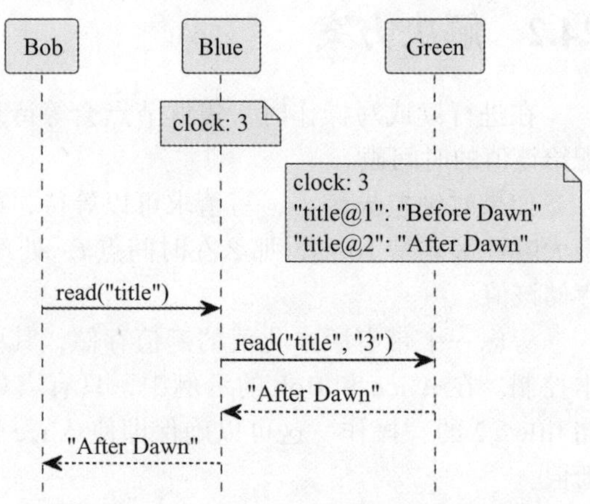


图 24.5 Bob 读最新值

实施这一解决方案的主要问题是，目前的硬件和操作系统 API 无法精确测定节点间的时间差。这就是为什么 Google 开发了 TrueTime API，亚马逊有 AWS Time Sync 服务和 Clock Bound 库，但这些服务目前仅限于它们各自的平台。

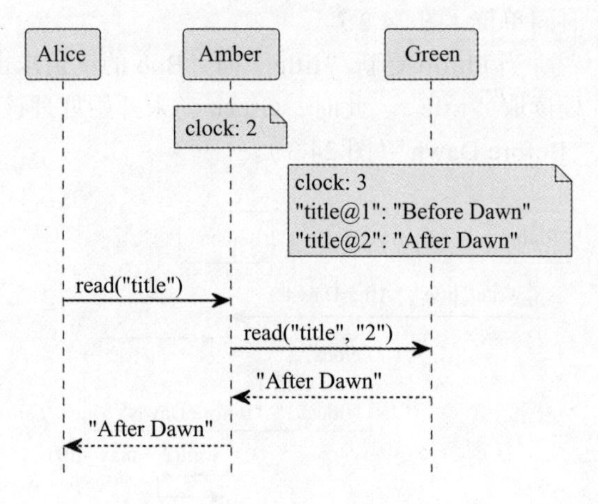


图 24.6 Alice 读最新值

键值存储通常用混合时钟来实现版本化值。虽然无法获得时钟之间的精确差异，但可以根据历史观察选择一个合理的默认值。在跨数据中心的服务器上观察到的最大时钟偏差通常在 200 ～ 500ms 之间。

键值存储在存储值之前要先等待配置的最大偏差时间量：

```
class KVStore...

  int maxOffset = 200;
  NavigableMap<HybridClockKey, String> kv = new ConcurrentSkipListMap<>();
  public void put(String key, String value) {
      HybridTimestamp writeTimestamp = clock.now();
      waitTillSlowestClockCatchesUp(writeTimestamp);
      kv.put(new HybridClockKey(key, writeTimestamp), value);
  }

  private void waitTillSlowestClockCatchesUp(HybridTimestamp writeTimestamp) {
      var waitUntilTimestamp = writeTimestamp.add(maxOffset, 0);
      sleepUntil(waitUntilTimestamp);
  }

  private void sleepUntil(HybridTimestamp waitUntil) {
      HybridTimestamp now = clock.now();
```

```
    while (clock.now().before(waitUntil)) {
        var waitTime = (waitUntil.getWallClockTime() - now.getWallClockTime()) ;
        Uninterruptibles.sleepUninterruptibly(waitTime, TimeUnit.MILLISECONDS);
        now = clock.now();
    }
}

public String get(String key, HybridTimestamp readTimestamp) {
    return kv.get(new HybridClockKey(key, readTimestamp));
}
```

### 24.2.1　读请求重启

每个写请求都等待 200ms 可能过长，这就是为什么像 CockroachDB 或 YugabyteDB 这样的数据库会在读请求中实现检查。

在处理读请求时，集群节点会检查在 readTimestamp 和 readTimestamp + max_clock_skew 之间的时间间隔中是否有可用的版本存在。如果有，则系统会假定读者的时钟可能滞后，并要求读者重启可用版本的读请求。

```
class KVStore...

  public void put(String key, String value) {
      HybridTimestamp writeTimestamp = clock.now();
      kv.put(new HybridClockKey(key, writeTimestamp), value);
  }

  public String get(String key, HybridTimestamp readTimestamp) {
      checksIfVersionInUncertaintyInterval(key, readTimestamp);
      return kv.floorEntry(new HybridClockKey(key, readTimestamp)).getValue();
  }

  private void checksIfVersionInUncertaintyInterval(String key,
                                          HybridTimestamp readTimestamp) {
      var uncertaintyLimit = readTimestamp.add(maxOffset, 0);
      var versionedKey = kv.floorKey(new HybridClockKey(key,
              uncertaintyLimit));
      if (versionedKey == null) {
          return;
      }
      var maxVersionBelowUncertainty = versionedKey.getVersion();
      if (maxVersionBelowUncertainty.after(readTimestamp)) {
          throw new ReadRestartException(readTimestamp,
                  maxOffset,
                  maxVersionBelowUncertainty);
      }
      ;
  }
class Client...

  String read(String key) {
      int attemptNo = 1;
      int maxAttempts = 5;
```

```
        while(attemptNo < maxAttempts) {
            try {
                HybridTimestamp now = clock.now();
                return kvStore.get(key, now);
            } catch (ReadRestartException e) {
                logger.info(" Got read restart error " + e + "Attempt No. " + attemptNo);
                Uninterruptibles
                        .sleepUninterruptibly(e.getMaxOffset(), TimeUnit.MILLISECONDS);
                attemptNo++;
            }
        }
        throw new ReadTimeoutException("Unable to read after " + attemptNo + " attempts.");
    }
```

在上述 Alice 和 Bob 示例中，如果在时间戳 2 处有 “title” 的可用版本，并且 Alice 发送了带有时间戳 1 的读请求，系统会抛出 ReadRestartException 异常，并要求 Alice 在时间戳 2 处重启读请求（图 24.7）。

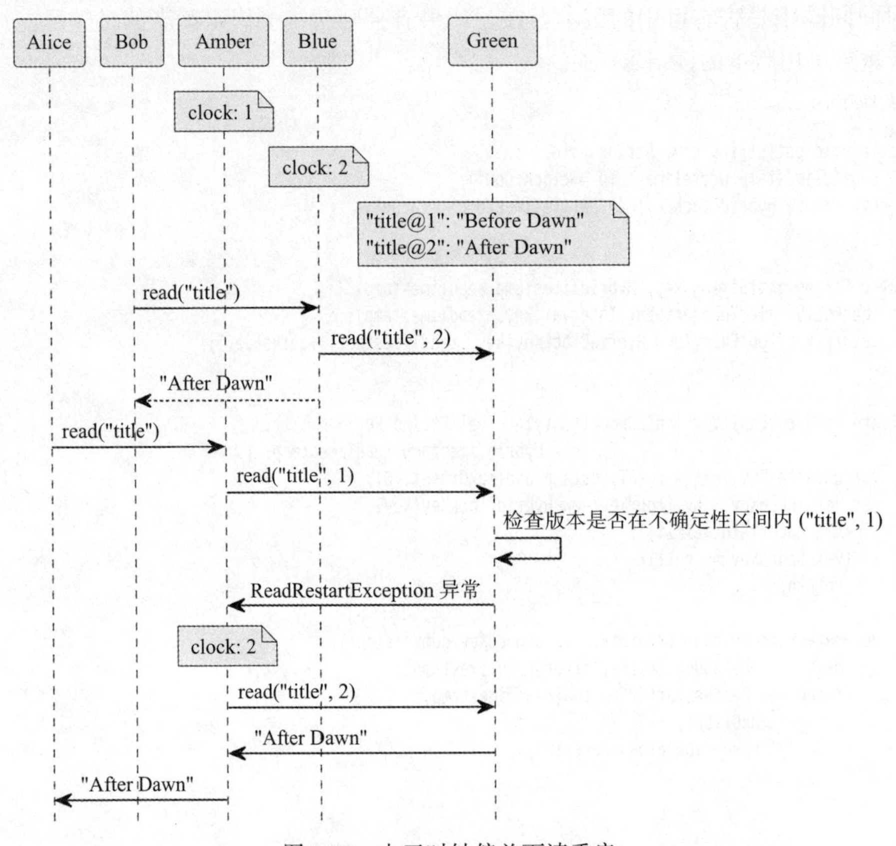


图 24.7 由于时钟偏差而读重启

读重启只会发生在不确定性区间内有版本写入的情况下。写请求不需要等待。重要的是要记住，最大时钟偏差的配置值是一个假设，而非保证。不良服务器可能会有比假设值更大的时钟偏差。在这种情况下，问题仍然存在。

### 24.2.2　使用时钟约束 API

Google 和亚马逊等云供应商实现了具有原子钟和 GPS 的时钟机制，确保节点间的时钟偏差保持在几毫秒以内。正如前文所述，Google 有 TrueTime，AWS 有 Time Sync Service 和 Clock Bound 库。

为确保等待机制正确实施，对集群节点有两个关键要求：

- 把集群节点之间的时钟偏差保持在最低限度。Google 的 TrueTime 在大多数情况下都能保持在 1ms 以内，在最坏的情况下可以保持在 7ms 以内。
- 程序员可以在日期–时间 API 中查询可能的时钟偏差，因此，没必要猜测该值。

集群节点上的时钟机制可计算日期–时间值的误差范围。如果本地系统时钟返回的时间戳可能存在误差，API 会明确地指出，而且会给出时钟值的下限和上限。保证实际的时间值在这个区间内，时间下限和上限之间的跨度定义了不确定性区间。

```
public class ClockBound {
    public final long earliest;
    public final long latest;

    public ClockBound(long earliest, long latest) {
        this.earliest = earliest;
        this.latest = latest;
    }

    public boolean before(long timestamp) {
        return timestamp < earliest;
    }

    public boolean after(long timestamp)   {
        return timestamp > latest;
    }
```

正如 AWS 博客[⊖]所解释的那样，集群中的每个节点的误差被计算为 ClockErrorBound。实际的时间值总是在本地时钟时间的 ClockErrorBound 范围内。

每当请求日期和时间值时，都会返回误差范围。

```
public ClockBound now() {
    return now;
}
```

时钟约束 API 保证了两个属性：

- 时钟约束应该在集群节点之间重叠。
- 对于 t1 和 t2 两个时间值，如果 t1 小于 t2，则在所有集群节点上 clock_bound(t1).earliest 小于 clock_bound(t2).latest。

假设 Green、Blue 和 Amber 三个集群节点有不同的误差范围。Green 的误差是 1，Blue 的误差是 2，Amber 的误差是 3。图 24.8 显示了时间为 4 时集群节点之间的时钟约束。

---

⊖ https://aws.amazon.com/blogs/mt/manage-amazon-ec2-instance-clock-accuracy-using-amazon-time-syncservice-and-amazon-cloudwatch-part-1。

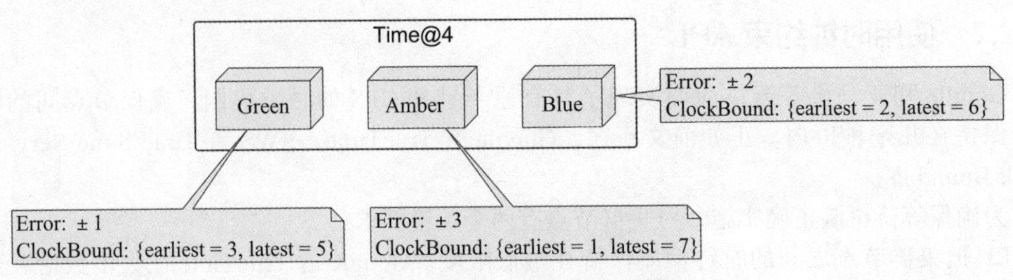


图 24.8 集群节点之间的时钟约束

在这种情况下，实现提交等待需要遵循两条规则。

- 对于任何写操作，应选择时钟约束的最新值作为时间戳。这可以确保它总是大于先前写操作所附加的任何时间戳（考虑下面的第二条规则）。
- 在存储值之前，系统必须要等到写时间戳小于时钟约束的最早值。

这是因为最早值保证小于集群所有节点上时钟约束的最新值。将来任何用时钟约束最新值的读操作都将能够访问到该写操作存入的值。此外，也可以保证这个值排在未来可能发生的任何其他写操作之前。

```
class KVStore...

  public void put(String key, String value) {
      ClockBound now = boundedClock.now();
      long writeTimestamp = now.latest;
      addPending(writeTimestamp);
      waitUntilTimeInPast(writeTimestamp);
      kv.put(new VersionedKey(key, writeTimestamp), value);
      removePending(writeTimestamp);
  }

  private void waitUntilTimeInPast(long writeTimestamp) {
      ClockBound now = boundedClock.now();
      while(now.earliest < writeTimestamp) {
          Uninterruptibles
                  .sleepUninterruptibly(now.earliest - writeTimestamp,
                          TimeUnit.MILLISECONDS);
          now = boundedClock.now();
      }
  }

  private void removePending(long writeTimestamp) {
      try {
          lock.lock();
          pendingWriteTimestamps.remove(writeTimestamp);

          //Signal to any waiting read requests.
          cond.signalAll();
      } finally {
          lock.unlock();
      }
  }
```

```
private void addPending(long writeTimestamp) {
    try {
        lock.lock();
        pendingWriteTimestamps.add(writeTimestamp);
    } finally {
        lock.unlock();
    }
}
```

回到上面的Alice和Bob的例子，当Philip在服务器Green上写入“title”的新值“After Dawn”时，Green上的put操作会等待，直到选定的写时间戳小于时钟约束的最早值。这保证了集群其他每个节点上时钟约束的最新值的时间戳更大。图24.9展示了以下场景。Green的时间误差范围为±1。因此，当它在时间4存储值时开始一个put操作，Green会选择时钟约束的最新值5。然后等待，直到时钟约束的最早值超过5。实际上，在将值进行键值存储之前，Green要等待不确定性时间区间。

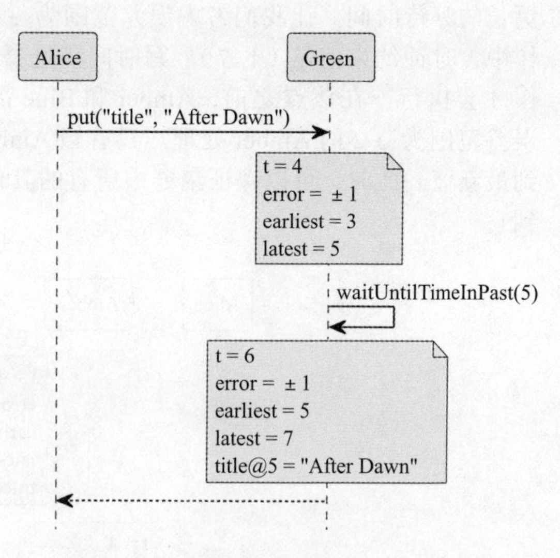


图24.9　写操作等待覆盖不确定性区间

当值在键值存储中可用时，集群中的每个节点上时钟约束的最新值都保证大于5。这意味着由Blue处理的Bob的请求（图24.10）以及由Amber处理的Alice的请求（图24.11）都保证能得到“title”的最新值。

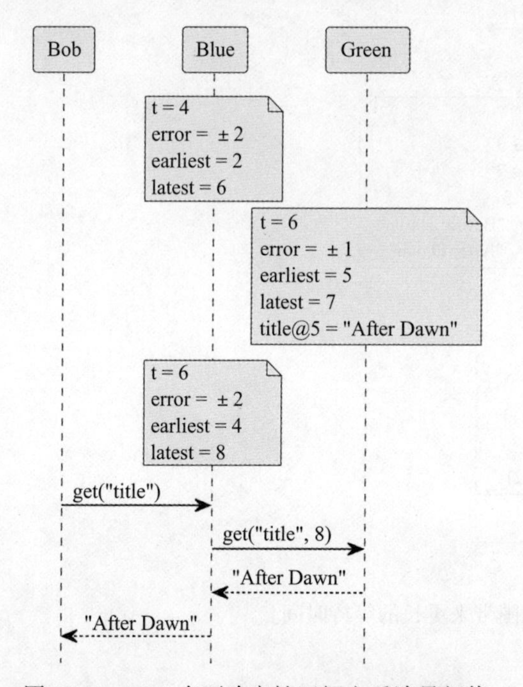


图24.10　Bob在不确定性区间之后读最新值

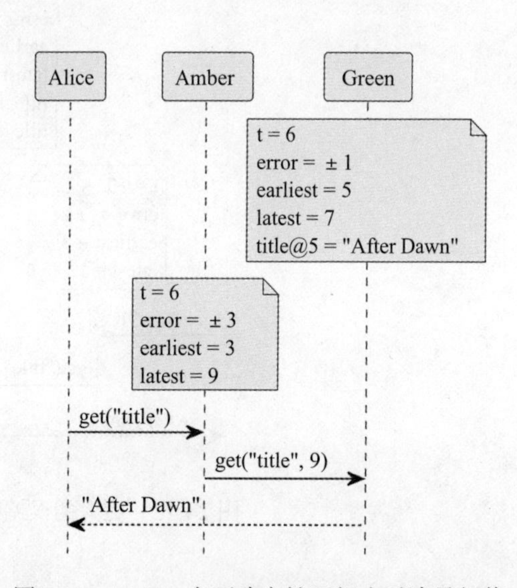


图24.11　Alice在不确定性区间之后读最新值

如果 Green 的误差范围更大（图 24.12），我们会得到相同的结果。更大的误差范围带来更长的等待时间。让我们考虑误差范围为 ±3 的情况。在 Green 服务器上时间 4 发生的写操作中，时钟约束值是（1, 7）。写时间戳选择 7，等到 Green 上时钟约束的最早值超过 7 写操作才会执行。在该点之前，Amber 和 Blue 都无法访问该值。现在，假设 Alice 的读请求由误差范围为 ±2 的 Amber 处理。只有当 Amber 可以用时间戳 7 进行读操作时，Alice 才会收到最新值。此时，可以保证集群中所有的其他节点在各自服务器时钟约束的最新时间值接收到它。

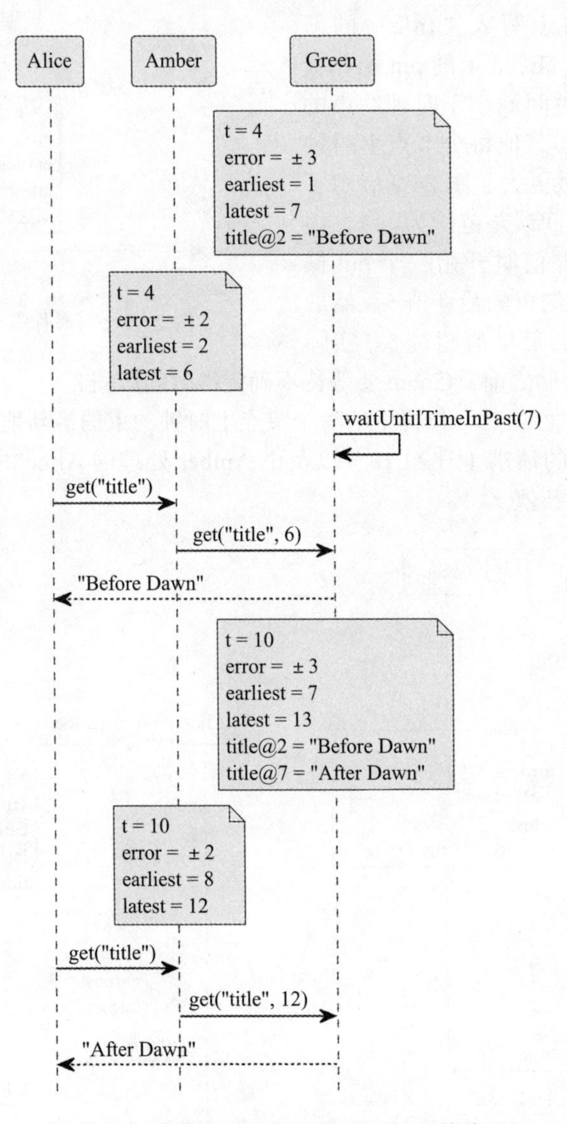


图 24.12 更大的误差范围带来更长的等待时间

**读等待**

在读值时，客户端将始终从其集群节点上时钟约束中选择最大值。

接收请求的集群节点需要确保一旦在特定请求时间戳上返回响应，在该时间戳或更低时间戳上没有写入的值。

如果请求中的时间戳高于服务器上的时间戳，集群节点将等待时钟赶上后再返回响应。

然后，它将检查在较低时间戳上是否有任何未存储的待处理写请求。如果有，将暂停读请求，直到请求完成。

服务器随后将在请求时间戳处读并返回该值。这确保一旦在特定时间戳返回响应，就不会在较小值的时间戳上写入任何值。

```
class KVStore...

  final Lock lock = new ReentrantLock();
  Queue<Long> pendingWriteTimestamps = new ArrayDeque<>();
  final Condition cond  = lock.newCondition();

  public Optional<String> read(long readTimestamp) {
      waitUntilTimeInPast(readTimestamp);
      waitForPendingWrites(readTimestamp);
      Optional<VersionedKey> max = kv.keySet().stream().max(Comparator.naturalOrder());
      if(max.isPresent()) {
          return Optional.of(kv.get(max.get()));
      }
      return Optional.empty();
  }

  private void waitForPendingWrites(long readTimestamp) {
      try {
          lock.lock();
          while (pendingWriteTimestamps
                  .stream()
                  .anyMatch(ts -> ts <= readTimestamp)) {

              cond.awaitUninterruptibly();
          }
      } finally {
          lock.unlock();
      }
  }
```

如图 24.13 所示的最后一个示例，如果 Alice 在时间 4 的读请求由误差范围为 3 的服务器 Amber 处理，它选择最新时间 7 来读“ title”。与此同时，Philip 的写请求由误差范围为 1 的 Green 处理，它选择 5 作为存储值的时间戳。Alice 的读请求等待，直到 Green 上的最早时间超过 7，且待处理的写请求完成。然后它返回时间戳小于 7 的最新值。

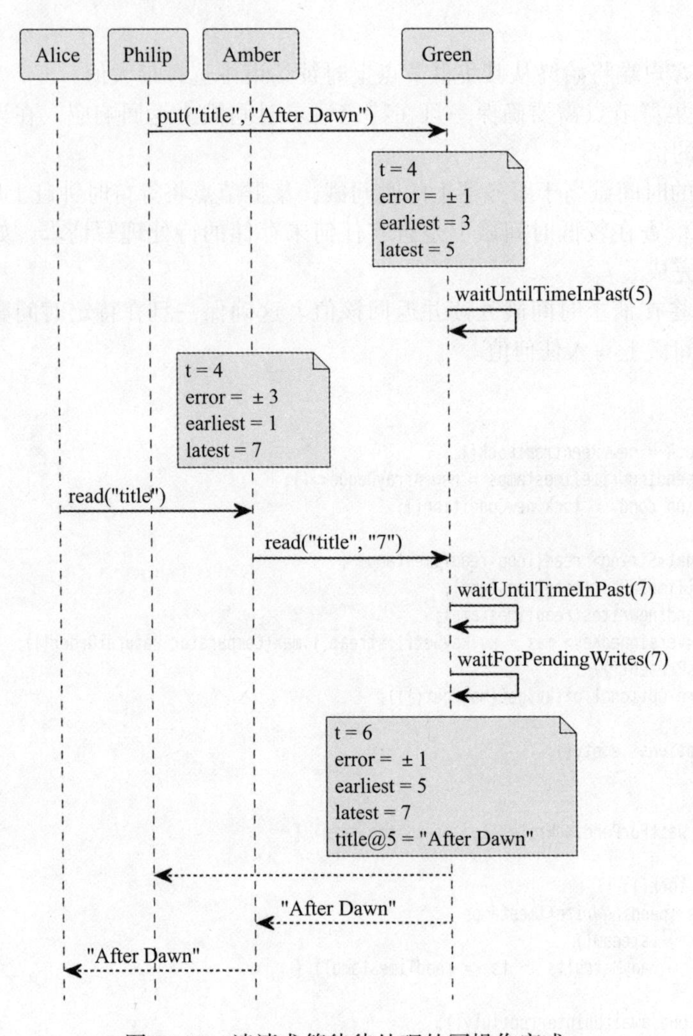


图 24.13 读请求等待待处理的写操作完成

## 24.3 示例

- ❑ Google 的 TrueTime API 提供了时钟约束，Google Spanner 用它来实现提交等待。
- ❑ AWS Time Sync 服务确保最小的时钟偏差，可以用时钟约束库来实现等待，从而在集群中完成对事件的排序。
- ❑ CockroachDB 实现了读重启和基于可配置时钟偏差最大值的提交等待实验性选项。
- ❑ YugabyteDB 实现了基于可配置时钟偏差最大值的读重启。

第五部分 Part 5

# 集群管理模式

在拥有多个服务器的分布式系统中，拥有管理服务器成员资格、检测故障以及针对数据分布做出决策的机制至关重要。此外，这些元数据必须要以容错的方式存储并能够供客户端访问。

接下来的章节将探讨解决这些挑战的模式，提供管理服务器集群和确保以可靠的方式访问元数据的有效解决方案。

# 第25章 一致性核心

一致性核心，是指维护一个小型集群以提供更强的一致性，以便在不实行仲裁机制的情况下协调大型数据集群的服务器活动。

## 25.1 问题的提出

对于服务器集群来说，常见的需求包括：选举特定任务的主节点、管理成员资格信息、将数据分区映射到服务器等。这些功能需要强一致性保证和高容错能力，常见的做法是采用基于仲裁机制的容错共识算法。

但当集群处理大量数据，服务器数量增多时，基于仲裁机制的系统吞吐量会随着集群规模的扩大而显著下降。

## 25.2 解决方案

我们可以构建一个由三到五个节点组成的小型集群，它提供强一致性保证和容错能力。一个独立的大型数据集群可以依靠这个小型一致性集群来管理元数据，并使用租约等机制进行集群范围的决策（图 25.1）。即使数据集群规模扩大，依旧可以利用较小的元数据集群执行需要强一致性保证的操作。

如果需要提供强一致性保证和容错能力，就必须采用像 Raft（Ongaro，2014）、Zab（Reed，2008）或 Paxos 这样的共识算法。

虽然共识算法是实现一致性核心的必要条件，但客户端交互的各个方面（例如，客户端如何找到主节点或如何处理重复请求）是重要的实施决策。还有关于安全性和活跃性的重要考虑。

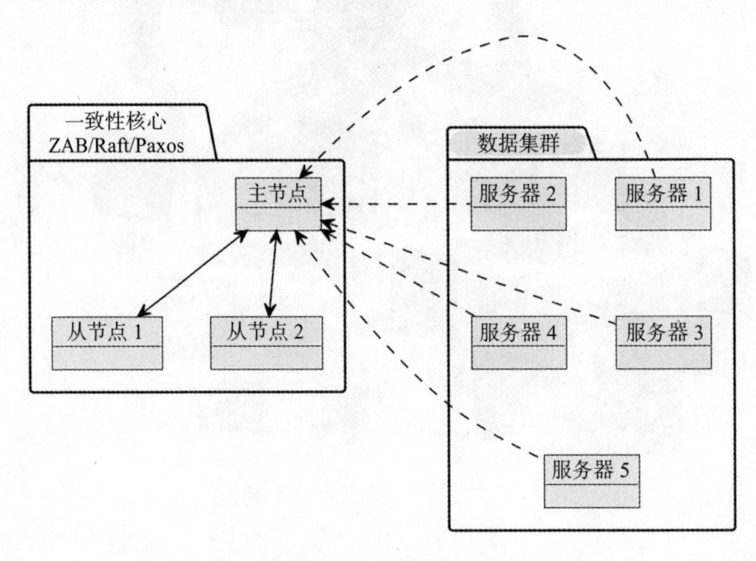


图 25.1 一致性核心

Paxos 只定义了共识算法，并未详细描述算法的实现。Raft 则清晰记录了实现细节，包括一个参考实现，它是当前最广泛使用的算法。

由于整个集群都依赖于一致性核心，理解采用的共识算法细节至关重要。在一些棘手的网络分区情况下，共识算法实现可能会遇到活跃性问题。例如，Raft 集群分区中服务器持续触发主节点选举，除非采取特殊措施，否则 Raft 集群可能会受到干扰。

一致性核心的典型接口如下：

```
public interface ConsistentCore {
    CompletableFuture put(String key, String value);

    List<String> get(String keyPrefix);

    CompletableFuture registerLease(String name, long ttl);

    void refreshLease(String name);

    void watch(String name, Consumer<WatchEvent> watchCallback);
}
```

至少，一致性核心提供了简单的键值存储机制，用于元数据存储。

### 25.2.1 元数据存储

该存储基于共识算法（如 Raft）实现。它采用复制日志来实现，其中复制由主从节点处理，并且采用高水位标记追踪符合仲裁机制的成功的复制。

**支持分层存储**

一致性核心通常用于存储组成员资格或跨服务器的任务分配等数据。使用前缀来限定元数据类型是一种常见的使用模式。例如，组成员资格的键可能是 /servers/1、/servers/2 等，分配给服务器的任务的键可能是 /tasks/task1、/tasks/task2。数据通常使用带有特定前缀的所有键来读取。例如，要获取集群中所有服务器的信息，可以读取带有 /servers 前缀的所有键。

以下是一个示例，每个服务器通过创建带有 /servers 前缀的键，在一致性核心中注册自己：

```
client1.setValue("/servers/1", "{address:192.168.199.10, port:8000}");

client2.setValue("/servers/2", "{address:192.168.199.11, port:8000}");

client3.setValue("/servers/3", "{address:192.168.199.12, port:8000}");
```

然后，客户端可以通过读取带有 /servers 前缀的键来了解集群中的所有服务器：

```
assertEquals(client1.getValue("/servers"),
        Arrays.asList("{address:192.168.199.12, port:8000}",
                      "{address:192.168.199.11, port:8000}",
                      "{address:192.168.199.10, port:8000}"));
```

由于数据存储这种层次化特性，Apache ZooKeeper 和 Chubby（Burrows，2006）提供了具有父节点和子节点概念的类似文件系统的接口，用户可以在目录下创建子目录、文件或节点。etcd3 的键空间是平的，它可以获取键范围。

### 25.2.2 处理客户端交互

一致性核心的一个关键特性是客户端如何与之交互。以下几个方面对于客户端与一致性核心的交互至关重要。

#### 1. 找到主节点

**可串行化和线性化**

如果读请求由从节点处理，客户端可能会得到过时的数据，因为来自主节点的最新提交可能还没到达从节点。虽然客户端接收更新的顺序是一致的，但客户端获得的更新可能不是最新的。这满足了可串行化的要求，但没有满足线性化要求，线性化要求保证每个客户端都能获取最新的更新。如果客户端只需要读元数据，并且能够暂时容忍旧的元数据，可串行化保证就足够了。但对于像租约这类操作，必须要有严格的线性化保证。

如果主节点与集群中的其他节点隔离，客户端可能会从主节点那里获得过时的数据。Raft 描述了一种提供线性化读取的机制（例如，参见 etcd 实现的 readIndex）。YugabyteDB 运用了一种称为主节点租约的技术，以实现在复制日志模式中跳过日志读请求的效果。

当从节点被隔离时，可能会出现类似情况。一个隔离的从节点可能不会返回最新的数据给客户端。为了保证从节点没有被隔离并且与主节点保持同步，它们需要向主节点发起查询，并在收到最新更新后再响应客户端。Kafka（Chen，2020）正是采用了这种设计。

所有操作都在主节点上执行是非常重要的，所以客户端库需要先找到主节点。有两种方法可以做到：

方法一，一致性核心的从节点知道当前的主节点，如果客户端连接到从节点，从节点可以返回主节点的地址。然后客户端可以直接连接到响应中识别的主节点。但需要注意的是，当客户端试图连接时，服务器可能正在进行主节点选举。在这种情况下，服务器无法返回主节点地址，客户端需要等待并尝试连接另一台服务器。

方法二，服务器可以实现一种转发机制，将所有客户端请求转发给主节点。这允许客户端连接到任何服务器。同样，如果服务器正在进行主节点选举，客户端需要重试，直至选举成功，确定了合法的主节点。如 ZooKeeper 和 etcd 这样的产品采用了这种方法，因为它们允许一些只读请求由从节点处理，避免了客户端发出大量只读请求时对主节点造成性能瓶颈，并降低了客户端的复杂度，因为它们无须根据请求类型决定连接到主节点还是从节点。

找到主节点的一个简单机制是尝试连接每个服务器并发送请求。如果服务器不是主节点，它会发送重定向响应。

```
private void establishConnectionToLeader(List<InetAddressAndPort> servers) {
    for (var server : servers) {
        try {
            var socketChannel = new SingleSocketChannel(server,
                    10);
            logger.info("Trying to connect to " + server);
            var response = sendConnectRequest(socketChannel);
            if (isRedirectResponse(response)) {
                var redirectResponse =
                        deserialize(response.getMessageBody(),
```

```
                                RedirectToLeaderResponse.class);
                    redirectToLeader(redirectResponse);
                    break;
                } else if (isLookingForLeader(response)) {
                    logger.info("Server is looking for leader. Trying next server");
                    continue;
                } else { //we know the leader
                    logger.info("Found leader. Establishing a new connection.");
                    newPipelinedConnection(server);
                    break;
                }
            } catch (IOException e) {
                logger.info("Unable to connect to " + server);
                //try next server
            }
        }
    }

    private boolean isLookingForLeader(RequestOrResponse requestOrResponse) {
        return requestOrResponse.getRequestId() == RequestId.LookingForLeader;
    }

    private void redirectToLeader(RedirectToLeaderResponse redirectResponse) {

        newPipelinedConnection(redirectResponse.leaderAddress);

        logger.info("Connected to the new leader "
                + redirectResponse.leaderServerId
                + " " + redirectResponse.leaderAddress
                + ". Checking connection");
    }
```

仅仅建立TCP连接是不够的，客户端需要知道服务器是否能处理请求。因此，客户端向服务器发送特殊的连接请求，以确认服务器是否能处理请求，否则会重定向到主节点。

```
    private RequestOrResponse
            sendConnectRequest(SingleSocketChannel socketChannel)
                throws IOException {

        try {
            var request =
                    new RequestOrResponse(new ConnectRequest(),
                    nextRequestNumber.getAndIncrement());

            return socketChannel
                    .blockingSend(request);

        } catch (IOException e) {
            resetConnectionToLeader();
            throw e;
        }
    }
```

如果当前主节点失效，会采用相同的方法从集群中识别新的主节点。一旦建立连接，客户端会维护到主节点的单套接字通道。

### 2. 处理重复请求

当与主节点连接失败时，客户端会尝试连接新的主节点，并重新发送请求。如果请求在连接失败之前已被失效的主节点处理过了，可能会导致重复。因此，服务器上有一个忽略重复请求的机制是很重要的，采用幂等接收器模式实现重复检测。

通过租约，可以在服务器组之间协调任务。同样的方法也可用于实现组成员资格和故障检测机制。

状态监控用于在元数据更改或租约到期时接收通知。

## 25.3 示例

- Google 使用 Chubby 锁服务进行协调和元数据管理。
- Apache Kafka 使用 Apache ZooKeeper 来管理元数据以及做决策，如集群主节点的选举等。Kafka 提议的架构变更（McCabe，2020）使用自己基于 Raft 的控制器集群替换 ZooKeeper。
- Apache BookKeeper 使用 ZooKeeper 来管理集群元数据。
- Kubernetes 使用 etcd 进行协调，管理集群元数据和群组成员资格信息。
- 所有大数据存储和处理系统（HDFS、ApacheSpark、Apache Flink）都使用 Apache ZooKeeper 来实现高可用性和集群协调。

# 第26章

# 租约

租约是用于通过有时限的协议来协调集群节点活动的一种机制。

## 26.1 问题的提出

集群中的节点经常需要对某些资源进行排他性访问。但是，节点可能会崩溃、暂时断开连接或经历进程暂停。在这些故障情形下，节点不应该无限期地占用访问资源。

## 26.2 解决方案

集群中的节点可以申请有时限的租约，租约一旦过期即失效。如果节点希望延长对资源的访问，可在租约到期之前进行更新租约。使用一致性核心来实现租约机制，不仅能够提供容错能力，还能保证一致性。每个租约都有相应的生存时间。在一致性核心中，集群节点可以创建带有租约的密钥。

租约在主从模式下复制以提高容错能力。持有租约的节点有责任定期更新租约。客户端通过向一致性核心发送心跳来刷新租约的生存时间。租约会在一致性核心的所有节点上创建，但只有主节点会追踪租约是否到期。一致性核心中的从节点不会追踪租约是否到期。这是因为我们使用主节点的单调时钟来判定租约何时到期，并据此通知从节点。这确保了与一致性核心中的任何其他决策一样，节点就租约到期达成共识。[㊀]

**挂钟并非单调时钟**

在计算机中有两种不同的机制来表示时间。挂钟时间代表一天中的时间，通常由晶体振荡器构建的时钟机械来测量。问题是振荡器可能会与实际时间产生偏移。为了解决这个问题，计算机通常使用像 NTP 这样的服务，通过互联网上的时间源来检查时间并对本地时间进行修正。因此，在给定服务器上连续两次读挂钟时间可能会出现倒退。这使得挂钟时间不适合测量事件之间流逝的时间。在计算机中还有一种被称为单调时钟的机制，用于表示流逝的时间。单调时钟的值不受诸如 NTP 这样服务的影响。连续两次调用单调时钟可以保证获得流逝的时间，因此常用单调时钟来测量超时。虽然这种方法在单服务器上运行良好。但无法比较在两个不同服务器上的单调时钟。所有编程语言都有 API 来读挂钟时间和单调时钟时间，例如，可以在 Java 中调用 system.currentTimeMillis 来获得挂钟时间，调用 system.nanoTime 来获得单调时钟时间。

当一致性核心中的某个节点成为主节点时，它就开始使用单调时钟来追踪租约。

```
class ReplicatedKVStore...

  public void onBecomingLeader() {
```

㊀ LogCabin 是基于 Raft（Ongaro，2015）实现的参考模型，它引入了一个有趣的“集群时间”概念，该逻辑时钟由整个 Raft 集群维护。由于集群中所有节点对时间达成了共识，它们可以独立地移除过期的会话。然而，这一机制需要将从主节点到从节点的心跳中包含的日志记录进行复制和提交，就像处理任何其他日志项一样。

```
        leaseTracker = new LeaderLeaseTracker(this, new SystemClock(), log);
        leaseTracker.start();
    }
```

主节点会启动定时任务来定期检查租约是否到期。

*class LeaderLeaseTracker...*

```
  private ScheduledThreadPoolExecutor executor = new ScheduledThreadPoolExecutor(1);
  private ScheduledFuture<?> scheduledTask;
 @Override
 public void start() {
     scheduledTask = executor.scheduleWithFixedDelay(this::checkAndExpireLeases,
             leaseCheckingInterval,
             leaseCheckingInterval,
             TimeUnit.MILLISECONDS);
 }

 @Override
 public void checkAndExpireLeases() {
     remove(expiredLeases());
 }

 private void remove(Stream<String> expiredLeases) {
     expiredLeases.forEach((leaseId) -> {
         //remove it from this server so that it doesnt cause trigger again.
         expireLease(leaseId);
         //submit a request so that followers know about expired leases
         submitExpireLeaseRequest(leaseId);
     });
 }

 private Stream<String> expiredLeases() {
     long now = System.nanoTime();
     Map<String, Lease> leases = kvStore.getLeases();
     return  leases.keySet().stream().filter(leaseId -> {
         Lease lease = leases.get(leaseId);
         return lease.getExpiresAt() < now;
     });
 }
```

从节点启动一个空操作的租约追踪器。

*class ReplicatedKVStore...*

```
  public void onCandidateOrFollower() {
      if (leaseTracker != null) {
          leaseTracker.stop();
      }
      leaseTracker = new FollowerLeaseTracker(this, leases);
  }
```

租约的内容如下：

```
public class Lease implements Logging {
    String name;
    long ttl;
```

```
    //Time at which this lease expires
    long expiresAt;

    //The keys from kv store attached with this lease
    List<String> attachedKeys = new ArrayList<>();
    public Lease(String name, long ttl, long now) {
        this.name = name;
        this.ttl = ttl;
        this.expiresAt = now + ttl;
    }

    public String getName() {
        return name;
    }

    public long getTtl() {
        return ttl;
    }

    public long getExpiresAt() {
        return expiresAt;
    }

    public void refresh(long now) {
        expiresAt = now + ttl;
    }

    public void attachKey(String key) {
        attachedKeys.add(key);
    }

    public List<String> getAttachedKeys() {
        return attachedKeys;
    }
}
```

当节点需要创建租约时，它会与一致性核心的主节点建立连接，并发送创建租约的请求。在一致性核心中，注册租约的请求会像一致性核心中的其他请求一样被复制和处理。只有当高水位标记达到了复制日志中请求记录的日志索引，请求才算完成。

```
class ReplicatedKVStore...

  private ConcurrentHashMap<String, Lease> leases = new ConcurrentHashMap<>();

  @Override
  public CompletableFuture<Response> registerLease(String name, long ttl) {
      if (leaseExists(name)) {
          return CompletableFuture
                  .completedFuture(
                          Response.error(RequestId.RegisterLeaseResponse,
                                  DUPLICATE_LEASE_ERROR,
                              "Lease with name " + name + " already exists"));
      }
      return log.propose(new RegisterLeaseCommand(name, ttl));
  }
```

```
    private boolean leaseExists(String name) {
        return leases.containsKey(name);
    }
```

需要特别注意的是，应在哪里验证租约注册的副本。在提出请求之前检查是不够的，因为可能存在多个在途请求。因此，当注册租约的请求被成功复制后并开始注册租约时，服务器也需要检查副本（图 26.1）。

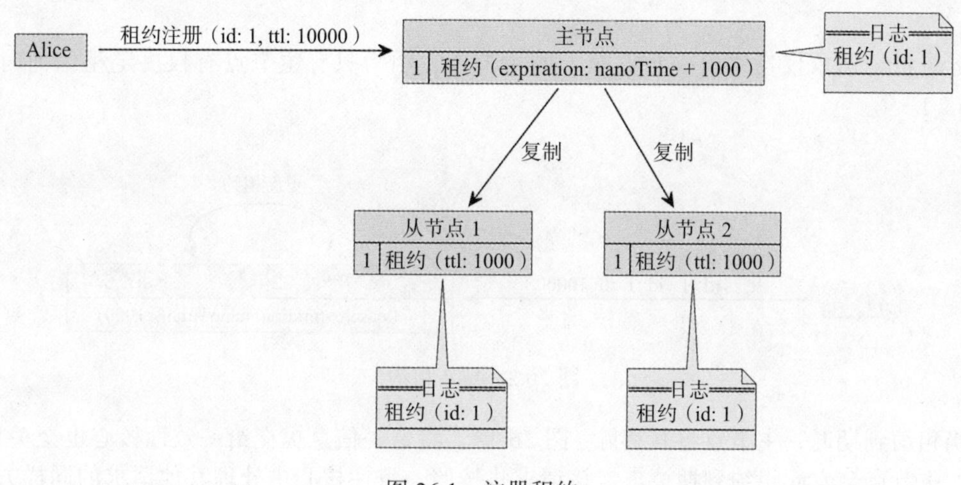


图 26.1　注册租约

```
class LeaderLeaseTracker...

  private Map<String, Lease> leases;
  @Override
  public void addLease(String name, long ttl) throws DuplicateLeaseException {
      if (leases.get(name) != null) {
          throw new DuplicateLeaseException(name);
      }
      Lease lease = new Lease(name, ttl, clock.nanoTime());
      leases.put(name, lease);
  }
```

像任何心跳机制一样，这里假设服务器的单调时钟不会比客户端的单调时钟更快。考虑到单调时钟之间速率的潜在差异，客户端需要保守并在超时时间内向服务器发送多个心跳。

例如，ZooKeeper 的默认会话超时时间为 10s，并用会话超时时间的 1/3 来发送心跳。在 Apache Kafka 的新架构中，用 18s 作为租约到期时间，并且每隔 3s 发送一次心跳。

负责维护租约的节点会定期与主节点联系，以确保租约在到期前得以更新。如同第 7 章“心跳”中所讨论的，需要考虑网络往返时间来决定生存时间，并在租约到期前发出更新租约请求。节点可以在生存时间内多次尝试更新租约，以确保出现任何问题时更新租约成功。同时，节点还需确保不会发送过多的更新租约请求。在租约时间过半后发送更新租约请求通常是合理的，这样一来，在租约有效期内最多会发送两次更新租约请求。客户端节点用自己的单调时钟来追踪时间。

```
class LeaderLeaseTracker...

  @Override
  public void refreshLease(String name) {
      Lease lease = leases.get(name);
      lease.refresh(clock.nanoTime());
  }
```

更新租约请求仅发送给一致性核心的主节点，因为只有主节点有权决定租约何时到期（图 26.2）。

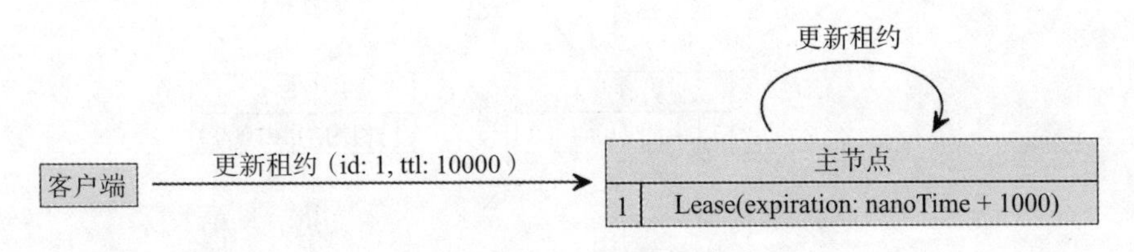


图 26.2 更新租约

当租约到期时，主节点将其移除（图 26.3）。将这一信息提交给一致性核心也至关重要。因此，主节点会发起租约到期请求，该请求将按照一致性核心中处理其他请求的同样方式进行处理。一旦高水位标记达到了租约到期请求，它就会从所有从节点中移除。

```
class LeaderLeaseTracker...

  public void expireLease(String name) {
      getLogger().info("Expiring lease " + name);
      Lease removedLease = leases.remove(name);
      removeAttachedKeys(removedLease);
  }

  @Override
  public Lease getLeaseDetails(String name) {
      return leases.get(name);
  }
```

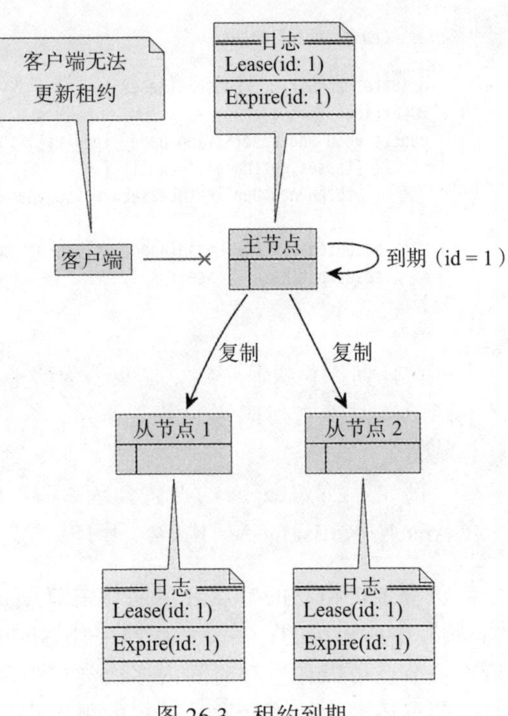


图 26.3 租约到期

## 26.2.1 将租约附加到键值存储中的键上

Apache ZooKeeper 支持会话和临时节点的概念，并通过与上述类似的机制实现了会话。临时节点被附加到会话上。一旦会话到期，所有临时节点都将从存储中移除。

集群需要知道其节点是否已经失效。为

此，节点可以从一致性核心获取租约，并将其附加到存储在一致性核心中的自识别键上。如果集群节点在运行，则它应该定期更新租约。如果租约到期，与之关联的键就会被移除。当键被移除时，节点失效的事件就会被发送到监控该事件的集群节点，正如在第 27 章“状态监控”中所讨论的。

使用一致性核心的集群节点通过网络调用来创建租约：

```
consistentCoreClient.registerLease("server1Lease",
        Duration.ofSeconds(5));
```

然后，它可以将此租约附加到存储在一致性核心中的自识别键上。

```
consistentCoreClient.setValue("/servers/1",
        "{address:192.168.199.10, port:8000}",
        "server1Lease");
```

当一致性核心收到保存键的请求时，它也会将此键关联到指定的租约上。

```
class ReplicatedKVStore...

  private ConcurrentHashMap<String, Lease> leases = new ConcurrentHashMap<>();

class ReplicatedKVStore...

  private Response applySetValueCommand(Long walEntryId,
                                        SetValueCommand setValueCommand) {

      if (setValueCommand.hasLease()) {
          var lease = leases.get(setValueCommand.getAttachedLease());

          if (lease == null) {
              //The lease to attach is not available with the Consistent Core
              return Response.error(RequestId.SetValueResponse,
                      Errors.NO_LEASE_ERROR,
                      "No lease exists with name "
                              + setValueCommand.getAttachedLease(), 0);
          }

          lease.attachKey(setValueCommand.getKey());

      }
      kv.put(setValueCommand.getKey(),
              new StoredValue(setValueCommand.getValue(), walEntryId));
```

一旦租约过期，一致性核心也将从其键值存储中移除相应的键。

```
class LeaderLeaseTracker...

  public void expireLease(String name) {
      getLogger().info("Expiring lease " + name);
      Lease removedLease = leases.remove(name);
      removeAttachedKeys(removedLease);
  }

  @Override
  public Lease getLeaseDetails(String name) {
      return leases.get(name);
  }
```

```
private void removeAttachedKeys(Lease removedLease) {
    if (removedLease == null) {
        return;
    }
    List<String> attachedKeys = removedLease.getAttachedKeys();
    for (String attachedKey : attachedKeys) {
        kvStore.remove(attachedKey);
    }
}
```

### 26.2.2 处理主节点失效

当前的主节点失效后，一致性核心将选举出一位新的主节点。一旦当选，新的主节点就会开始跟踪租约。

新的主节点将更新它所知道的所有租约（图 26.4）。需要注意的是，旧的主节点上即将到期的租约会因为生存时间的延长而被更新。这并不会造成问题，因为它为每个客户端提供了重新连接新的主节点并继续租约的机会（图 26.5）。

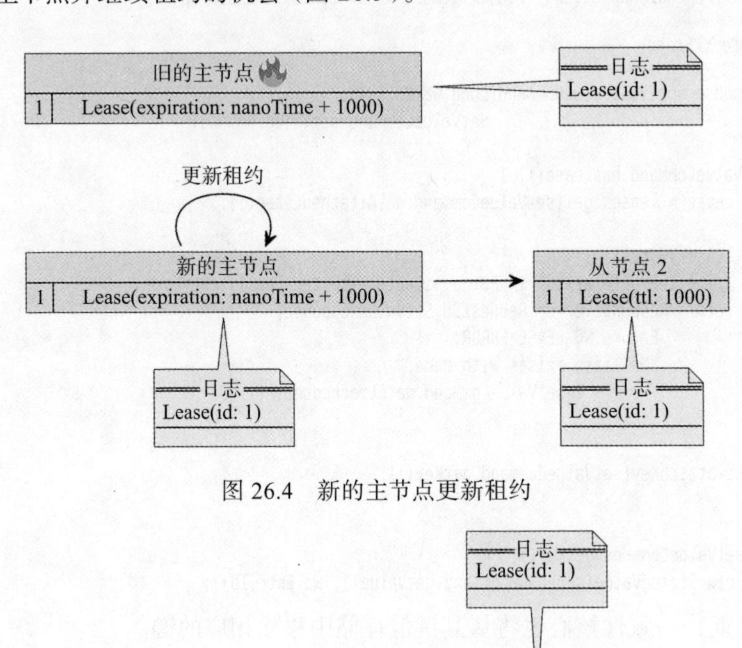


图 26.4 新的主节点更新租约

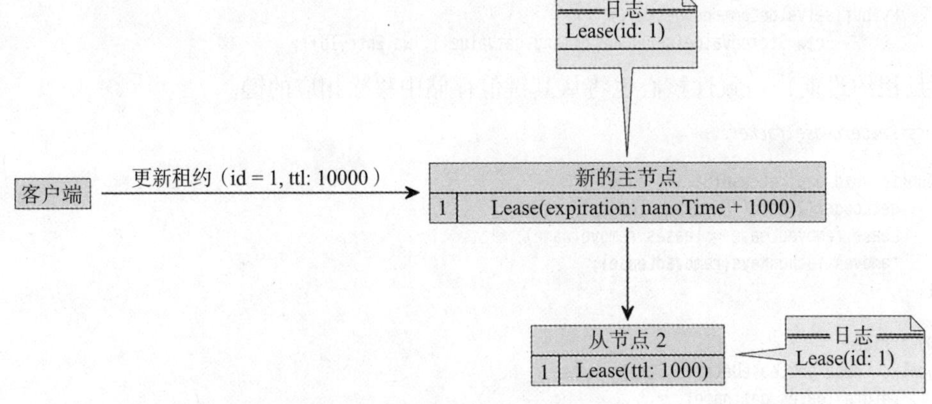


图 26.5 客户端连接新的主节点

```
private void refreshLeases() {
    long now = clock.nanoTime();
    this.kvStore.getLeases().values().forEach(l -> {
        l.refresh(now);
    });
}
```

## 26.3 示例

- ❑ Google 的 Chubby 服务以类似的方式实现了有时限的租约机制。
- ❑ Apache ZooKeeper 的会话用与复制租约类似的机制进行管理。
- ❑ Kafka 用有时限的租约来管理 Kafka 代理的群组成员资格和故障检测。
- ❑ etcd 提供了一个有时限的租约功能，客户端利用该功能来协调它们的活动，以及用于群组成员资格和故障检测。
- ❑ DHCP 协议允许所连接的设备租用 IP 地址。具有多个 DHCP 服务器的故障转移协议的工作方式与此处描述的实现类似。

# 第27章 状态监控

状态监控技术指的是，当服务器上的特定数据发生变化时，能够实时通知客户端。

## 27.1 问题的提出

客户端有时需要关注服务器上某些特定数据的变动，频繁的轮询会使客户端的逻辑复杂化。若为监视众多数据变化而与服务器建立大量连接，则有可能导致服务器过载。

## 27.2 解决方案

允许客户端在服务器上注册，订阅某些特定状态的更新。当状态发生变化时，服务器便通知所有订阅的客户端。客户端维护一个与服务器的单套接字通道，服务器通过这一通道发送状态更新通知。即便客户端订阅了多个数据的更新，也无须为每个监控目标建立独立连接为避免对服务器的过度压力，客户端可以使用请求管道。

以在一致性核心中使用的简单键值存储为例，客户端可以订阅某个键值的变动或删除事件。该实现分为客户端实现和服务器端实现两部分。

### 27.2.1 客户端实现

客户端在从服务器获取监控事件时接收键和要调用的函数。客户端存储函数对象，以供服务器端事件通知时调用。然后，它发送监控注册请求至服务器。

```
ConcurrentHashMap<String, Consumer<WatchEvent>> watches
        = new ConcurrentHashMap<>();

public void watch(String key, Consumer<WatchEvent> consumer) {
    watches.put(key, consumer);
    sendWatchRequest(key);
}

private void sendWatchRequest(String key) {
    requestSendingQueue.submit(new RequestOrResponse(new WatchRequest(key),
            correlationId.getAndIncrement()));
}
```

当连接接收到监控事件时，客户端便调用对应的函数：

```
this.pipelinedConnection
        = new PipelinedConnection(address, requestTimeoutMs, (r) -> {

    logger.info("Received response on the pipelined connection "
            + r.getRequestId());

    if (r.getRequestId() == RequestId.WatchEvent) {

        var watchEvent = deserialize(r.getMessageBody(),
                WatchEvent.class);
```

```
        var watchEventConsumer = getConsumer(watchEvent.getKey());

        watchEventConsumer.accept(watchEvent);
        //capture last watched index, in case of connection failure.
        lastWatchedEventIndex = watchEvent.getIndex();
    }
    completeRequestFutures(r);
});
```

### 27.2.2 服务器端实现

服务器在接收到客户端的监控注册请求后，它保存接收请求的管道连接和键的映射关系。

```
private Map<String, ClientConnection> watches = new HashMap<>();
private Map<ClientConnection, List<String>> connection2WatchKeys
                                    = new HashMap<>();
public void watch(String key, ClientConnection clientConnection) {
    logger.info("Setting watch for " + key);
    addWatch(key, clientConnection);
}

private synchronized void addWatch(String key,
                                   ClientConnection clientConnection) {

    mapWatchKey2Connection(key, clientConnection);
    watches.put(key, clientConnection);
}

private void mapWatchKey2Connection(String key,
                                    ClientConnection clientConnection) {

    List<String> keys = connection2WatchKeys.get(clientConnection);
    if (keys == null) {
        keys = new ArrayList<>();
        connection2WatchKeys.put(clientConnection, keys);
    }
    keys.add(key);
}
```

ClientConnection 封装了与客户端的套接字连接，其结构如下。无论服务器是基于阻塞 IO 还是非阻塞 IO 的，其结构都保持一致。

```
public interface ClientConnection {
    void write(RequestOrResponse response);
    void close();
}
```

由于在单个连接上可能注册多个监控目标，储存连接到监控键列表的映射关系十分重要。当客户端连接断开时，需移除所有相关联的监控：

```
public void close(ClientConnection connection) {
    removeWatches(connection);
}
```

```
private synchronized void removeWatches(ClientConnection clientConnection) {
    var watchedKeys = connection2WatchKeys.remove(clientConnection);
    if (watchedKeys == null) {
        return;
    }
    for (String key : watchedKeys) {
        watches.remove(key);
    }
}
```

**使用响应式流**

下面的示例呈现了如何直接将事件写入管道连接，在应用程序级别需要注意限流的问题，当生成过多事件时，控制发送速率是很重要的。保持事件的生产者与消费者同步也是一个关键因素，etcd 中的文章是这些因素如何在生产中起作用的示例。

响应式流 API 简化了限流控制编码，而 RSocket 等协议也提供了结构化实现方法。

若服务器上发生了特定事件，如为键设置值，服务器就构造相关的 WatchEvent 通知所有已注册的客户端：

```
private synchronized void notifyWatchers(SetValueCommand setValueCommand,
                                         Long entryId) {

    logger.info("Looking for watches for " + setValueCommand.getKey());
    if (!hasWatchesFor(setValueCommand.getKey())) {
        return;
    }
    String watchedKey = setValueCommand.getKey();
    WatchEvent watchEvent = new WatchEvent(watchedKey,
                                setValueCommand.getValue(),
                                EventType.KEY_ADDED, entryId);
    notify(watchEvent, watchedKey);
}

private void notify(WatchEvent watchEvent, String watchedKey) {
    List<ClientConnection> watches = getAllWatchersFor(watchedKey);
    for (ClientConnection pipelinedClientConnection : watches) {
        try {
            getLogger().info("Notifying watcher of event "
                    + watchEvent +
                    " from "
                    + log.getServerId());
            pipelinedClientConnection.write(new RequestOrResponse(watchEvent));
        } catch (NetworkException e) {
            //remove watch if network connection fails.
            removeWatches(pipelinedClientConnection);
        }
    }
}
```

重要的是，监控状态可能会同时被客户端的请求处理代码和连接处理代码并发访问，从而使连接关闭。因此所有访问监控状态的方法都必须通过锁来保护。

**对分层存储的监控**

一致性核心大多支持分层存储，监控可以设置在键的父节点或前缀上。任何子节点的变动都会触发父节点上的监控。针对每个事件，一致性核心会沿着路径检查祖先节点上是否设置了监控，并将事件发送至所有相关监控。

```
List<ClientConnection> getAllWatchersFor(String key) {
    List<ClientConnection> affectedWatches = new ArrayList<>();
    String[] paths = key.split("/");
    String currentPath = paths[0];
    addWatch(currentPath, affectedWatches);
    for (int i = 1; i < paths.length; i++) {
        currentPath = currentPath + "/" + paths[i];
        addWatch(currentPath, affectedWatches);
    }
    return affectedWatches;
}

private void addWatch(String currentPath,
                      List<ClientConnection> affectedWatches) {

    ClientConnection clientConnection = watches.get(currentPath);
    if (clientConnection != null) {
        affectedWatches.add(clientConnection);
    }
}
```

可以在键前缀（如“servers”）上设置监控，任何以此前缀创建的键（如“servers/1”“servers/2”）都会触发监控。

由于要调用的函数的映射存储带有键前缀，所以沿层级找到客户端为接收到的事件调用的函数也很重要。另一种做法是发送触发事件的路径和事件本身，让客户端知晓是哪个监控引起了事件。

### 27.2.3 处理连接失败

客户端与服务器间的连接可能会随时失败，对于某些用例，这是有问题的，因为当客户端断开连接时，它可能会错过一些事件。例如，集群控制器想知道某些节点是否失效，节点失效是由某些键的移除事件来表示的。客户端需要告知服务器它收到的最后一个事件，并在重置监控时发送最后一个事件编号，服务器则从该编号起发送所有记录的事件。在一致性核心客户端中，上述操作可在客户端重新与主节点建立连接后完成。

**Kafka 的基于拉取的设计**

典型的监控设计都是服务器推送事件至客户端。Apache Kafka 则采用了端到端基于拉取的设计。在其新架构（Mccabe，2020）中，Kafka 代理会定期从控制器仲裁组（Mccabe，2021）拉取元数据日志，该仲裁组本身即是一个一致性核心。基于偏移量的拉取机制允许客户端像任何其他 Kafka 消费者一样，从最后一个已知的偏移量中读取事件，避免了事件的丢失。

```
private void connectToLeader(List<InetAddressAndPort> servers) {
    while (isDisconnected()) {
        logger.info("Trying to connect to next server");
        waitForPossibleLeaderElection();
        establishConnectionToLeader(servers);
    }
    setWatchesOnNewLeader();
}

private void setWatchesOnNewLeader() {
    for (String watchKey : watches.keySet()) {
        sendWatchResetRequest(watchKey);
    }
}

private void sendWatchResetRequest(String key) {
    var watchRequest =
            new RequestOrResponse(new SetWatchRequest(key,
                                        lastWatchedEventIndex),
            correlationId.getAndIncrement());

    pipelinedConnection.send(watchRequest);
}
```

服务器会对发生的每个事件编号。例如，如果服务器是一致性核心，它将按照严格顺序记录所有状态变化，每个变化都用日志索引编号，客户端便可从特定索引开始获取事件。

### 1. 从键值存储中派生事件

如果键值存储系统为发生的每一个变化编号，并将这个编号与键值一同保存，那么就可以通过查看键值存储的当前状态来生成事件。客户端在重新连接到服务器时可以再次设置监控，并发送上一次变化的编号，服务器将这个编号与值中的编号比对，若服务器中的编号更大，则将相关事件重新发送给客户端。

从键值存储中派生事件有些不便，因为需要猜测事件，它也可能漏掉一些事件，比如客户端断线期间某个键被创建后又删除了，创建事件就会被遗漏。

```
private synchronized void eventsFromStoreState(String key, long stateChangesSince) {

    List<StoredValue> values = getValuesForKeyPrefix(key);
    for (StoredValue value : values) {
        if (values == null) {
            //the key was probably deleted send deleted event
            notify(new WatchEvent(key, EventType.KEY_DELETED), key);
        } else if (value.index > stateChangesSince) {
            //the key/value was created/updated after
            // the last event client knows about
            notify(new WatchEvent(key, value.getValue(),
                    EventType.KEY_ADDED, value.getIndex()), key);
        }
    }
}
```

Apache ZooKeeper 采用了这种机制。ZooKeeper 中的监控默认为单次触发，一旦事件触发后，客户端若要继续接收通知，需重新设置监控。在重新设置监控之前，可能会错过一些事件，因此客户端需确保读取最新状态，以防漏掉任何更新。

### 2. 存储事件的历史记录

保留事件的历史记录并据此回复客户端更容易实现。但这种方法存在一个问题，保留事件历史记录的数量有限，如 1000 条。如果客户端断开连接的时间过长，可能会错过超出 1000 条记录窗口的事件。

这里有一个使用 Google Guava 的 EvictingQueue 的简单实现：

```
public class EventHistory implements Logging {
    Queue<WatchEvent> events = EvictingQueue.create(1000);
    public void addEvent(WatchEvent e) {
        getLogger().info("Adding " + e);
        events.add(e);
    }
    public List<WatchEvent> getEvents(String key, Long stateChangesSince) {
        return this.events.stream()
                .filter(e -> e.getIndex() > stateChangesSince
                        && e.getKey().equals(key))
                .collect(Collectors.toList());
    }
}
```

客户端重建连接并重置监控时，可以从历史记录中发送事件。

```
private void sendEventsFromHistory(String key, long stateChangesSince) {
    var events = eventHistory.getEvents(key, stateChangesSince);
    for (WatchEvent event : events) {
        notify(event, event.getKey());
    }
}
```

### 3. 使用多版本存储

多版本存储可以追踪每个键的所有版本变化，并可以很容易地获取从请求的版本起的所有变化。

etcd 从第三版开始就采用了这种方法。

## 27.3 示例

- Apache ZooKeeper 具有在节点上设置监控的能力，Apache Kafka 用它来监控群组成员资格和集群成员故障检测。
- etcd 有一个监控实现，被 Kubernetes 广泛用于其资源监控。

# 第28章 Gossip 传播

Gossip 传播，是指采用随机选择节点来传递信息的方式，确保信息能够到达集群中的所有节点，而不引起网络拥塞。

## 28.1 问题的提出

在集群中，每个节点都需要在不依赖共享存储的情况下将持有的元数据传递至所有其他节点。在大规模集群中，若所有服务器互相通信，则会消耗巨大的网络带宽。即便部分网络链路出现问题，信息仍应能传递至所有节点。

## 28.2 解决方案

集群中的节点采用类 Gossip 的通信方式来传播状态更新。每个节点会随机选择一个节点，并将其持有的信息传递出去，这个过程按固定间隔进行，例如 1s 执行一次。每次都随机选择一个节点来传递信息。

**流行病、谣言和计算机通信**

流行病的数学属性描述了它们为什么会如此迅速地传播。流行病学的数学分支专门研究流行病或谣言是如何在社会中传播的。Gossip 传播也是基于流行病学的数学模型。流行病或谣言的关键特征是即使每个人只是随机与少数其他个体接触，也会非常快速地传播。整个人群可以通过每个人很少的交互接触而完全感染。更具体地说，如果 $n$ 是人口的总数，每个人需要交互接触的次数与 $\log(n)$ 成正比，而 $n$ 是个非常小的数字。

这种流行病传播的特性对于在一组处理过程中的信息传播非常有用。即使给定的处理过程只随机与少数几个其他的处理过程通信，在经过几轮通信之后，集群中的所有节点都将拥有相同的信息。HashiCorp 有一个非常好的收敛模拟器，可以用来演示信息如何在整个集群中迅速传播，即使出现网络损失和节点故障。

在大型集群中，我们需要考虑以下几个问题：

- ❑ 为每个服务器生成消息的数量需要有一个固定的限制。
- ❑ 消息不应消耗大量网络带宽。应设定一个上限，比如几百 KB，以确保应用数据传输不受到集群内部消息过多的影响。
- ❑ 元数据的传播应能够容忍网络和部分服务器的故障。即使网络连接断开或某些服务器失效，信息也应能送达所有集群节点。

正如前文讨论的，Gossip 风格的通信可以满足这些需求。

集群中的每个节点都将元数据存储为与集群中每个节点对应的键值对列表：

```
class Gossip...

  Map<NodeId, NodeState> clusterMetadata = new HashMap<>();

class NodeState...

  Map<String, VersionedValue> values = new HashMap<>();
```

在启动时，每个节点都会增加需要传播给其他节点的自身元数据，如节点监听的 IP 地址和端口，以及它负责的分区等信息。Gossip 实例需要知道至少一个其他节点以启动 Gossip 通信。通常有一个众所周知的节点（称作种子节点或引导节点）用来初始化 Gossip 实例。它不是特殊节点，任何节点只要配置了种子节点的地址都可以作为种子节点。

*class Gossip...*

```
public Gossip(InetAddressAndPort listenAddress,
              List<InetAddressAndPort> seedNodes,
              String nodeId) throws IOException {
    this.listenAddress = listenAddress;
    //filter this node itself in case its part of the seed nodes
    this.seedNodes = removeSelfAddress(seedNodes);
    this.nodeId = new NodeId(nodeId);
    addLocalState(GossipKeys.ADDRESS, listenAddress.toString());

    this.socketServer
            = new NIOSocketListener(newGossipRequestConsumer(),
                                    listenAddress);
}

private void addLocalState(String key, String value) {
    NodeState nodeState = clusterMetadata.get(listenAddress);
    if (nodeState == null) {
        nodeState = new NodeState();
        clusterMetadata.put(nodeId, nodeState);
    }
    nodeState.add(key, new VersionedValue(value, incremenetVersion()));
}
```

集群中的每个节点定时执行任务，将其持有的元数据传输给其他节点。

*class Gossip...*

```
private ScheduledThreadPoolExecutor gossipExecutor
        = new ScheduledThreadPoolExecutor(1);
private long gossipIntervalMs = 1000;
private ScheduledFuture<?> taskFuture;
public void start() {
    socketServer.start();
    taskFuture = gossipExecutor.scheduleAtFixedRate(()-> doGossip(),
                gossipIntervalMs,
                gossipIntervalMs,
                TimeUnit.MILLISECONDS);
}
```

当调用定时任务时，它会从元数据映射中的服务器列表中随机选择一部分节点。有一个小常数会决定作为 Gossip 传播目标的节点数量。如果还没有信息交换，它会随机选择一个种子节点，并将其持有的元数据映射发给该节点。

*class Gossip...*

```
public void doGossip() {
    List<InetAddressAndPort> knownClusterNodes = liveNodes();
```

```
        if (knownClusterNodes.isEmpty()) {
            sendGossip(seedNodes, gossipFanout);
        } else {
            sendGossip(knownClusterNodes, gossipFanout);
        }
    }

    private List<InetAddressAndPort> liveNodes() {
        var nodes
                = clusterMetadata.values()
                .stream()
                .map(n ->
                        InetAddressAndPort
                                .parse(n.get(GossipKeys.ADDRESS).getValue()))
                .collect(Collectors.toSet());

        return removeSelfAddress(nodes);
    }
```

### 用 UDP 或 TCP 协议

Gossip 通信的假设是网络不可靠，所以它可以用 UDP 作为传输机制。但集群节点通常需要一些状态快速收敛的保证，因此用基于 TCP 的传输来交换 Gossip 的状态。当节点分布在不同区域并通过广域网通信时，这特别有用。

```
    private void sendGossip(List<InetAddressAndPort> knownClusterNodes,
                            int gossipFanout) {

        if (knownClusterNodes.isEmpty()) {
            return;
        }

        for (int i = 0; i < gossipFanout; i++) {
            InetAddressAndPort nodeAddress = pickRandomNode(knownClusterNodes);
            sendGossipTo(nodeAddress);
        }
    }
    private void sendGossipTo(InetAddressAndPort nodeAddress) {
        try {
            getLogger().info("Sending gossip state to " + nodeAddress);
            var socketClient = new SocketClient(nodeAddress);
            var gossipStateMessage
                    = new GossipStateMessage(this.nodeId, this.clusterMetadata);
            var request
                    = createGossipStateRequest(gossipStateMessage);
            var response = socketClient.blockingSend(request);
            var responseState = deserialize(response);
            merge(responseState.getNodeStates());

        } catch (IOException e) {
            getLogger().error("IO error while sending gossip state to "
                    + nodeAddress, e);
        }
```

```
}

private RequestOrResponse
        createGossipStateRequest(GossipStateMessage gossipStateMessage) {

    return new RequestOrResponse(gossipStateMessage, correlationId++);
}
```

接收Gossip消息的节点检查其持有的元数据，会发现三种情况：

- ❑ 值从传入消息中，但不在此节点状态映射中。
- ❑ 节点持有值，但在传入的Gossip消息中缺失。
- ❑ 节点上的值比传入消息中的值的版本更高。

接着，节点将缺失的值添加到自己的状态映射中。从传入的消息中缺失的任何值都会作为响应返回。发送Gossip消息的节点将从Gossip响应中得到的值添加到自己的状态中。这一过程每秒在集群中的每个节点上发生一次，每次选择一个不同的节点交换状态。

```
class Gossip...

  private void handleGossipRequest(Message<RequestOrResponse> request,
                                   ClientConnection clientConnection) {

      var gossipStateMessage = deserialize(request.getRequest());
      var gossipedState = gossipStateMessage.getNodeStates();
      getLogger().info("Merging state from " + clientConnection);
      merge(gossipedState);

      var diff = delta(this.clusterMetadata, gossipedState);
      var diffResponse = new GossipStateMessage(this.nodeId, diff);
      getLogger().info("Sending diff response " + diff);

      clientConnection
              .write(new RequestOrResponse(diffResponse,
                      request.getRequest().getCorrelationId()));
  }

public Map<NodeId, NodeState> delta(Map<NodeId, NodeState> fromMap,
                                    Map<NodeId, NodeState> toMap) {
    var delta = new HashMap<NodeId, NodeState>();
    for (NodeId key : fromMap.keySet()) {
        if (!toMap.containsKey(key)) {
            delta.put(key, fromMap.get(key));
            continue;
        }
        var fromStates = fromMap.get(key);
        var toStates = toMap.get(key);
        var diffStates = fromStates.diff(toStates);
        if (!diffStates.isEmpty()) {
            delta.put(key, diffStates);
        }
    }
    return delta;
}

public void merge(Map<NodeId, NodeState> otherState) {
```

```
    var diff = delta(otherState, this.clusterMetadata);
    for (var diffKey : diff.keySet()) {
        if(!this.clusterMetadata.containsKey(diffKey)) {
            this.clusterMetadata.put(diffKey, diff.get(diffKey));
        } else {
            NodeState stateMap = this.clusterMetadata.get(diffKey);
            stateMap.putAll(diff.get(diffKey));
        }
    }
}
```

### 28.2.1 避免不必要的状态交换

上面的代码示例显示，在 Gossip 消息中发送节点的完整状态，这对新加入的节点是适宜的。但一旦节点的状态是最新的，就无须发送完整状态。节点只需要发送自上次 Gossip 后的状态变化。为此，每个节点维护一个版本号，每次本地添加新的元数据记录时，版本号递增。

```
class Gossip...

  private int gossipStateVersion = 1;

  private int incremenetVersion() {
      return gossipStateVersion++;
  }
```

集群元数据中的每个值都带有版本号。这是版本化值模式的应用。

```
class VersionedValue...

  long version;
  String value;

  public VersionedValue(String value, long version) {
      this.version = version;
      this.value = value;
  }

  public long getVersion() {
      return version;
  }

  public String getValue() {
      return value;
  }
```

每个 Gossip 周期可以从特定版本后交换状态。

```
class Gossip...

  private void sendKnownVersions(InetAddressAndPort gossipTo)
          throws IOException {
      var maxKnownNodeVersions = getMaxKnownNodeVersions();
      var knownVersionRequest =
              new RequestOrResponse(
                      new GossipStateVersions(maxKnownNodeVersions));
```

```
        var socketClient = new SocketClient(gossipTo);
        socketClient.blockingSend(knownVersionRequest);
    }

    private Map<NodeId, Long> getMaxKnownNodeVersions() {
        return clusterMetadata.entrySet()
                .stream()
                .collect(Collectors.toMap(e -> e.getKey(),
                        e -> e.getValue().maxVersion()));
    }
  class NodeState...

    public long maxVersion() {
        return values.values()
                .stream()
                .map(v -> v.getVersion())
                .max(Comparator.naturalOrder())
                .orElse(Long.valueOf(0));
    }
```

接收节点只在值的版本高于请求中的版本时才发送值。

```
  class Gossip...

    Map<NodeId, NodeState> getMissingAndNodeStatesHigherThan(Map<NodeId,
            Long> nodeMaxVersions) {

        var delta = new HashMap<NodeId, NodeState>();
        delta.putAll(higherVersionedNodeStates(nodeMaxVersions));
        delta.putAll(missingNodeStates(nodeMaxVersions));
        return delta;
    }

    private Map<NodeId, NodeState>
                    missingNodeStates(Map<NodeId, Long> nodeMaxVersions) {

        var delta = new HashMap<NodeId, NodeState>();
        List<NodeId> missingKeys = clusterMetadata
                .keySet()
                .stream()
                .filter(key -> !nodeMaxVersions.containsKey(key))
                .collect(Collectors.toList());

        for (NodeId missingKey : missingKeys) {
            delta.put(missingKey, clusterMetadata.get(missingKey));
        }
        return delta;
    }

    private Map<NodeId, NodeState>
                higherVersionedNodeStates(Map<NodeId, Long> nodeMaxVersions) {

        var delta = new HashMap<NodeId, NodeState>();
        var keySet = nodeMaxVersions.keySet();

        for (NodeId node : keySet) {
```

```
            var maxVersion = nodeMaxVersions.get(node);
            var nodeState = clusterMetadata.get(node);
            if (nodeState == null) {
                continue;
            }
        var deltaState = nodeState.statesGreaterThan(maxVersion);
        if (!deltaState.isEmpty()) {
            delta.put(node, deltaState);
        }
    }
    return delta;
}
```

Apache Cassandra 中的 Gossip 实现通过三次握手来优化状态交换，其中接收 Gossip 消息的节点还将所需的版本和元数据返回给发送者。发送者立即响应所请求的元数据，避免了不必要的额外消息。

CockroachDB 使用的 Gossip 协议维护每个连接节点的状态。对于每个连接，它维护发送至该节点的最后版本和从该节点收到的版本。这使得它能发送“自上次发送版本后的状态”并请求“自上次接收版本后的状态”。

还可以采用其他有效的替代方案，例如发送整个映射的哈希值，如果哈希值相同，就不做任何操作。

### 28.2.2 选择 Gossip 节点的标准

集群节点随机选择发送 Gossip 消息的目标节点。以下是采用 Java 中的 java.util.Random 实现的一个示例代码。

```
class Gossip...

  private Random random = new Random();
  private InetAddressAndPort
            pickRandomNode(List<InetAddressAndPort> knownClusterNodes) {

      var randomNodeIndex = random.nextInt(knownClusterNodes.size());
      var gossipTo = knownClusterNodes.get(randomNodeIndex);
      return gossipTo;
  }
```

还可以考虑其他因素，例如选择联系最少的节点。CockroachDB 中的 Gossip 协议就是这样选取节点的。

还有网络拓扑感知（Gupta，2006）Gossip 目标节点选择方法。

以上这些都可以在 pickRandomNode() 方法中以模块化方式实现。

### 28.2.3 群组成员资格和故障检测

**最终一致性**

使用 Gossip 协议进行信息交换，本质上是最终一致的。即使 Gossip 的状态很快收敛，在整个集群识别新节点或检测到节点故障之前还是会有些延迟。用Gossip协议进行信息交换的实现需要容忍最终一致性。

对于需要强一致性的操作，需要使用一致性核心。

常见的做法是在同一个集群中同时使用这两者。例如，HashiCorp Consul用Gossip协议进行群组成员资格和故障检测，但同时也用基于Raft的一致性核心来存储强一致性的服务目录。

维护集群中可用节点列表是Gossip协议最常见的用途之一。使用方法有以下两种：

- SWIM（Das，2002）使用单独的探测组件持续探测集群中不同节点，以检测它们的可用性。如果检测到节点的状态为停止或新加，就通过Gossip通信将结果传播至整个集群。探测器随机选择一个节点发送Gossip消息。若接收节点检测到消息为新，则立即将该消息发送给随机选择的节点。这样，集群中节点的故障或新加入的节点会迅速传播至整个集群。
- 集群节点可以定期更新自己的状态，以反映其心跳。然后通过交换Gossip消息，将此状态传播至整个集群。每个节点可以检查是否在固定时间内收到了特定节点的更新消息，若未收到，则标记该节点为失效。如此，集群中的每个节点都能独立判断某个节点是在线还是失效。

### 28.2.4 处理节点重启

如果节点崩溃或重启，版本化值无法正常工作，因为所有内存状态都已丢失。更重要的是，节点上同一个键可能会有不同的值。例如，集群节点可能以不同的IP地址和端口启动，或者使用不同配置启动。可以使用世代时钟来标识每个值的世代，以便在将元数据状态发送至随机集群节点时，接收节点能够通过版本号和世代检测出变化。

请注意，这种机制对核心Gossip协议并非必需，但在实际中已经实现，以确保状态变化能够被正确追踪。

## 28.3 示例

- Apache Cassandra用Gossip协议来对集群节点的组成员资格和故障进行检测。集群中每个节点的元数据（例如分配给集群中每个节点的令牌）也通过Gossip协议进行传输。
- HashiCorp Consul用SWIM Gossip协议对领事代理的组成员资格和故障进行检测。
- CockroachDB用Gossip协议来传播节点的元数据。
- 像Hyperledger Fabric这样的区块链实现，用Gossip协议来检测组成员资格和发送账本元数据。

# 第29章 应急主节点

在应急主节点模式中，集群内的节点根据加入集群的时间，即节点的“年龄”进行排序，以便在没有进行明确选举的情况下选出主节点。

## 29.1 问题的提出

在P2P系统中，集群没有主节点，每个节点都是同等地位的。这意味着，并不存在主从模式中的选举过程。有时，集群也不希望依赖独立一致性核心来提高可用性。然而，仍然需要一个集群节点作为集群协调者，以将数据分区分配给其他集群节点，追踪新节点何时加入和失效并采取纠正措施。

## 29.2 解决方案

在P2P系统中，一种常见的做法是按照节点在集群内的“年龄”对它们进行排序，最“老”的节点扮演协调者的角色。协调者负责决定成员资格更迭并做出集群范围的决策，例如确保固定分区在集群节点间的均匀分配。

在P2P集群形成之初，需有一个节点作为种子节点或引导节点，其他所有节点通过连接该种子节点加入集群。

发现要加入集群的节点的机制有多种，例如JGroups提供了多种发现协议，Akka也提供了多种发现机制。

每个集群节点在其配置中都包含了种子节点的地址信息。节点启动时，它会尝试连接种子节点以加入集群。

```
class ClusterNode...

  MembershipService membershipService;
  public void start(Config config) {
      this.membershipService =  new MembershipService(config.getListenAddress());
      membershipService.join(config.getSeedAddress());
  }
```

种子节点可以是集群内的任意节点，它将自身地址作为种子节点地址，通常是第一个启动的节点。种子节点的“年龄”为1，一旦启动，它立即开始接受其他节点的连接请求。

```
class MembershipService...

  Membership membership;
  public void join(InetAddressAndPort seedAddress) {
      var maxJoinAttempts = 5;

      for(int i = 0; i < maxJoinAttempts; i++){
          try {
              joinAttempt(seedAddress);
              return;
          } catch (Exception e) {
              logger.info("Join attempt "
```

```
                        + i + "from "
                        + selfAddress + " to "
                        + seedAddress + " failed. Retrying");
            }
        }
        throw new JoinFailedException("Unable to join the cluster after "
                + maxJoinAttempts + " attempts");
    }
    private void joinAttempt(InetAddressAndPort seedAddress)
            throws ExecutionException, TimeoutException {

        if (selfAddress.equals(seedAddress)) {
            int membershipVersion = 1;
            int age = 1;
          updateMembership(new Membership(membershipVersion,
                  Arrays.asList(new Member(selfAddress,
                          age,
                          MemberStatus.JOINED))));
          start();
          return;
        }
        long id = this.messageId++;
        var future = new CompletableFuture<JoinResponse>();
        var message = new JoinRequest(id, selfAddress);
        pendingRequests.put(id, future);
        network.send(seedAddress, message);

        var joinResponse = Uninterruptibles.getUninterruptibly(future, 5,
                TimeUnit.SECONDS);
        updateMembership(joinResponse.getMembership());
        start();
    }

    private void start() {
        heartBeatScheduler.start();
        failureDetector.start();
        startSplitBrainChecker();
        logger.info(selfAddress + " joined the cluster. Membership="
                + membership);
    }

    private void updateMembership(Membership membership) {
        this.membership  = membership;
    }
```

可以有多个种子节点，但仅当这些种子节点自己加入集群后，它们才开始接受连接请求。此外，即使种子节点失效，集群的功能也能得以维持，只是新的节点将无法加入。

非种子节点接下来向种子节点发起加入集群的请求。种子节点通过创建新的成员记录并分配“年龄”来处理加入请求。种子节点更新自身的成员列表，并向所有现有成员发送含新成员列表的消息。接着，种子节点等待以确保每个节点返回响应，即便响应延迟，最终也会返回所有加入响应。

*class MembershipService...*

```
public void handleJoinRequest(JoinRequest joinRequest) {
    handlePossibleRejoin(joinRequest);
    handleNewJoin(joinRequest);
}

private void handleNewJoin(JoinRequest joinRequest) {
    List<Member> existingMembers = membership.getLiveMembers();
    updateMembership(membership.addNewMember(joinRequest.from));

    var resultsCollector = broadcastMembershipUpdate(existingMembers);
    var joinResponse = new JoinResponse(joinRequest.messageId, selfAddress,
            membership);
    resultsCollector.whenComplete((response, exception) -> {
        logger.info("Sending join response from "
                + selfAddress
                + " to "
                + joinRequest.from);

        network.send(joinRequest.from, joinResponse);
    });
}
```

*class Membership...*

```
public Membership addNewMember(InetAddressAndPort address) {
    var newMembership = new ArrayList<>(liveMembers);
    int age = yongestMemberAge() + 1;
    newMembership.add(new Member(address, age, MemberStatus.JOINED));
    return new Membership(version + 1, newMembership, failedMembers);
}

private int yongestMemberAge() {
    return liveMembers.stream().map(m -> m.age).max(Integer::compare)
            .orElse(0);
}
```

如果已是集群一员的节点崩溃后尝试重新加入，与该节点相关的故障检测器状态将被清空。

*class MembershipService...*

```
private void handlePossibleRejoin(JoinRequest joinRequest) {
    if (membership.isFailed(joinRequest.from)) {
        //member rejoining
        logger.info(joinRequest.from
                + " rejoining the cluster. Removing it from failed list");
        membership.removeFromFailedList(joinRequest.from);
    }
}
```

此后，该节点作为新成员被添加进来。每个成员都需要进行唯一的标识，可以在启动时分配一个唯一的标识符，可将其作为参考，以检测现有的集群节点是否在重新连接。

成员资格类维护活跃的和失效的成员列表。如果成员停止发送心跳信号，它们将从活跃列表中移至失效列表。

```
class Membership...

  List<Member> liveMembers = new ArrayList<>();
  List<Member> failedMembers = new ArrayList<>();

  public boolean isFailed(InetAddressAndPort address) {
      return failedMembers.stream().anyMatch(m -> m.address.equals(address));
  }
```

### 29.2.1 向所有现有成员发送成员资格更新

成员资格更新会并发地发送至所有其他节点，协调者还需要追踪是否所有成员都成功接收到更新。

一种常见的技术是，向所有节点发送单向请求并期待收到确认消息。集群节点向协调者确认收到了成员资格更新。ResultCollector 对象可以异步追踪所有消息的接收情况：每次收到成员资格更新的确认消息时，都会通知 ResultCollector。一旦收到预期的确认消息，ResultCollector 就完成它的 future 实例。

```
class MembershipService...

  private ResultsCollector
                  broadcastMembershipUpdate(List<Member> existingMembers) {

      var resultsCollector = sendMembershipUpdateTo(existingMembers);
      resultsCollector.orTimeout(2, TimeUnit.SECONDS);
      return resultsCollector;
  }

  Map<Long, CompletableFuture> pendingRequests = new HashMap();
  private ResultsCollector
                  sendMembershipUpdateTo(List<Member> existingMembers) {

      var otherMembers = otherMembers(existingMembers);
      var collector = new ResultsCollector(otherMembers.size());
      if (otherMembers.size() == 0) {
          collector.complete();
          return collector;
      }

      for (Member m : otherMembers) {
          var id = this.messageId++;
          var future = new CompletableFuture<Message>();
          future.whenComplete((result, exception) -> {
              if (exception == null){
                  collector.ackReceived();
              }
          });
          pendingRequests.put(id, future);

          network.send(m.address,
                  new UpdateMembershipRequest(id, selfAddress, membership));
      }
      return collector;
```

```
}
```

*class MembershipService...*

```
private void handleResponse(Message message) {
    completePendingRequests(message);
}

private void completePendingRequests(Message message) {
    var requestFuture = pendingRequests.get(message.messageId);
    if (requestFuture != null) {
        requestFuture.complete(message);
    }
}
```

*class ResultsCollector...*

```
class ResultsCollector {
    int totalAcks;
    int receivedAcks;
    CompletableFuture future = new CompletableFuture();

    public ResultsCollector(int totalAcks) {
        this.totalAcks = totalAcks;
    }

    public void ackReceived() {
        receivedAcks++;
        if (receivedAcks == totalAcks) {
            future.complete(true);
        }
    }

    public void orTimeout(int time, TimeUnit unit) {
        future.orTimeout(time, unit);
    }

    public void
            whenComplete(BiConsumer<? super Object, ? super Throwable> func) {

        future.whenComplete(func);
    }

    public void complete() {
        future.complete("true");
    }
}
```

为深入理解 ResultCollector 的工作机制，假设一个包含雅典、拜占庭和昔兰尼三个节点的集群，以雅典为协调者。当新节点德尔菲向雅典发送加入请求时，雅典更新成员资格，并向拜占庭和昔兰尼发送成员资格更新请求。雅典还创建了一个 ResultCollector 对象来追踪确认情况，它通过 ResultCollector 记录每条确认消息。当拜占庭和昔兰尼的确认消息都收到后，雅典才对德尔菲做出响应（图 29.1）。

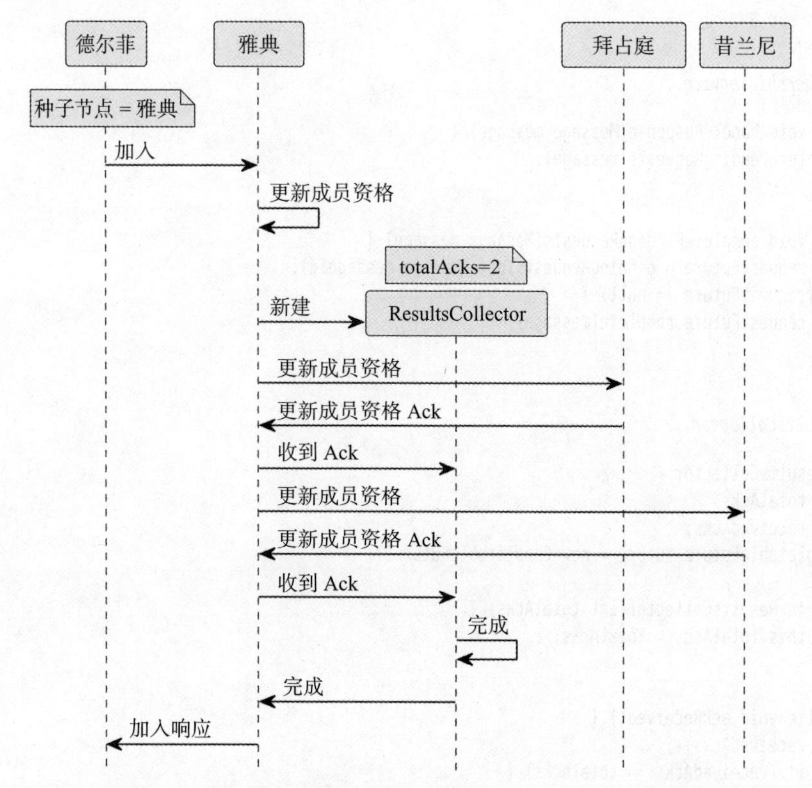


图 29.1　所有节点确认更新成员资格后，节点才加入完成

Akka 框架通过 Gossip 传播和 Gossip 收敛来追踪更新是否到达所有集群节点。

## 29.2.2　示例场景

再次考虑一个包含雅典、拜占庭和昔兰尼三个节点的集群，雅典作为种子节点，其他两节点配置了雅典的地址。

雅典启动时，将自己识别为种子节点，它立即初始化成员列表并开始接受请求（图 29.2）。

拜占庭启动时向雅典发出加入请求。即使拜占庭比雅典先启动，它也会持续尝试发送加入请求，直到连接成功。雅典最终将拜占庭加入成员列表，并将更新后的成员列表发送给拜占庭。拜占庭收到雅典的响应后，开始接受请求（图 29.3）。

成员间需相互发送心跳信号，拜占庭开始向雅典发送心跳信号，雅典也会向拜占庭发送心跳信号。

随后昔兰尼启动，并向雅典发送加入请求。雅典更新成员列表并将之发送给拜占庭，再将加入响应连同成员列表发至昔兰尼（图 29.4）。

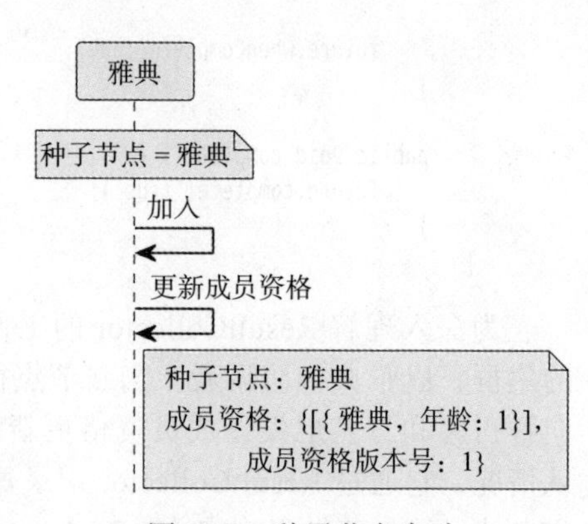


图 29.2　种子节点启动

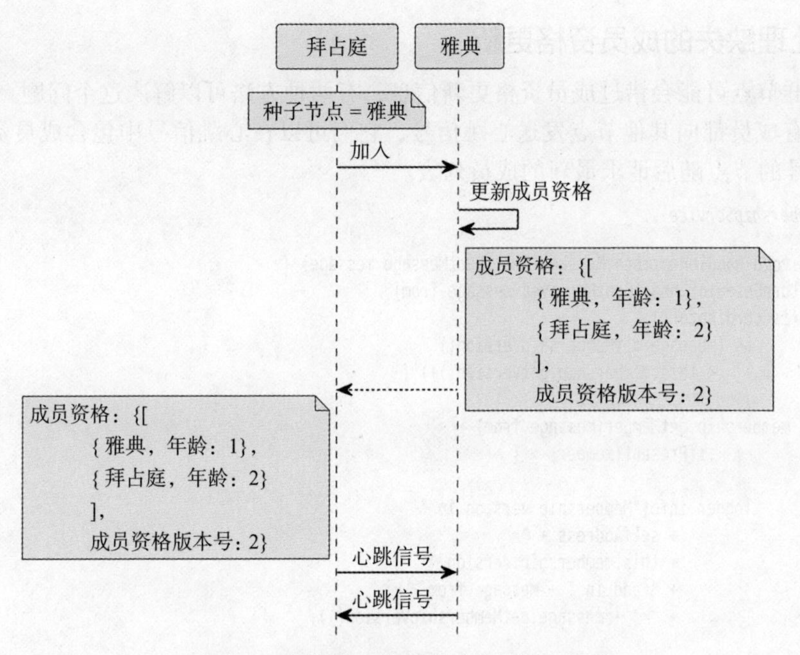


图 29.3　节点通过联系种子节点加入集群

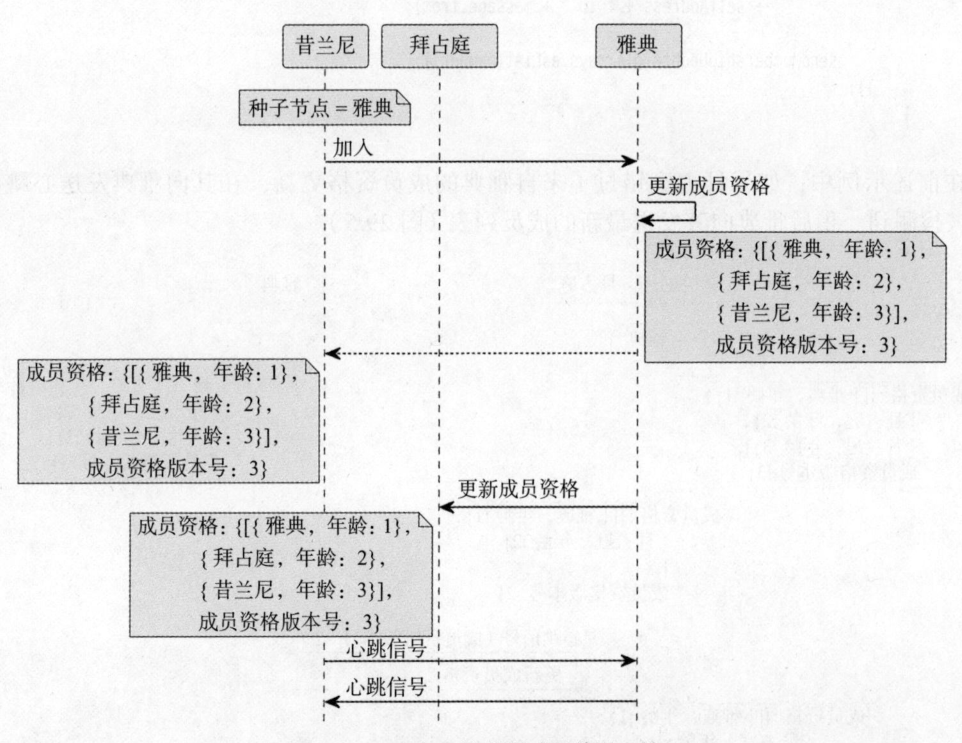


图 29.4　现有成员获得成员资格更新

所有成员都互相发送心跳信号，昔兰尼、雅典和拜占庭都互相发送心跳信号。

### 29.2.3 处理缺失的成员资格更新

一些集群节点可能会错过成员资格更新信息，有两种方法可以解决这个问题。

如果所有成员都向其他节点发送心跳信号，它们可以在心跳信号中包含成员资格版本号。接收心跳信号的节点随后请求最新的成员列表。

```
class MembershipService...

  private void handleHeartbeatMessage(HeartbeatMessage message) {
      failureDetector.heartBeatReceived(message.from);
      if (isCoordinator()
            && (message.getMembershipVersion()
                < this.membership.getVersion())) {

          membership.getMember(message.from)
                .ifPresent(member -> {

              logger.info("Membership version in "
                      + selfAddress + "="
                      + this.membership.version
                      + " and in " + message.from
                      + "=" + message.getMembershipVersion());

              logger.info("Sending membership update from "
                      + selfAddress + " to " + message.from);

              sendMembershipUpdateTo(Arrays.asList(member));
          });
      }
  }
```

在前述示例中，如果拜占庭错过了来自雅典的成员资格更新，在其向雅典发送心跳信号时会被检测到。稍后雅典向其发送最新的成员列表（图 29.5）。

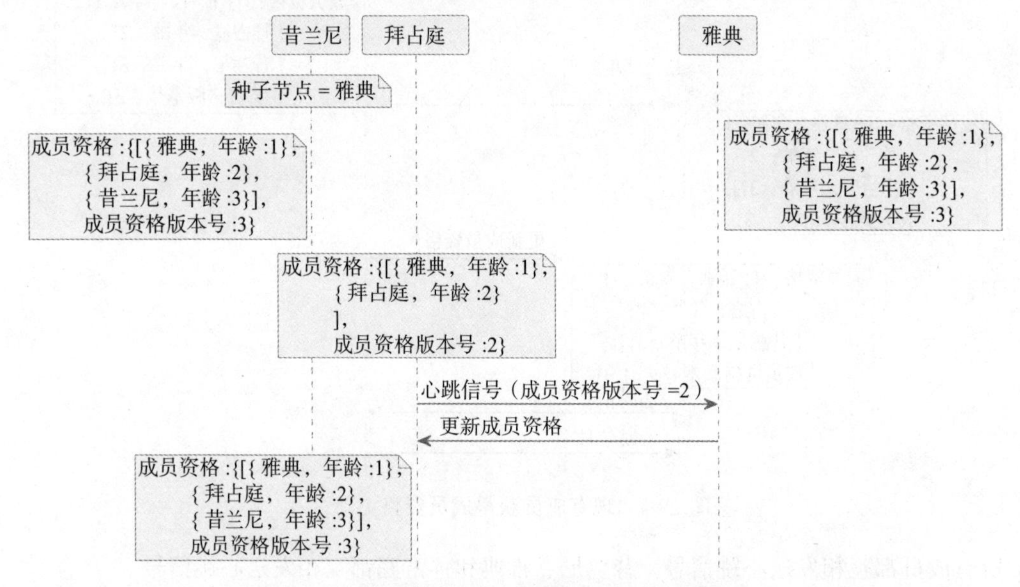


图 29.5　节点使用版本号检测缺失的成员资格更新

另外，每个节点可以定期检查最新的成员列表，如 1s 检查一次。只要节点发现自己的成员列表过时，就会请求最新的成员列表。为了能够比较成员列表，每次更新时都会维护并增加版本号。

### 29.2.4 故障检测

在通常的情况下，所有集群节点都会互相发送心跳信号。每个节点还运行一个故障检测器，检查其他节点是否缺少心跳。但只有协调者负责标记失效节点，并将更新的成员列表发送至所有其他节点。这样做确保了没有节点会单方面判断其他节点是否失效，Hazelcast 就是这个实现的示例。

```
class MembershipService...

  private boolean isCoordinator() {
      Member coordinator = membership.getCoordinator();
      return coordinator.address.equals(selfAddress);
  }

  TimeoutBasedFailureDetector<InetAddressAndPort> failureDetector
          = new TimeoutBasedFailureDetector<InetAddressAndPort>(Duration.ofSeconds(2));
private void checkFailedMembers(List<Member> members) {
    if (isCoordinator()) {
        removeFailedMembers();
    } else {
        //if failed member consists of coordinator,
        // then check if this node is the next coordinator.
        claimLeadershipIfNeeded(members);
    }
}

void removeFailedMembers() {
    var failedMembers =
            checkAndGetFailedMembers(membership.getLiveMembers());
    if (failedMembers.isEmpty()) {
        return;
    }
    updateMembership(membership.failed(failedMembers));
    sendMembershipUpdateTo(membership.getLiveMembers());
}
```

#### 1. 避免全节点之间互发心跳信号

在大型集群中，全节点互发心跳信号是不可行的。通常，每个节点只接收少数其他节点的心跳信号。如果发现故障，则向所有节点广播，包括协调者。

例如，Akka 中的节点按网络地址排序形成环状，每个节点仅向少数节点发送心跳信号。Apache Ignite 同样将集群节点排成环形，节点仅向相邻节点发送心跳信号。而 Hazelcast 则采用了全节点互发心跳信号的方法。

由新增节点或节点失效引发的任何成员资格变化都需要广播给所有其他节点。一个节点可以连接到其他每个节点来发送所需的信息。可以通过 Gossip 传播机制来传播这些信息。

### 2. 脑裂问题

尽管单个协调者节点决定何时将另一个节点标记为失效，但没有明确的选举过程选出协调者。每个节点都期望从现有协调者接收心跳信号。如果未能及时收到，便可声称自己为协调者，并将原协调者从成员列表中移除。

```
class MembershipService...

  private void claimLeadershipIfNeeded(List<Member> members) {
      var failedMembers = checkAndGetFailedMembers(members);
      if (!failedMembers.isEmpty() && isOlderThanAll(failedMembers)) {
          var newMembership = membership.failed(failedMembers);
          updateMembership(newMembership);
          sendMembershipUpdateTo(newMembership.getLiveMembers());
      }
  }

  private boolean isOlderThanAll(List<Member> failedMembers) {
      return failedMembers.stream().allMatch(m -> m.age < thisMember().age);
  }

  private List<Member> checkAndGetFailedMembers(List<Member> members) {
      List<Member> failedMembers = members
              .stream()
              .filter(this::isFailed)
              .map(member ->
                      new Member(member.address,
                              member.age,
                              member.status))
              .collect(Collectors.toList());

      failedMembers.forEach(member -> {
          failureDetector.remove(member.address);
          logger.info(selfAddress + " marking " + member.address + " as DOWN");
      });
      return failedMembers;
  }

  private boolean isFailed(Member member) {
      return !member.address.equals(selfAddress)
              && failureDetector.isMonitoring(member.address)
              && !failureDetector.isAlive(member.address);
  }
```

这可能导致集群内部形成两个或多个子集群，每个子集群都认为其他集群已失效，即脑裂。

假设有五个节点组成的集群：雅典、拜占庭、昔兰尼、德尔菲和以弗所。如果雅典只收到德尔菲和以弗所的心跳信号，而不再收到拜占庭和昔兰尼的心跳信号，则会将后两者标记为失效。

拜占庭和昔兰尼能互相发送心跳信号，但不再收到其他节点的心跳信号。拜占庭作为第二“老”的集群成员，成为协调者。这样，便形成了两个独立的集群，一个以雅典为协调者，另一个以拜占庭为协调者（图 29.6）。

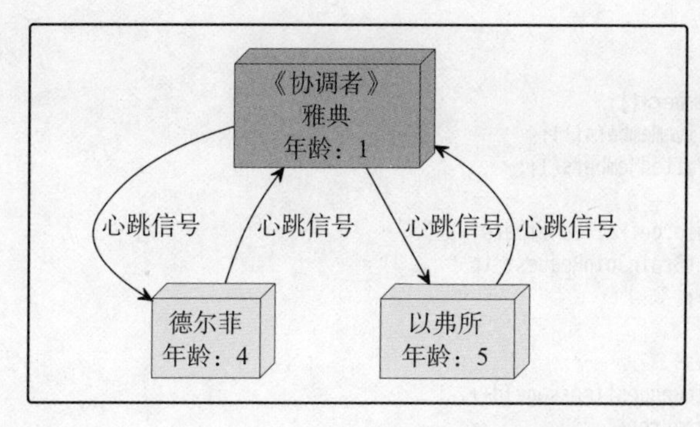

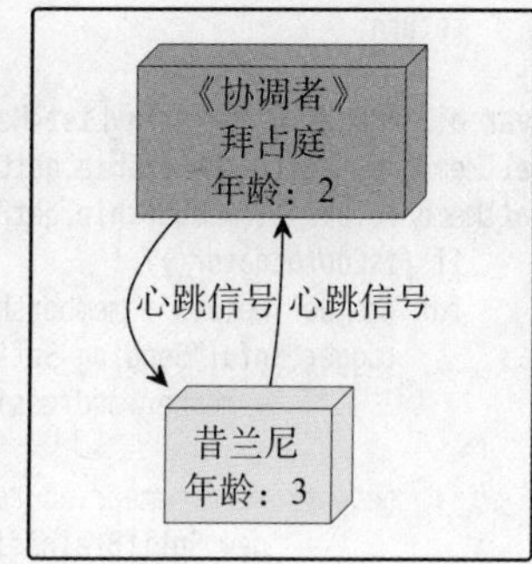


图 29.6　部分连接导致脑裂

（1）处理脑裂

解决脑裂的一种方法是，检查是否有足够成员来处理任何客户端请求，并在可用成员不足时拒绝请求。例如，Hazelcast 允许配置集群最小值以执行任何客户端请求。

```
public void handleClientRequest(Request request) {
    if (!hasMinimumRequiredSize()) {
        throw new NotEnoughMembersException("Requires minimum 3 members " +
                "to serve the request");
    }
}

private boolean hasMinimumRequiredSize() {
    return membership.getLiveMembers().size() > 3;
}
```

拥有大多数节点的部分（多数子组）继续运行，少数节点部分（少数子组）停止处理客户端请求。Hazelcast 文档解释，这种机制在生效之前有一个时间窗口。

避免轻易将节点标记为失效可以避免脑裂问题。例如，Akka 不建议通过故障检测器标记失效节点，而是使用其脑裂解决器组件。

（2）脑裂恢复

协调者会运行定期任务来检查是否能连接上失效的节点。如果可以，它会发送一条特殊消息，表明想要触发脑裂合并。

如果接收节点是子集群的协调者，它会检查发起请求的集群是否属于少数子组。如果是，便发送合并请求，少数子组的协调者接到后，在组内所有节点上执行合并。

```
class MembershipService...

  splitbrainCheckTask = taskScheduler.scheduleWithFixedDelay(() -> {
                searchOtherClusterGroups();
        },
        1, 1, TimeUnit.SECONDS);

class MembershipService...

  private void searchOtherClusterGroups() {
      if (membership.getFailedMembers().isEmpty()) {
```

```
            return;
        }
        var allMembers = new ArrayList<Member>();
        allMembers.addAll(membership.getLiveMembers());
        allMembers.addAll(membership.getFailedMembers());
            if (isCoordinator()) {
            for (Member member : membership.getFailedMembers()) {
                logger.info("Sending SplitBrainJoinRequest to "
                        + member.address);

                network.send(member.address,
                        new SplitBrainJoinRequest(messageId++,
                                this.selfAddress,
                                membership.version,
                                membership.getLiveMembers().size()));
            }
        }
    }
```

如果接收节点是多数子组的协调者，则会要求发送请求的协调者与自己合并。

```
class MembershipService...

  private void handleSplitBrainJoinMessage(
            SplitBrainJoinRequest splitBrainJoinRequest) {

      logger.info(selfAddress + " Handling SplitBrainJoinRequest from "
            + splitBrainJoinRequest.from);
     if (!membership.isFailed(splitBrainJoinRequest.from)) {
         return;
     }

     if (!isCoordinator()) {
         return;
     }

     if(splitBrainJoinRequest.getMemberCount()
             < membership.getLiveMembers().size()) {
         //requesting node should join this cluster.
         logger.info(selfAddress
                 + " Requesting "
                 + splitBrainJoinRequest.from
                 + " to rejoin the cluster");
         network.send(splitBrainJoinRequest.from,
                 new SplitBrainMergeMessage(splitBrainJoinRequest.messageId,
                         selfAddress));

     } else {
         //we need to join the other cluster
         mergeWithOtherCluster(splitBrainJoinRequest.from);
     }
 }

 private void mergeWithOtherCluster(
            InetAddressAndPort otherClusterCoordinator) {

     askAllLiveMembersToMergeWith(otherClusterCoordinator);
```

```
    //initiate merge on this node.
    handleMerge(new MergeMessage(messageId++,
            selfAddress, otherClusterCoordinator));
}

private void askAllLiveMembersToMergeWith(
            InetAddressAndPort mergeToAddress) {

    List<Member> liveMembers = membership.getLiveMembers();
    for (Member m : liveMembers) {
        network.send(m.address,
                new MergeMessage(messageId++, selfAddress, mergeToAddress));
    }
}
```

在我们的例子中（图 29.7），雅典与拜占庭恢复通信后，会要求拜占庭与自己合并。

少数子组的协调者随后要求组内所有节点触发合并。合并操作关闭节点，并将它们重新加入多数子组的协调者。

在此例中，拜占庭和昔兰尼关闭后重新加入雅典，集群再次完整（图 29.8）。

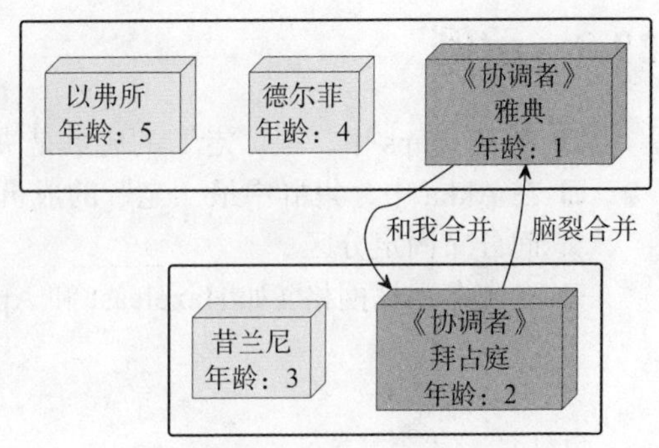


图 29.7　触发脑裂合并

```
class MembershipService...

  private void handleMerge(MergeMessage mergeMessage) {
      logger.info(selfAddress + " Merging with " + mergeMessage.getMergeToAddress());
      shutdown();
      //join the cluster again through the other cluster's coordinator
      taskScheduler.execute(() -> {
          join(mergeMessage.getMergeToAddress());
      });
  }
```

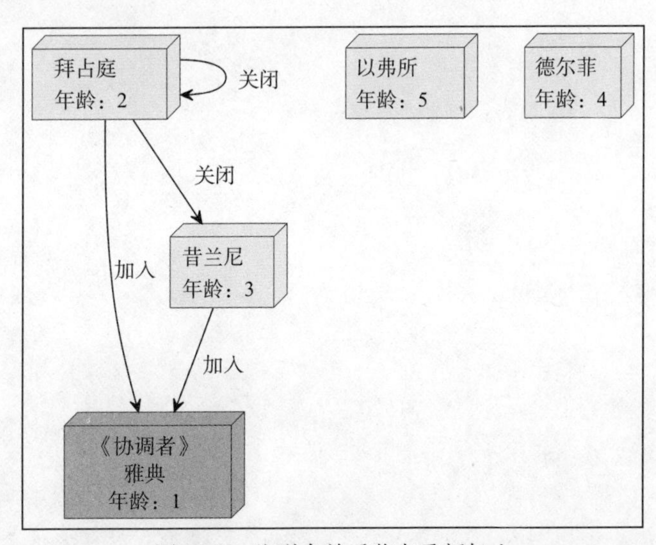


图 29.8　脑裂合并后节点重新加入

### 29.2.5 与主从模式的比较

与主从模式相比，应急主节点模式无须选举即可运行。一致性核心采用的主从模式只有经过选举选出主节点，才能发挥作用。这就确保了集群多数节点就主节点达成了共识。在最坏的情况下，如果无法达成共识，系统将无法处理任何请求。换句话说，它更倾向于一致性而非可用性。

而在应急主节点模式下，始终有一些节点可以处理客户端请求，此时，可用性优先于一致性。

## 29.3 示例

- 在 JGroups 中，最“老”的成员是决定成员资格变更的协调者。
- 在 Akka 中，集群中最“老”的成员运行 actor 单例，例如分片协调者决定在集群节点间分布固定分区。
- 在内存数据网格（如 Hazelcast 和 Apache Ignite）中，最“老”的成员担任集群协调者。

第六部分 *Part 6*

# 节点间通信模式

当集群中的节点相互通信时，网络的高效利用变得至关重要。有效管理连接非常重要，要避免在节点之间创建不必要的连接。此外，优化网络带宽的使用可以减少网络延迟，同时提高整体的吞吐量。

本部分将聚焦讨论在最大化利用网络的同时促进集群节点间通信的常用模式。

第 30 章

# 单套接字通道

单套接字通道，通过使用单个 TCP 连接保持发送到服务器的请求顺序。

## 30.1 问题的提出

在使用主从模式时，需要确保主节点和每个从节点之间的消息顺序保持一致，并为任何丢失的消息提供重试机制。我们需要在保持新连接成本低的同时做到这一点，以便开放连接不会增加系统的延迟。

## 30.2 解决方案

幸运的是，长期使用且广泛可用的 TCP 协议提供了所有这些必要的特性。我们可以通过确保从节点与主节点之间的所有通信都经过单套接字通道（图 30.1）来满足一致性的要求。从节点用单一更新队列把来自主节点的更新序列化。

一旦与节点建立连接，节点将永远不会关闭该连接，并持续地读新的请求。节点用每个连接的专用线程来处理读写请求。如果采用非阻塞 IO，那就不需要为每个连接配备一个线程了。

以下是一个基于线程的简单实现：

```
class SocketHandlerThread...

  @Override
  public void run() {
      isRunning = true;
      try {
          //Continues to read/write to the socket connection till it is closed.
```

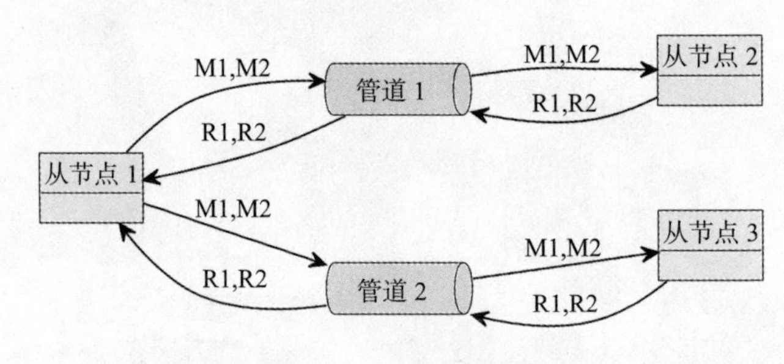


图 30.1 单套接字通道

```
          while (isRunning) {
              handleRequest();
          }
      } catch (Exception e) {
          getLogger().debug(e);
          closeClient(this);
      }
  }
```

```
private void handleRequest() {
    RequestOrResponse request = clientConnection.readRequest();
    server.accept(new Message<>(request,
                                request.getRequestId()
    ), clientConnection);
}

public void closeConnection() {
    clientConnection.close();
}
```

节点读请求并将其提交到单一更新队列进行处理。一旦节点处理了请求，就将响应写回到单套接字通道。

每当节点建立通信时，都会打开一个单套接字连接用于与另一方的所有请求。

```
class SingleSocketChannel...

  public class SingleSocketChannel implements Closeable {
      final InetAddressAndPort address;
      final int heartbeatIntervalMs;
      private Socket clientSocket;
      private final OutputStream socketOutputStream;
      private final InputStream inputStream;

      public SingleSocketChannel(InetAddressAndPort address,
                                 int heartbeatIntervalMs) throws IOException {
          this.address = address;
     this.heartbeatIntervalMs = heartbeatIntervalMs;
     clientSocket = new Socket();
     clientSocket
             .connect(new InetSocketAddress(address.getAddress(),
                     address.getPort()), heartbeatIntervalMs);
     //set socket read timeout to be more than heartbeat.
     clientSocket.setSoTimeout(heartbeatIntervalMs * 10);
     socketOutputStream = clientSocket.getOutputStream();
     inputStream = clientSocket.getInputStream();
 }

 public RequestOrResponse blockingSend(RequestOrResponse request)
         throws IOException {

     writeRequest(request);
     var responseBytes = readResponse();
     return deserialize(responseBytes);
 }

 private void writeRequest(RequestOrResponse request) throws IOException {
     var dataStream = new DataOutputStream(socketOutputStream);
     var messageBytes = serialize(request);
     dataStream.writeInt(messageBytes.length);
     dataStream.write(messageBytes);
 }
```

配置连接超时非常重要，可以避免出错时造成无限期的阻塞。我们使用心跳信号通过单套接字通道定期发送请求以保持其活跃的状态。通常把超时设置为心跳间隔的倍数，以允许网络往返时间和一些可能的网络延迟。将连接超时设置为心跳间隔的 10 倍是合理的。

```
class SocketListener...

  private void setReadTimeout(Socket clientSocket) throws SocketException {
      clientSocket.setSoTimeout(config.getHeartBeatIntervalMs() * 10);
  }
```

通过单一通道发送请求可能会带来队首阻塞问题，可以用请求管道来避免这种情况。

## 30.3 示例

- ZooKeeper 用单套接字通道和为每个从节点分配一个线程来进行所有的通信。
- Kafka 用单套接字通道在从节点和主节点的分区之间复制消息。
- Raft 共识算法的参考实现 LogCabin 用单套接字通道在主节点和从节点之间进行通信。

# 第31章 请求批处理

请求批处理能够组合多个请求，以最佳地利用网络。

## 31.1 问题的提出

当请求报文体积较小时，短时间内向集群发送大量请求，网络延迟及请求处理时间（包含服务器端请求的序列化与反序列化）就会增加大量的开销，成为制约系统性能的关键因素。

例如，设网络带宽为 1 Gbit/s，延迟及请求处理时间为 100ms，而客户端同时发送数百个请求，即使每个请求仅有几个字节，也会极大限制系统的整体吞吐量。

## 31.2 解决方案

可以将多个请求合并为一个批次，并将其发送至集群节点进行处理，每个请求的处理流程与单个请求无异，处理完毕后，集群节点以批量响应的形式作出回应。这就是请求批处理的执行过程。

例如，有一个分布式键值存储系统，其中客户端发送请求在服务器上存储多条键值记录。客户端在接到发送请求的调用时，并不会立刻通过网络发送，而是在一个待发送队列中保存这些请求。

*class Client...*

```
LinkedBlockingQueue<RequestEntry> requests = new LinkedBlockingQueue<>();

public CompletableFuture send(SetValueRequest setValueRequest) {
    var requestId = enqueueRequest(setValueRequest);
    var responseFuture = trackPendingRequest(requestId);
    return responseFuture;
}

private int enqueueRequest(SetValueRequest setValueRequest) {
    var requestId = nextRequestId();
    var requestBytes = serialize(setValueRequest, requestId);
    requests.add(new RequestEntry(requestBytes, clock.nanoTime()));
    return requestId;
}

private int nextRequestId() {
    return requestNumber++;
}
```

请求进入队列的时间点会被追踪，并作为稍后判断是否可将多个请求合并为一个批次发送的依据。

*class RequestEntry...*

```
class RequestEntry {
    byte[] serializedRequest;
    long createdTime;
```

```
    public RequestEntry(byte[] serializedRequest, long createdTime) {
        this.serializedRequest = serializedRequest;
        this.createdTime = createdTime;
    }
```

节点追踪每个待处理的请求，以便在收到响应后继续处理，直至任务完成。每个请求都会被分配一个唯一的请求编号，用以关联请求与响应。

客户端会启动一个独立的发送任务，持续追踪队列的请求。

*class Client...*

```
  public Client(Config config,
                InetAddressAndPort serverAddress,
                SystemClock clock) {

      this.clock = clock;
      this.sender = new Sender(config, serverAddress, clock);
      this.sender.start();
  }
```

*class Sender...*

```
  @Override
  public void run() {
      while (isRunning) {
          var maxWaitTimeElapsed =
                  requestsWaitedFor(config.getMaxBatchWaitTime());
          var maxBatchSizeReached = maxBatchSizeReached(requests);

          if (maxWaitTimeElapsed || maxBatchSizeReached) {
              RequestBatch batch = createBatch(requests);
              try {
                  var batchResponse = sendBatchRequest(batch, address);
                  handleResponse(batchResponse);

              } catch (IOException e) {
                  batch
                          .getPackedRequests()
                          .stream()
                          .forEach(r -> {
                      pendingRequests
                              .get(r.getCorrelationId())
                              .completeExceptionally(e);
                  });
              }
          }
      }
  }

  private RequestBatch createBatch(LinkedBlockingQueue<RequestEntry> requests) {
      var batch = new RequestBatch(MAX_BATCH_SIZE_BYTES);
      var entry = requests.peek();
      while (entry != null && batch.hasSpaceFor(entry.getRequest())) {
          batch.add(entry.getRequest());
          requests.remove(entry);
```

```
            entry = requests.peek();
        }
        return batch;
    }
class RequestBatch...

    public boolean hasSpaceFor(byte[] requestBytes) {
        return batchSize() + requestBytes.length <= maxSize;
    }

    private int batchSize() {
        return requests.stream().map(r->r.length).reduce(0, Integer::sum);
    }
```

发送任务会进行两项检查：

首先，检查队列中累积的请求数量是否达到了配置的批量发送上限。

```
class Sender...

    private boolean maxBatchSizeReached(Queue<RequestEntry> requests) {
        return accumulatedRequestSize(requests) > MAX_BATCH_SIZE_BYTES;
    }

    private int accumulatedRequestSize(Queue<RequestEntry> requests) {
        return requests
                .stream()
                .map(re -> re.size())
                .reduce((r1, r2) -> r1 + r2)
                .orElse(0);
    }
```

其次，我们需要设置一个等待时间，以检测是否达到了批量发送的预定等待阈值。显然，我们不能无限期地等待批处理被填满。

```
class Sender...

    private boolean requestsWaitedFor(long batchingWindowInMs) {
        var oldestPendingRequest = requests.peek();
        if (oldestPendingRequest == null) {
            return false;
        }
        var oldestEntryWaitTime =
                clock.nanoTime() - oldestPendingRequest.createdTime;
        return oldestEntryWaitTime > batchingWindowInMs;
    }
```

一旦满足上述任一条件，批量请求便会被发送至服务器。服务器解包这些请求后，将分别处理每一个请求。

```
class Server...

    private void handleBatchRequest(RequestOrResponse batchRequest,
                                    ClientConnection clientConnection) {
    var batch = deserialize(batchRequest.getMessageBody(),
            RequestBatch.class);
    var requests = batch.getPackedRequests();
```

```
        var responses = new ArrayList<RequestOrResponse>();
        for (RequestOrResponse request : requests) {
            var response = handleSetValueRequest(request);
            responses.add(response);
        }

        sendResponse(batchRequest,
                clientConnection,
                new BatchResponse(responses));
    }

    private RequestOrResponse handleSetValueRequest(RequestOrResponse request) {
        var setValueRequest =
                deserialize(request.getMessageBody(),
                        SetValueRequest.class);

        kv.put(setValueRequest.getKey(), setValueRequest.getValue());

        var response
                = new RequestOrResponse(new StringResponse(RequestId.SetValueResponse,
                                    "Success".getBytes()), request.getCorrelationId());

        return response;
    }
```

客户端随后收到批量请求的响应，并完成所有待处理的请求。

```
class Sender...

  private void handleResponse(BatchResponse batchResponse) {
      var responseList = batchResponse.getResponseList();
      logger.debug("Completing requests from "
              + responseList.get(0).getCorrelationId()
              + " to "
              + responseList.get(responseList.size() - 1)
              .getCorrelationId());

      responseList
              .stream()
              .forEach(r -> {
          var completableFuture =
                  pendingRequests.remove(r.getCorrelationId());
          if (completableFuture != null) {
              completableFuture.complete(r);
          } else {
              logger.error("no pending request for " + r.getCorrelationId());
          }
      });
  }
```

### 技术考量

批处理大小应基于单个消息的大小、可用的网络带宽、实际负载下观察到的延迟和吞吐量改进来选择。合理的默认值是基于较小的消息和服务器端处理的最佳批量大小来设置的。例如，Apache Kafka 默认的批处理大小为 16 KB，若消息报文体积更大，则可能需要设置更大的批处理参数。它还有一个名为 linger.ms 的设置参数，其默认值为 0。

设置过大的批处理参数可能会带来性能下降，如以兆字节计的批处理参数可能会进一步增加处理开销。因此，通常需要依据性能测试结果来调整批处理参数。

请求批处理通常与请求管道技术结合使用，以此提升整体吞吐量并降低延迟。

当使用重试策略向集群节点发送请求时，将重试整个批处理请求。但是，集群节点可能已经处理了部分请求，为确保重试的有效性，请求处理应当实现幂等接收器。

## 31.3 示例

- Apache Kafka 支持生产者请求的批处理。
- 批处理也常用于将数据保存到磁盘。例如，Apache BookKeeper 以类似的方式实现批处理以将日志刷新到磁盘。
- 在 TCP 中使用 Nagel 算法将对多个较小的数据包进行批处理，以提高整体网络吞吐量。

# 第32章 请求管道

请求管道是指可通过在连接上发送多个请求而不等待对之前请求的响应来改善延迟。

## 32.1 问题的提出

如果请求需要等待对之前请求的响应，那么在集群内部的服务器之间使用单套接字通道进行通信可能会带来性能问题。为了获得更大的吞吐量和更少的延迟，应该尽量填满服务器上的请求队列，以确保充分利用服务器的容量。例如，当在服务器内部使用单一更新队列时，即使正在处理一个请求，也可以接收更多的请求，直到队列被填满。如果一次只发一个请求，那么就会浪费服务器的大部分容量。

## 32.2 解决方案

节点在向其他节点发送请求后，无须等待对之前请求的响应。这是通过创建两个独立的线程来实现的，一个用于通过网络通道发送请求，另一个用于从网络通道接收响应（图 32.1）。

发送节点通过套接字通道发送请求，无须等待响应：

```
class SingleSocketChannel...

  public void sendOneWay(RequestOrResponse request) throws IOException {
      var dataStream = new DataOutputStream(socketOutputStream);
      byte[] messageBytes = serialize(request);
      dataStream.writeInt(messageBytes.length);
      dataStream.write(messageBytes);
  }
```

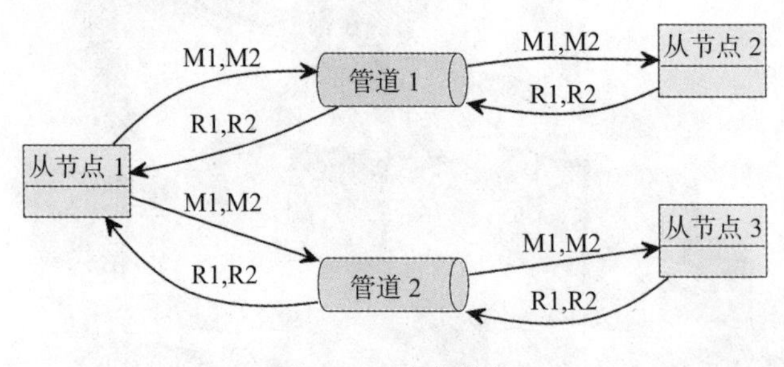


图 32.1 请求管道

为读响应启动单独的线程：

```
class ResponseThread...

  class ResponseThread extends Thread implements Logging {
      private volatile boolean isRunning = false;
      private SingleSocketChannel socketChannel;

      public ResponseThread(SingleSocketChannel socketChannel) {
```

```
        this.socketChannel = socketChannel;
    }

    @Override
    public void run() {
        try {
            isRunning = true;
            logger.info("Starting responder thread = " + isRunning);
            while (isRunning) {
                doWork();
            }

        } catch (IOException e) {
            getLogger().error(e); //thread exits if stopped or there is IO error
        }
    }

    public void doWork() throws IOException {
        RequestOrResponse response = socketChannel.read();
        logger.info("Read Response = " + response.getRequestId());
        processResponse(response);
    }
```

响应处理器可以立即处理响应或将其提交到单一更新队列。

请求管道存在两个问题。

一是，如果持续发送请求而不等待响应，接收请求的节点可能会不堪重负。因此，一次可保留的在途请求数量有一个上限。每个节点都可以向其他节点发送最大数量的请求。一旦发送的在途请求达到最大数量而没有收到响应，就不再接收更多的请求，并且发送方会被阻塞。

二是，用阻塞队列来追踪请求是限制在途请求最大值的非常简单的策略。该队列初始化为在途请求的数量。一旦收到请求的响应，就会从队列中移除该请求，以便为更多的其他请求腾出空间。这里，每个套接字连接最多可接收五个在途请求。

```
class RequestLimitingPipelinedConnection...

  private Map<InetAddressAndPort, ArrayBlockingQueue<RequestOrResponse>>
          inflightRequests = new ConcurrentHashMap<>();

  private int maxInflightRequests = 5;

  public void send(InetAddressAndPort to,
                  RequestOrResponse request) throws InterruptedException {

      var requestsForAddress = inflightRequests.get(to);

      if (requestsForAddress == null) {
          requestsForAddress = new ArrayBlockingQueue<>(maxInflightRequests);
          inflightRequests.put(to, requestsForAddress);
      }
      requestsForAddress.put(request);
```

一旦收到响应，就会从在途请求队列中移除请求。

```
class RequestLimitingPipelinedConnection...

  private void consume(SocketRequestOrResponse response) {
      var correlationId = response.getRequest().getCorrelationId();
      var requestsForAddress = inflightRequests.get(response.getAddress());
      var first = requestsForAddress.peek();
      if (correlationId != first.getCorrelationId()) {
          throw new RuntimeException(
                  "First response should be for the first request");
      }
      requestsForAddress.remove(first);
      responseConsumer.accept(response.getRequest());
  }
```

要在保持正常顺序的同时处理好节点失效实现起来很难。假设有两个在途请求。第一个请求失败了并发起重试。可能在发起重试的第一个请求到达服务器之前，服务器已经处理完了第二个请求。

服务器要用某种机制来确保拒绝不按顺序的请求。否则，如果请求失败后发起重试，总会存在消息被重新排序的风险。例如，Raft 在发送每个日志记录时，总是附带上预期的上一个日志索引。如果上一个日志索引不匹配，服务器将拒绝该请求。Kafka 允许每个连接拥有最大在途请求有多个，所实现的幂等生产者为发给代理的每批次消息分配唯一标识符。随后代理可以检查传入请求的序列号，发现请求顺序不对时将予以拒绝。

## 32.3 示例

- 所有共识算法都支持请求管道，如 Zab（Reed，2008）和 Raft（Ongaro，2014）。
- Apache Kafka 鼓励客户端用请求管道来提高吞吐量。

# 参考文献

[Alexander1977] Alexander, Christopher, Max Jacobson, with Sara Ishikawa, Murray Silverstein, Ingrid Fiksdahl-King, and Shlomo Angel. *A Pattern Language.* Oxford University Press, New York, 1977. ISBN 978-0195019193.

[Arulraj2016] Arulraj, Joy, Matthew Perron, and Andrew Pavlo. "Write-Behind Logging." In: *Proc. VLDB Endow.*, 10, 4, November 2016, pp. 337–348. https://doi.org/10.14778/3025111.3025116, accessed on August 21, 2023.

[Berenson1995] Berenson, Hal, Phil Bernstein, Jim Gray, Jim Melton, Elizabeth O'Neil, and Patrick O'Neil. "A Critique of ANSI SQL Isolation Levels." In: *SIGMOD Rec.*, Volume 24, Number 2, May 1995, pp. 1–10, DOI: 10.1145/568271.223785. https://doi.org/10.1145/568271.223785, accessed on August 27, 2023.

[Birman2012] Birman, Kenneth P. *Guide to Reliable Distributed Systems.* Springer, 2012. ISBN 978-1-4471-2415-3.

[Brewer1999] Fox, A. and E. A. Brewer. "Harvest, Yield and Scalable Tolerant Systems." In: *Proc. of the Seventh Workshop Hot Topics in Operating Systems (HotOS '99)*, IEEE CS, 1999, pp. 174–178. https://dl.acm.org/doi/10.5555/822076.822436, accessed on August 21, 2023.

[Burrows2006] Burrows, Mike. "The Chubby Lock Service for Loosely-Coupled Distributed Systems." In: *Proceedings of the 7th Symposium on Operating Systems Design and Implementation (OSDI '06)*, Seattle, 2006, pp. 335–350.

[Cahill2009] Cahill, Michael J., Uwe Röhm, and Alan D. Fekete. "Serializable Isolation for Snapshot Databases." In: *ACM Trans. Database Syst.*, Volume 34, Number 4, 2009, pp. 20:1–20:42, DOI: 10.1145/1620585.1620587. https://doi.org/10.1145/1620585.1620587, accessed on August 27, 2023.

[Castro1999] Castro, Miguel and Barbara Liskov. "Practical Byzantine Fault Tolerance." In: *Proceedings of the Third Symposium on Operating Systems Design and Implementation (OSDI '99)*, New Orleans, 1999, pp. 173–186. https://dl.acm.org/doi/10.5555/296806.296824, accessed on August 21, 2023.

[Chen2020] Chen, Boyang. *KIP-650: Enhance Kafkaesque Raft Semantics.* https://cwiki.apache.org/confluence/display/KAFKA/KIP-650%3A+Enhance+Kafkaesque+Raft+semantics#KIP650:EnhanceKafkaesqueRaftsemantics-Non-leaderLinearizableRead, accessed on September 4, 2023.

[Das2002] Das, Abhinandan, Indranil Gupta, and Ashish Motivala. "SWIM: Scalable Weakly-Consistent Infection-Style Process Group Membership Protocol." In: *Proceedings*

*International Conference on Dependable Systems and Networks,* Washington, 2002, pp. 303–312, DOI: 10.1109/DSN.2002.1028914. https://doi.org/10.1109/DSN.2002.1028914, accessed on August 21, 2023.

[Dean2009] Dean, Jeaf. *Keynote LADIS 2009 Conference.* https://www.cs.cornell.edu/projects/ladis2009/talks/dean-keynote-ladis2009.pdf, accessed on August 21, 2023.

[Demirbas2014] Demirbas, Murat, Marcelo Leone, Bharadwaj Avva, Deepak Madeppa, and Sandeep S. Kulkarni. *Logical Physical Clocks and Consistent Snapshots in Globally Distributed Databases.* 2014. https://api.semanticscholar.org/CorpusID:15965481, accessed on August 15, 2023.

[Fischer1985] Fischer, Michael J., Nancy A. Lynch, and Michael S. Paterson. "Impossibility of Distributed Consensus with One Faulty Process." In: *Journal of the ACM,* volume 32, number 2, April 1985, pp. 374–382, DOI: 10.1145/3149.214121. https://doi.org/10.1145/3149.214121, accessed on August 21, 2023.

[Fowler2005] Fowler, Martin. *Event Sourcing.* https://martinfowler.com/eaaDev/EventSourcing.html, accessed on August 15, 2023.

[Gamma1994] Gamma, Erich, Richard Helm, Ralph Johnson, and John Vlissides. *Design Patterns: Elements of Reusable Object-Oriented Software.* Addison-Wesley, 1995. ISBN 0201633612.

[Goetz2006] Goetz, Brian, Tim Peierls, Joshua Bloch, Joseph Bowbeer, David Holmes, and Doug Lea. *Java Concurrency in Practice.* Addison-Wesley Professional, 2006. ISBN 0321349601.

[Gupta2006] Gupta, Indranil, Anne-Marie Kermarrec, and Ayalvadi J. Ganesh. "Efficient and Adaptive Epidemic-Style Protocols for Reliable and Scalable Multicast." In: *IEEE Trans. Parallel Distrib. Syst.,* Volume 17, Number 7, pp. 593–605. DOI: 10.1109/TPDS.2006.85. https://doi.org/10.1109/TPDS.2006.85, accessed on August 21, 2023.

[Gustafson2018] Gustafson, Jason. *KIP-392: Allow Consumers to Fetch from Closest Replica.* https://cwiki.apache.org/confluence/display/KAFKA/KIP-392%3A+Allow+consumers+to+fetch+from+closest+replica, accessed on August 15, 2023.

[Gustafson2023] Gustafson, Jason. *KIP-595: A Raft Protocol for the Metadata Quorum.* https://cwiki.apache.org/confluence/display/KAFKA/KIP-595%3A+A+Raft+Protocol+for+the+Metadata+Quorum, accessed on August 21, 2023.

[Hayashibara2004] Hayashibara, Naohiro, Xavier Défago, Rami Yared, and Takuya Katayama. "The φ Accrual Failure Detector." In: *Proceedings of the 23rd IEEE International Symposium on Reliable Distributed Systems,* 2004, pp. 66–78. https://www.researchgate.net/publication/29682135_The_ph_accrual_failure_detector, accessed on August 21, 2023.

[Howard2016] Howard, Heidi, Dahlia Malkhi, and Alexander Spiegelman. "Flexible Paxos: Quorum Intersection Revisited." In: *arXiv preprint arXiv:1608.06696,* 2016. https://arxiv.org/abs/1608.06696, accessed on August 21, 2023.

[Hunt2010] Hunt, Patrick, Mahadev Konar, Flavio P. Junqueira, and Benjamin Reed. "ZooKeeper: Wait-Free Coordination for Internet-Scale Systems." In: *Proceedings of the 2010 USENIX Annual Technical Conference (ATC '10),* USENIX Association, Berkeley, 2010, pp. 11–11. https://www.usenix.org/legacy/event/atc10/tech/full_papers/Hunt.pdf, accessed on August 21, 2023.